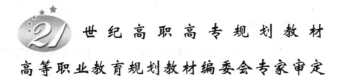世纪高职高专规划教材

高等职业教育规划教材编委会专家审定

# 计算机应用基础案例教程

## （第 3 版）

主　编　廖骏杰　李　露

副主编　王念桥　李书国　李　婷

北京邮电大学出版社
www.buptpress.com

## 内 容 简 介

本书按照易学、易懂、易操作、易掌握的原则,依据计算机应用基础的内部知识体系,采用"任务驱动"教学模式,由浅入深、循序渐进地介绍了计算机硬件、中文 Windows 7、Office 2010(包括 Word、Excel、Power-Point)、Internet 等方面的知识。本书内容系统、紧凑、配有大量的应用实例。其设计思路遵循"任务式驱动"教学模式,在讲解实际案例时,将案例中出现的各个知识点作重点讲解,理论联系实际,以便学生高效地掌握计算机基础应用技能。

为方便教与学,与教材所配套的电子教案、实例和实验样文、实验素材、实训素材等教学辅助资源,可以从北京邮电大学出版社网站上下载。

本书可作为高职高专、成人教育、中等职业学校计算机公共基础课教材,也可作为计算机等级考试培训教材,还可供计算机爱好者和专业技术人员自学使用。

**图书在版编目(CIP)数据**

计算机应用基础案例教程/廖骏杰,李露主编. --3 版. --北京:北京邮电大学出版社,2015.8
ISBN 978-7-5635-4449-3

Ⅰ. ①计…　Ⅱ.①廖…②李…　Ⅲ.①电子计算机—高等职业教育—教材　Ⅳ.①TP3

中国版本图书馆 CIP 数据核字(2015)第 176104 号

---

书　　　　名:计算机应用基础案例教程(第 3 版)
著作责任者:廖骏杰　李　露　主编
责 任 编 辑:马晓仟
出 版 发 行:北京邮电大学出版社
社　　　　址:北京市海淀区西土城路 10 号(邮编:100876)
发 行 部:电话:010-62282185　传真:010-62283578
**E-mail**:publish@bupt.edu.cn
经　　　　销:各地新华书店
印　　　　刷:北京睿和名扬印刷有限公司
开　　　　本:787 mm×1 092 mm　1/16
印　　　　张:17.75
字　　　　数:460 千字
版　　　　次:2008 年 8 月第 1 版　2011 年 7 月第 2 版　2015 年 8 月第 3 版　2015 年 8 月第 1 次印刷

---

ISBN 978-7-5635-4449-3　　　　　　　　　　　　　　　　　　定价:38.00 元

· 如有印装质量问题,请与北京邮电大学出版社发行部联系 ·

# 前　言

计算机技术作为当今世界发展最快,应用最为广泛的科技领域,其应用已渗透到人们工作、生活的方方面面,并发挥着越来越重要的作用;计算机知识的掌握和应用能力已经成为从事各种职业的人们不可或缺的基本知识和能力;操作、使用计算机已经成为社会各行各业劳动者必备的工作技能。

本教材以高速发展的信息社会为时代背景,以计算机系统的基本原理、基本知识为基础,以 Windows 7 操作系统及 Office 2010 软件为主线,以计算机应用为最终目的,系统而详细地讲述了计算机的组成结构、中文 Windows 7 操作系统以及 Office 2010 套件中的文字处理软件Word 2010、电子表格软件 Excel 2010、演示文稿软件 PowerPoint 2010 和 Internet 等方面的基础知识,满足高职高专院校教学基本要求,体现了我国计算机应用基础教育的发展方向,符合我国信息化建设对高级人才计算机应用能力培养的要求。

本书力求体现以下特色。

**1. 各部分知识点体现在各章节任务中**

本书对所有的知识点作了精心的划分,将所有知识点划分到若干个具体的实验或实训任务中,在每个任务中要求完成相关的案例操作,从而使学生高效地掌握每个任务所涉及的知识点和相应的操作技能。

**2. 针对性强**

本书的案例全部是针对每个教学任务精心选择的,案例取自于实际的应用,具有较强的代表性,可以使读者学以致用,并能举一反三。

**3. "任务驱动"教学**

本书各节从一个实例入手,让读者先感受到将要讲授的知识点在实际生活中的具体应用,从而调节读者的学习兴趣,然后再上升到理论的高度作适当讲解,最后通过具体的操作步骤来完成案例的操作。整个过程都是围绕"任务驱动"的模式来展开的,对整个教学过程提出了新的方法。这样做可以使读者在完成"案例"的过程中,观察到现象,首先具有一定的感性认识,然后再来分析、介绍完成任务的具体知识点,最后适时地加以总结升华,实现从现象到本质、从感性到理性的过渡。

全书共分 5 章,主要内容包括:第 1 章计算机应用基础,由王念桥编写;第 2 章文字处理软件 Word 2010,由廖骏杰编写;第 3 章电子表格软件 Excel 2010,由李露编写;第 4 章演示文稿软件 PowerPoint 2010,由李书国编写;第 5 章 Internet 网络知识,由李婷编写。全书由廖骏杰负责统稿。

由于编写时间仓促,加之编者水平有限,本书中的疏漏和不妥之处在所难免,欢迎各位读者和同行批评指正。

编　者

# 目　录

# 第 1 章　计算机应用基础

随着技术的进步，计算机从只有少数科技人员使用的专用工具迅速演变为可以通过操作现成软件来解决实际问题的大众化工具，进入了社会各行业和个人家庭生活之中，电脑就在我们的身边。

# 1.1 任务一　计算机硬件基础知识

## 任务目标

- 了解计算机的硬件体系结构、计算机的硬件组成以及计算机在各行业的应用；
- 了解计算机的分类以及计算机的发展方向。

## 任务知识点

- 计算机的发展概况及发展趋势
- 计算机的应用
- 计算机硬件系统的组成与工作原理
- 常见计算机设备

## 知识点剖析

计算机(Computer)是电子数字计算机的简称，是一种自动地、高速地进行数值运算和信息处理的电子设备。它主要由一些机械的、电子的器件组成，再配以适当的程序和数据。程序及数据输入后可以自动执行，用以解决某些实际问题。

### 1.1.1　计算机的发展概况

1946 年 2 月第一台计算机 ENIAC(Electronic Numerical Integrator And Calculator)诞生于美国宾夕法尼亚大学，从此揭开了电子计算机发展和应用的序幕。ENIAC 的问世，表明了计算机时代的到来，具有划时代的伟大意义。

随着技术的进步，计算机的系统结构不断变化，应用领域也在不断地拓宽。人们根据计算机采用的物理器件把计算机的发展分成 4 个阶段：电子管时代、晶体管时代、中小规模集成电路时代、大规模和超大规模集成电路时代。

根据用途不同，计算机可以分为通用机和专用机。通用机的特点是通用性强，具有很强的综合处理能力，能够解决各种类型的问题。专用机则功能单一，配有解决特定问题的软、硬件，但能够高速、可靠地解决特定的问题。

根据计算机的运算速度、字长、存储容量、软件配置等多方面的综合性能指标可以将计算机分为巨型机、大型机、小型机、工作站、微型机等。

当前，计算机的研制朝着智能化、网络化、巨型机和微型机等方面展开。

人们在日常生活中使用计算机通常称为个人电脑(PC，Personal Computer)，属于微型计算机。从机型上看，分为常见的台式计算机、笔记本式计算机及平板电脑，如图 1-1-1 所示。

### 1.1.2　计算机的应用

计算机及其应用已渗透到社会的各行各业，正在改变着传统的工作、学习和生活方式，推动着社会的发展。

图 1-1-1　台式机、笔记本、平板等常见的个人计算机

**1. 科学计算**

将在发展科学技术和生产中所遇到的各种数学计算问题统称为科学计算,或数值计算。这类应用问题计算的特点是计算工作量大、计算复杂。例如,人造卫星轨迹的计算,高层建筑的结构力学分析,水坝应力的计算等。

**2. 自动控制**

自动控制是用计算机来搜集所检测的数据,按最佳值自动控制对象的实现过程,这类应用的特点是精确度高,速度快而实时响应,不允许迟延。

**3. 数据处理**

人类在科学研究、生产实践、经济活动各领域以及日常生活中,都要处理大量的信息,如数据、文字、图像和声音等,需要进行分析、归纳、分类、统计和预测,最后可能要保存或绘制出曲线、报表等。这些具体的工作,大多不涉及复杂的数学运算,只需要作简单的算术运算和逻辑处理,但工作量大、烦琐,而且时间性强。这类工作,用计算机来做是最适合的。现代计算机作数据处理方面的应用,占有相当大的比例。

事务管理问题也是多方面的,如国民经济的统计和规划,使用计算机,工作就可以做得细致、准确、迅速,并可及时地为决策机构提供可靠信息。

**4. 计算机辅助工程**

计算机辅助设计(CAD,Computer Aided Design)技术是设计人员借助计算机进行设计的一项专门技术。使用计算机来辅助设计,使设计过程走向半自动化和自动化,是计算机应用的一个重要方面。计算机辅助设计不仅可以缩短设计周期,降低生产成本,节省人力、物力,而且对于保证产品质量,提高合格率也有重要的作用。

在工业生产中的计算机辅助制造(CAM,Computer Aided Manufacturing)和辅助测试(CAT,Computer Aided Test),在教育上的计算机辅助教学(CAI,Computer Aided Instruction)等都广泛地使用计算机。除此之外,计算机辅助系统还有计算机辅助工艺规划(CAPP,Computer Aided Process Planning)、计算机辅助工程(CAE,Computer Aided Engineering)、计算机辅助教育(CBE,Computer Based Education),等等。

**5. 逻辑关系加工**

逻辑关系加工是指用计算机对一逻辑性质的问题进行加工处理。在逻辑关系加工这类应用中,最突出的例子是机器自动翻译,即由计算机把一种语言文字翻译成另一种语言文字。

**6. 电子商务和多媒体技术**

电子商务(E-Business)是指利用计算机和网络进行的商务活动,具体地说,是指综合利用局域网(LAN)、企业内部网(Intranet)和 Internet 进行商品与服务交易、金融汇兑、网络广告或提供娱乐节目等商业活动。交易的双方可以是企业与企业之间(B2B),也可以是企业与消费者之间(B2C)。

多媒体(Multi-media),又称为超媒体(Hyper-media),是一种以交互方式将文本、图形、图像、音频、视频等多种媒体信息,经过计算机设备的获取、操作、编辑、存储等综合处理后,将这些媒体信息以单独或合成的形态表现出来的技术和方法。特别是,它将图形、图像和声音结合起来表达客观事物,在方式上非常生动、直观,易被人们接受。

多媒体技术是以计算机技术为核心,将现代声像技术和通信技术融为一体,以追求更自然、更丰富的接口界面,因而其应用领域十分广泛。它不仅覆盖计算机的绝大部分应用领域,同时还拓宽了新的应用领域,如可视电话、视频会议系统等。实际上,多媒体系统的应用以极强的渗透力进入了人类工作和生活的各个领域,正改变着人类的生活和工作方式,成功地塑造了一个绚丽多彩的划时代的多媒体世界。

**7. 人工智能**

人工智能(AI,Artificial Intelligence)是指用计算机来模拟人类的智能。虽然计算机的能力在许多方面远远超过了人类,如计算速度,但是真正要达到人的智能还是非常遥远的事情。不过目前一些智能系统已经能够替代人的部分脑力劳动,获得了实际的应用,尤其在机器人、专家系统、模式识别等方面。

## 1.1.3　计算机硬件系统的组成与工作原理

虽然现代计算机系统从性能指标、运算速度、工作方式、应用领域等方面相比以前有很大发展,但基本结构与 ENIAC 一样,都属于冯·诺依曼结构体系计算机,其结构如图 1-1-2 所示。

计算机由五个基本部分组成:运算器、控制器、存储器、输入设备和输出设备,另外还必须由总线加以连接。

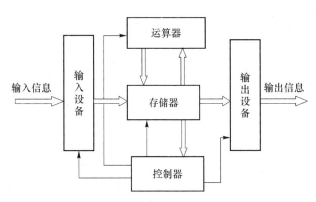

图 1-1-2　计算机的五个基本部件

运算器的主要功能是算术运算、逻辑运算和数据传递。计算机中最主要的工作是运算,大量的数据运算任务是在运算器中进行的。运算器中的数据取自内存,运算的结果又送回内存。运算器对内存的读写操作是在控制器的控制之下进行的。

控制器是计算机的神经中枢,只有在它的控制之下整个计算机才能有条不紊地工作,自动地执行程序。控制器的工作过程是:首先从内存中取出指令,并对指令进行分析,然后根据指令的功能向有关部件发出控制命令,控制它们执行这条指令规定的功能。当各部件执行完控制器发来的命令后,都会向控制器反馈执行的情况。这样逐一执行这一系列指令,就使计算机能够按照由这一系列指令组成的程序的要求自动完成各项任务。

控制器和运算器一起组成中央处理单元,即 CPU(Central Processing Unit),它是计算机的核心。

存储器的主要功能是存放程序和数据。使用时,可以从存储器中取出信息,不破坏原来的内容,这种操作称为存储器的读操作;也可以把信息写入存储器,原来的内容被抹掉,这种操作称为存储器的写操作。存储器通常分为内存储器和外存储器。

内存储器简称内存(又称主存),是计算机中信息交流的中心。内存要与计算机的各个部件打交道,进行数据传送。因此,内存的存取速度直接影响计算机的运算速度。当今绝大多数计算机的内存是以半导体存储器为主,由于价格和技术方面的原因,内存的存储容量受到限制,而且内存是不能长期保存信息的随机存储器(断电后信息丢失),所以还需要能长时间保存大量信息的外存储器。

外存储器设置在主机外部,简称外存(又称辅存),主要用来长期存放"暂时不用"的程序和数据。通常外存不和计算机的其他部件直接交换数据,只和内存交换数据,而且不是按单个数据进行存取,而是成批地进行数据交换。常用的外存是磁盘、磁带、光盘等。

外存与内存有许多不同之处。一是外存不怕停电。如磁盘上的信息可以保持几年,甚至几十年,光盘上的信息可以永久保存。二是外存的容量不像内存那样受多种限制,可以大得多,如当今硬盘的容量有 500 GB、1 TB、2 TB 等。三是外存速度慢,内存速度快。外存储器属于外部设备。

输入设备用来接受用户输入的原始数据和程序,并将它们转变为计算机可以识别的形式存放到内存中。常用的输入设备有键盘、鼠标、扫描仪、光笔、数字化仪、麦克风等。

输出设备用于将存放在内存中由计算机处理的结果转变为人们所能接受的形式。常用的输出设备有:显示器、打印机、绘图仪、音响等。

### 1.1.4 常见计算机硬件部件

**1. 中央处理器(CPU,Central Processing Unit)**

CPU 是计算机中的核心配件,是一台计算机的运算核心和控制核心。CPU 的功能是计算机主要技术指标之一,人们习惯用 CPU 的档次来大体表示微机的规格。

CPU 已经从单核心 32 位发展到目前的主流多核心 64 位(2、3、4 或 6 核心),计算能力大大提升了。市场上主要有 Intel、AMD 公司的 X64 架构的传统指令集(CISC,Complex Instruction Set Computing)多核 CPU,还有采用精简指令集(RISC,Reduced Instruction Set Computing)架构的 PowerPC 处理器等。值得一提的是,国产龙芯是国有自主知识产权的通用处理器,目前已经有 3 代产品,最高主频可达 1.5 GHz。图 1-1-3 所示为现阶段流行的 CPU。

**2. 主板**

主板是计算机中最基本的也是最重要的部件之一,如图 1-1-4 所示。主板一般为矩形电路板,上面安装了组成计算机的主要电路系统,一般有 BIOS 芯片、I/O 控制芯片、键盘、鼠标接口和面板控制开关接口、指示灯插接件、扩充插槽、主板及插卡的直流电源供电接插件等元件。

因为计算机的信息流动都要通过主板完成,因此主板的性能极大地影响计算机系统的整体性能。

图 1-1-3 各种 CPU

图 1-1-4 主板

计算机与外设之间不能直接进行信息交换,必须通过 I/O 接口才能完成信息传送。I/O 接口位于主板的侧边,如图 1-1-5 所示。

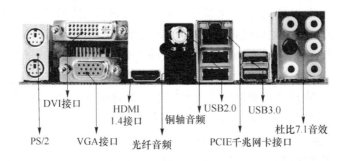

DVI接口　　HDMI　　　　　USB2.0　USB3.0
　　　　　1.4接口　铜轴音频
　　　　　　　　　　　　　　　　　　杜比7.1音效
PS/2　VGA接口　光纤音频　PCIE千兆网卡接口

图 1-1-5 I/O 接口

### 3. 内存(内存储器)

内存是电脑中的主要部件,它是相对于外存而言的。我们平常使用的程序,如使用 Windows 系统、办公软件、游戏软件等,一般都是安装在硬盘等外存上的,但仅此是不能使用其功能的,必须把它们调入内存中运行。在计算机里,内部存储器按其功能特征可分为三类。

(1) 随机存取存储器(RAM,Random Access Memory)

随机存取存储器简称 RAM。通常 RAM 指计算机的主存,CPU 对它们既可读出数据又可写入数据。但是,一旦关机断电,RAM 中的信息将全部消失。

目前在微机上广泛采用 DDR(Double Data Rate,双倍速率同步动态随机存储器)内存条。严格地说,DDR 应该叫 DDR SDRAM,人们习惯称为 DDR。SDRAM 是 Synchronous Dynamic Random Access Memory 的缩写,即同步动态随机存取存储器。而 DDR SDRAM 是 Double Data Rate SDRAM 的缩写,是双倍速率同步动态随机存储器的意思。DDR 发展了几代,现在主流的配置是 DDR Ⅲ(图 1-1-6),容量从 2 GB 到 8 GB。DDR Ⅳ 内存条也已经上市。

图 1-1-6　DDR Ⅱ、DDR Ⅲ 内存条

(2) 只读存储器( ROM,Read Only Memory)

ROM 的内容不能改写,它里面存放的信息一般由计算机制造厂写入并经固化处理,即使断电,ROM 中的信息也不会丢失。因此,ROM 中一般存放计算机系统管理程序。典型的如计算机的基本输入输出系统(BIOS,Basic Input-Output System),它保存着计算机系统中最重要的基本输入/输出程序、系统信息设置、自检和系统自举程序,并反馈诸如设备类型、系统环境等信息。

(3) 高速缓冲存储器(Cache)

计算机的工作速度远远快于内存的速度,当 CPU 访问内存时,就不得不进入等待状态,因此极大地影响了计算机的整体性能。为有效地解决这一问题,计算机上普遍采用了 Cache 技术这一方案。Cache 的速度介于 CPU 和内存之间,容量小,价格高,用来缓冲内存的数据。

**4. 硬盘(外存储器)**

硬盘是电脑主要的存储媒介之一,由一个或者多个铝制或者玻璃制的碟片组成。这些碟片外覆盖有铁磁性材料。绝大多数硬盘都是固定硬盘,被永久性地密封固定在硬盘驱动器中。硬盘是计算机系统中最主要的外存储设备,技术非常成熟,特点是容量大,目前主流容量 1 TB。然而由于硬盘采用的是机械式的结构,因此速度慢,这也成为计算机性能的瓶颈。

近年来固态硬盘(Solid State Disk、IDE FLASH DISK)逐渐出现了取代机械硬盘之势。固态硬盘是用固态电子存储芯片阵列而制成的硬盘,其在接口规范和定义、功能及使用方法上与普通硬盘完全相同,在产品外形和尺寸上也完全与普通硬盘一致。相比机械硬盘,固态硬盘的读取速度快,抗震性好,因为固态硬盘完全没有机械结构,所以不怎么怕震动和冲击,不用担心因为震动造成无可避免的数据损失;发热小、功耗低;工作时完全不会产生噪声。然而固态硬盘的缺点也是很明显的,写入速度慢、使用寿命远远低于机械硬盘、价格昂贵。

当前一种流行的配置是机械硬盘与固态硬盘组成的双硬盘系统,将操作系统安装在固态硬盘上,而将其他文件装在机械硬盘中。

除此之外还有很多不同的外存储器,如 U 盘、光盘等。如图 1-1-7 所示。

图 1-1-7　固态硬盘、机械硬盘、U 盘等辅助存储设备

**5．显示器（Display）**

显示器是计算机中最主要的输出设备，它的任务是将计算机处理的结果，转化为人眼可以辨识的图形图像呈现出来。

图 1-1-8　显示器

显示器分为两大类，一类是液晶显示器（LCD，Liquid Crystal Display）。LCD 耗电低，重量轻，是目前的主流（图 1-1-8）。另外一类是阴极射线管显示器（CRT，Cathode Ray Tube）。目前个人用户已经较少使用这种显示器。

**6．鼠标、键盘**

鼠标与键盘都是计算机中最主要的输入设备。都是向计算机发出各种指令、与计算机进行对话、对计算机进行操作的一种硬件设备。目前主要使用的是光电鼠标、104 键键盘。如图 1-1-9 所示。

图 1-1-9　键盘与鼠标

**7．显卡**

显卡全称显示接口卡（Video Card，Graphics Card），又称为显示适配器（Video Adapter），是个人电脑最基本的组成部分之一，如图 1-1-10 所示。显卡插在主板上，连接显示器，承担输出显示图形的任务，对于从事专业图形设计的人来说显卡非常重要。显卡通常有两种形式，一种是集成显卡，显示芯片集成在主板上，性能较低，无须额外的成本，适合对图形要求不高的场合，如办公室。另外一种是独立显卡，需要插在主板的显卡插槽上，性能高，需单独购买，适合高端游戏玩家或从事图形工作的人员。

图 1-1-10　显卡

**8．网卡（Network Interface Card）**

计算机与外界局域网的连接是通过主机箱内插入一块网络接口板（或者是在笔记本电脑中插入一块 PCMCIA 卡）实现的。网络接口板又称为通信适配器或网络适配器或网络接口卡。

网卡是工作在数据链路层的网络组件，是局域网中连接计算机和传输介质的接口，不仅能实现与局域网传输介质之间的物理连接和电信号匹配，还涉及帧的发送与接收、帧的封装与拆封、介质访问控制、数据的编码与解码以及数据缓存的功能等。

目前的主板一般都集成有千兆的网卡，不必单独购买。

**9．声卡（Sound Card）**

声卡也叫音频卡，是多媒体技术中最基本的组成部分，是实现声波/数字信号相互转换的一种硬件，如图 1-1-11 所示。声卡的基本功能是把来自话筒、磁带、光盘的原始声音信号加以转换，输出到耳机、扬声器、扩音机、录音机等声响设备，或通过音乐设备数字接口（MIDI）使乐器发出美妙的声音。

图 1-1-11　声卡

同网卡一样,目前的主板一般都集成有声卡,不必单独购买。

**10. 光驱**

光驱是电脑用来读写光碟内容的机器,是台式机里比较常见的一个配件,如图 1-1-12 所示。随着多媒体的应用越来越广泛,使得光驱在台式机诸多配件中已经成为标准配置。目前,光驱可分为 CD-ROM 驱动器、DVD 光驱(DVD-ROM)、康宝(COMBO)和刻录机等。

① CD-ROM 光驱:又称为致密盘只读存储器,是一种只读的光存储介质。它是利用原本用于音频 CD 的 CD-DA(Digital Audio)格式发展起来的。

② DVD 光驱:是一种可以读取 DVD 碟片的光驱,除了兼容 DVD-ROM,DVD-VIDEO,DVD-R,CD-ROM 等常见的格式外,对于 CD-R/RW,CD-I,VIDEO-CD,CD-G 等都能很好地支持。

图 1-1-12　光驱

③ 蓝光光驱:能读取蓝光光盘的光驱,向下兼容 DVD、VCD、CD 等格式。蓝光盘(BD,Blue-ray Disc)利用波长较短(405 nm)的蓝色激光读取和写入数据,并因此而得名。而传统 DVD 需要光头发出红色激光(波长为 650 nm)来读取或写入数据,通常来说波长越短的激光,能够在单位面积上记录或读取的信息越多。因此,蓝光极大地提高了光盘的存储容量。目前为止,蓝光是最先进的大容量光碟格式,单碟可达 25 GB。

④ COMBO 光驱:COMBO 光驱是一种集合了 CD 刻录、CD-ROM 和 DVD-ROM 为一体的多功能光存储产品。

⑤ 刻录光驱:包括了 CD-R、CD-RW 和 DVD 刻录机等,其中 DVD 刻录机又分为 DVD＋R、DVD-R、DVD＋RW、DVD-RW(W 代表可反复擦写)和 DVD-RAM。

**11. 其他外部设备**

除了上述的设备之外,还有其他一些设备也是人们所熟知的,如音箱、扫描仪、摄像头、打印机、数码相机等,如图 1-1-13 所示。

图 1-1-13　扫描仪、打印机、摄像头等外设

# 1.2 任务二　计算机软件系统

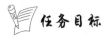

## 任务目标

了解计算机的软件体系结构,掌握 Windows 7 的基本操作。

## 任务知识点

- 软件基础知识
- 操作系统基础
- Windows 7 的基本操作

## 知识点剖析

一个完整的计算机系统是由硬件系统和软件系统两部分组成的,如图 1-2-1 所示。硬件系统是组成计算机系统的各种物理设备的总称,是计算机系统的物质基础。硬件系统又称为裸机(Naked Machine),没有软件系统,计算机几乎是没有用的。软件系统是为运行、管理和维护计算机而编制的各种程序、数据文档的总称。实际上,用户所面对的是经过若干层软件"包装"的计算机,计算机的功能不仅仅取决于硬件系统而更大程度上是由所安装的软件系统决定的。

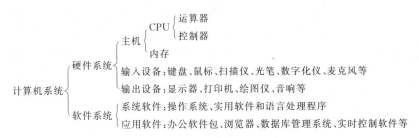

图 1-2-1　计算机系统组成

### 1.2.1　软件基础

**1. 软件(Software)定义**

软件是一系列按照特定顺序组织的计算机数据和指令的集合。软件并不只是包括可以在计算机(这里的计算机是指广义的计算机)上运行的计算机程序,与这些计算机程序相关的文档一般也被认为是软件的一部分。简单地说,软件就是程序加文档的集合体。

软件是用户与硬件之间的接口界面。用户主要通过软件与计算机进行交流。软件是计算机系统设计的重要依据。为了方便用户,为了使计算机系统具有较高的总体效用,在设计计算机系统时,必须全局考虑软件与硬件的结合,以及用户的要求和软件的要求。

- 运行时,能够提供所要求功能和性能的指令或计算机程序集合。
- 程序能够满意地处理信息的数据结构。

- 描述程序功能需求以及程序如何操作和使用所要求的文档。

**2. 软件的分类**

计算机软件极为丰富,要对软件进行恰当的分类是相当困难的。一种通常的分类方法是将软件分为系统软件和应用软件两大类。实际上,系统软件和应用软件的界限并不十分明显,有些软件既可以认为是系统软件也可以认为是应用软件,如数据库管理系统。

(1) 系统软件

系统软件是指控制计算机的运行,管理计算机的各种资源,并为应用软件提供支持和服务的一类软件。在系统软件的支持下,用户才能运行各种应用软件。系统软件通常包括操作系统、语言处理程序等。

操作系统(OS,Operating System)的主要功能是管理和控制计算机系统的所有资源(包括硬件和软件)。常用的操作系统有:Windows、UNIX、LINUX、OS/2、Novell Netware 等。

计算机语言是程序设计的最重要的工具,它是指计算机能够接受和处理的、具有一定格式的语言。从计算机诞生至今,计算机语言已经发展到了第三代。在所有的程序设计语言中,除了用机器语言编制的程序能够被计算机直接理解和执行外,其他的程序设计语言编写的程序都必须经过一个翻译过程才能转换为计算机所能识别的机器语言程序,实现这个翻译过程的工具是语言处理程序。

(2) 应用软件

利用计算机的软硬件资源为某一专门的应用目的而开发的软件称为应用软件。仔细分析可以发现,即使是应用于同一目的的各种应用软件在复杂性和成本上也有相当大的差异。但是,应用软件仍然可以分为三大类:通用应用软件,用于专门行业的应用软件和定制的软件。

通用应用软件支持最基本的应用,广泛地应用于几乎所有的专业领域,如办公软件包、浏览器、数据库管理系统、财务处理程序、工资管理程序等。有许多应用软件专门用于某一个专业领域,如牙科诊所、法律事务所、房地产事务所等。多数小企业的经营者并不是计算机专家,也无法承担建立自己的信息系统部门的费用。特殊商业应用软件正是用来满足大多数这类企业的信息处理需要。大型企业都有较高的特殊需求,而且现成的应用软件往往不能满足这些需求,于是,这些企业需要研制和开发能满足他们特殊需求的定制软件。

(3) 数据库管理系统(DBMS,DataBase Management System)

数据库系统是 20 世纪 60 年代末产生并发展起来的,它是计算机科学中应用最为广泛并且发展最快的领域之一。主要是面向解决数据处理的非数值计算问题。目前主要用于档案管理、财务管理、图书资料管理及仓库管理等的数据处理。这类数据的特点是数据量比较大,数据处理的主要内容为数据的存储、查询、修改、排序、分类等。数据库技术是针对这类数据的处理而产生发展起来的,至今仍在不断地发展、完善。

数据库系统是一个复杂的系统,通常所说的数据库系统并不单指数据库和数据库管理系统本身,而是将它们与计算机系统作为一个总体而构成的系统看作数据库系统。数据库系统通常由硬件、操作系统、数据库管理系统、数据库及应用程序组成。

数据库是按一定的方式组织起来的数据的集合,它具有数据冗余度小、可共享等特点。数据库管理系统的作用就是管理数据库。一般具有如下功能:建立数据库,编辑、修改、增删数据库内容等对数据的维护功能;对数据的检索、排序、统计等使用数据库的功能;友好的交互式输入/输出能力;使用方便、高效的数据库编程语言;允许多用户同时访问数据库;提供数据独立性、完整性、安全性的保障。

目前常用的数据库管理系统有：Access、SQL Server、Oracle、Sybase、DB2 等。

## 1.2.2　操作系统基础

**1. 操作系统的基本概念**

操作系统(OS,Operating System)是管理计算机硬件与软件资源的程序,同时也是计算机系统的核心与基石。操作系统身负诸如管理与配置内存、决定系统资源供需的优先次序、控制输入与输出设备、操作网络与管理文件系统等基本事务。操作系统也提供一个让用户与系统交互的操作界面。操作系统的类型非常多样,不同机器安装的操作系统可从简单到复杂,可从手机的嵌入式系统到超级计算机的大型操作系统。许多操作系统制造者对它涵盖范畴的定义也不尽一致,例如,有些操作系统集成了图形用户界面,而有些仅使用文字界面,而将图形界面视为一种非必要的应用程序。

操作系统理论在计算机科学中,为历史悠久而又活跃的分支,而操作系统的设计与实现则是软件工业的基础与核心。综观计算机的历史,操作系统与计算机硬件的发展息息相关。操作系统的本意原为提供简单的工作排序能力,后为辅助更新更复杂的硬件设施而渐渐演化。从最早的批量模式开始,分时机制也随之出现,在多处理器时代来临时,操作系统也随之添加多处理器协调功能,甚至是分布式系统的协调功能。其他方面的演变也类似于此。另一方面,在个人计算机上,个人计算机的操作系统因袭大型机的成长之路,在硬件越来越复杂、强大时,也逐步实践以往只有大型机才有的功能。

总而言之,操作系统的历史就是一部解决计算机系统需求与问题的历史。

**2. 操作系统的功能**

操作系统的主要功能是资源管理、程序控制和人机交互等。计算机系统的资源可分为设备资源和信息资源两大类。设备资源指的是组成计算机的硬件设备,如中央处理器、主存储器、磁盘存储器、打印机、磁带存储器、显示器、键盘输入设备和鼠标等。信息资源指的是存放于计算机内的各种数据,如文件、程序库、知识库、系统软件和应用软件等。

操作系统位于底层硬件与用户之间,是两者沟通的桥梁。用户可以通过操作系统的用户界面,输入命令。操作系统则对命令进行解释,驱动硬件设备,实现用户要求。

**3. 操作系统的类型**

(1) 批处理操作系统

批处理(Batch Processing)操作系统的工作方式是:用户将作业交给系统操作员,系统操作员将许多用户的作业组成一批作业,之后输入到计算机中,在系统中形成一个自动转接的连续的作业流,然后启动操作系统,系统自动、依次执行每个作业。最后由操作员将作业结果交给用户。批处理操作系统的特点是多道和成批处理。

(2) 分时操作系统

分时(Time Sharing)操作系统的工作方式是:一台主机连接了若干个终端,每个终端有一个用户在使用。用户交互式地向系统提出命令请求,系统接受每个用户的命令,采用时间片轮转方式处理服务请求,并通过交互方式在终端上向用户显示结果。用户根据上步结果发出下道命令。分时操作系统将 CPU 的时间划分成若干个片段,称为时间片。操作系统以时间片为单位,轮流为每个终端用户服务。每个用户轮流使用一个时间片而使每个用户并不感到有别的用户存在。

常见的通用操作系统是分时系统与批处理系统的结合。其原则是:分时优先,批处理在后。"前台"响应需频繁交互的作业,如终端的要求;"后台"处理时间性要求不强的作业。

（3）实时操作系统

实时（Real Time）操作系统是指使计算机能及时响应外部事件的请求在规定的严格时间内完成对该事件的处理,并控制所有实时设备和实时任务协调一致地工作的操作系统。实时操作系统要追求的目标是:对外部请求在严格时间范围内做出反应,有高可靠性和完整性。其主要特点是资源的分配和调度首先要考虑实时性然后才是效率。此外,实时操作系统应有较强的容错能力。

（4）网络操作系统

网络操作系统是基于计算机网络的,是在各种计算机操作系统上按网络体系结构协议标准开发的软件,包括网络管理、通信、安全、资源共享和各种网络应用。其目标是相互通信及资源共享。在其支持下,网络中的各台计算机能互相通信和共享资源。其主要特点是与网络的硬件相结合来完成网络的通信任务。

（5）分布式操作系统

分布式操作系统是为分布计算系统配置的操作系统。大量的计算机通过网络被连结在一起,可以获得极高的运算能力及广泛的数据共享。这种系统被称作分布式系统。它在资源管理、通信控制和操作系统的结构等方面都与其他操作系统有较大的区别。由于分布计算机系统的资源分布于系统的不同计算机上,操作系统对用户的资源需求不能像一般的操作系统那样,等待有资源时直接分配,而是要在系统的各台计算机上搜索,找到所需资源后才可进行分配。对于有些资源,如具有多个副本的文件,还必须考虑一致性。所谓一致性是指若干个用户对同一个文件所同时读出的数据是一致的。为了保证一致性,操作系统须控制文件的读、写操作,使得多个用户可同时读一个文件,而任一时刻最多只能有一个用户在修改文件。分布操作系统的通信功能类似于网络操作系统。由于分布计算机系统不像网络分布得很广,同时分布操作系统还要支持并行处理,因此它提供的通信机制和网络操作系统提供的有所不同,它要求通信速度高。分布操作系统的结构也不同于其他操作系统,它分布于系统的各台计算机上,能并行地处理用户的各种需求,有较强的容错能力。

**4. 几种主要的操作系统**

（1）Microsoft Windows

Windows 系列操作系统是桌面计算机广泛使用的操作系统。1985 年 11 月,微软发布了 Windows 1.0,它是微软公司在个人计算机上开发图形界面的操作系统的首次尝试,其中借用了不少最早的图形界面操作系统 OS/2 的 GUI 概念（IBM 与 Microsoft 共同开发）。微软早期开发的 Windows 实际只是基于 DOS 系统之上的一个图形应用程序,并通过 DOS 来进行文件操作。直到 Win 2000 的发布,Windows 才彻底地摆脱了 DOS,成为真正独立的操作系统。Windows 1.0 没有受到用户青睐,评价也不是很好。在随后的 10 年里,微软发布了 Windows 1.0 的后续版本,直到 Windows 3.2,它们都是基于 DOS 运行的。

1995 年 8 月 24 日,微软公司发行了 Windows 95,这是一个混合的 16 位/32 位 Windows 系统,其版本号为 4.0。Windows 95 是 Windows 操作系统中第一个支持 32 位的操作系统。Windows 95 以强大攻势进行发布,在市场上,Windows 95 是成功的,在它发行的一两年内,它成为有史以来最成功的操作系统。

Windows 98 是微软公司发行于 1998 年 6 月 25 日的混合 16 位/32 位 Windows 操作系统,其版本号为 4.1,开发代号为 Memphis。这个新系统是基于 Windows 95 编写的,它改良了硬件标准的支持，如 MMX 和 AGP。其他特性包括对 FAT32 文件系统的支持、多显示器、Web TV 支持和整合到 Windows 图形用户界面的 Internet Explorer，称为活动桌面（Active Desktop）。

Windows NT 基于 OS/2 NT 基础编制。OS/2 由微软和 IBM 联合研制，分为微软 Microsoft OS/2 NT 与 IBM 的 IBM OS/2。协作后来不欢而散，IBM 继续向市场提供先前的 OS/2 版本，而微软则把自己的 OS/2 NT 的名称改为 Windows NT，即第一代的 Windows NT 3.1（1993 年 8 月 31 日）。Windows NT 是纯 32 位操作系统，采用先进的 NT 核心技术。NT 即新技术（New Technology）。1996 年 4 月发布的 Windows NT 4.0 是 NT 系列的一个里程碑，该系统面向工作站、网络服务器和大型计算机，它与通信服务紧密集成，提供文件和打印服务，能运行客户机/服务器应用程序，内置了 Internet/Intranet 功能。现在的 Windows 系统，如 Windows 2000、Windows XP 皆是建立于 Windows NT 内核。

Windows 2000 是微软公司 Windows NT 系列 32 位视窗操作系统。起初称为 Windows NT 5.0。英文版于 1999 年 12 月 19 日上市，中文版于次年 2 月上市。Windows 2000 是一个 preemptive、可中断、图形化及面向商业环境的操作系统，为单一处理器或对称多处理器的 32 位 Intel x86 电脑而设计。它的用户版本在 2001 年 10 月被 Windows XP 所取代；而服务器版本则在 2003 年 4 月被 Windows Server 2003 所取代。一般来说，Windows 2000 被划分为一种混合式核心（hybrid kernel）的操作系统。

Windows XP 于 2001 年 8 月 24 日正式发布（RTM，Release to Manufacturing）。零售版于 2001 年 10 月 25 日上市。Windows XP 原代号 Whistler。字母 XP 表示英文单词"体验"（experience）。Windows XP 外部版本是 2002，内部版本是 5.1（即 Windows NT 5.1），正式版 Build 是 5.1.2600。微软最初发行了两个版本：专业版（Windows XP Professional）和家庭版（Windows XP Home Edition）。家庭版只支持 1 个处理器，专业版则支持 2 个。后来又发行了媒体中心版（Media Center Edition）、平板电脑版（Tablet PC Edition）和入门版（Starter Edition）等。

2007 年 1 月 30 日，微软发布了新一代的操作系统 Windows Vista。Vista 采用了全新的技术重新设计了用户界面。Windows Vista 包含了上百种新功能；其中较特别的是新版的图形用户界面和称为"Windows Aero"的全新界面风格、加强后的搜寻功能（Windows Indexing Service）、新的多媒体创作工具（如 Windows DVD Maker），以及重新设计的网络、音频、输出（打印）和显示子系统。Vista 也使用点对点技术（peer-to-peer）提升了计算机系统在家庭网络中的通信能力，使在不同计算机或装置之间分享文件与多媒体内容变得更简单。针对开发者方面，Vista 使用.NET Framework 3.0 版本，比起传统的 Windows API 更能让开发者简单写出高品质的程序。

然而 Vista 不能算是一个成功的版本，原因包括兼容性差、资源消耗过大、操作不习惯等，其后续版本 Windows 7 于 2009 年 10 月 22 日在美国发布，2009 年 10 月 23 日下午在中国正式发布。Windows 7 在界面上与 Vista 差异不大，操作比 Vista 要简单，是目前桌面电脑上的主流操作系统。

Windows 10（图 1-2-2）作为微软下一代系统的统一品牌名称，将覆盖所有尺寸和品类的 Windows 设备，可无缝运行于微型计算机（类似英特尔伽利略、树莓派 2）、手机（ARM 芯片）、平板（ARM 和 x86 芯片）、二合一设备、桌面计算机及服务器等几乎所有硬件。Windows 10 贯彻了"移动为先，云为先"（mobile first，cloud first）的设计思路，三屏一云，多个平台共用一个应用商店,应用统一更新和购买,是跨平台最广的操作系统。目前该操作系统的技术预览版已于 2015 年 3 月发布并开始公测。

图 1-2-2　Windows 10 界面

Windows 系统也提供了一系列服务器版,用于企业级的市场。最新版是 Windows 2012 Server R2。

(2) Linux 操作系统

Linux 操作系统是一款优秀的操作系统,支持多用户、多线程、多进程,实时性好,功能强大且稳定。同时,它又具有良好的兼容性和可移植性,被广泛应用于各种计算机平台上。

Linux 的前身是芬兰赫尔辛基大学一位名叫 Linus Torvalds 计算机科学系学生的个人项目。他将 Linux 建立在一个基于 PC 上运行的、名为 Minix(Minix 是由一位名为 Andrew Tannebaum 的计算机教授编写的操作系统示例程序)的操作系统之上。Minix 突出体现了 UNIX 的各种特性,后来 Minix 通过 Internet 广泛传播。Linus 的初衷是为 Minix 用户开发一种高效率的 PC UNIX 版本,称其为 Linux,并于 1991 年底首次公布于众,同年 11 月发布了 0.10 版本,12 月发布了 0.11 版本。Linus 允许免费自由地运用该系统源代码,并且鼓励其他人进一步对其进行开发。如此一来,通过 Internet 在世界范围内形成了 Linux 研究热潮,并且在不断持续着。

Linux 的版本可以分为两类:内核(Kernel)版本与发行版本(Distribution)。内核版本是指在 Linus 的领导下,开发小组开发出来的系统内核版本号。而一些组织或公司将 Linux 内核与应用软件和文档包装起来,并提供一些安装界面、系统设置与管理工具,这样就构成了一个发行版本,常见的发行版本有 Red Hat Linux、Mandriva Linux、Debian Linux、Ubuntu 等。

(3) 苹果 Mac OS 操作系统

Mac OS 是运行于苹果 Macintosh 系列电脑上的专用操作系统,基于 Unix 内核,一般情况下在普通 PC 上无法安装。Mac OS 有炫目的界面,是追求个性化的用户的必选。目前 Mac OS 的最新版是 OS X 10.10 Yosemite。

(4) 国产操作系统

国产操作系统是指中国软件公司开发的计算机操作系统,目前主要是基于 Linux 开发的。

操作系统作为基础软件的基石,是上层信息系统的基础。由于操作系统关系到国家的信息安全,使用国外商用操作系统,不仅存在严重的安全隐患,而且缺乏自我保障能力,难以满足核心领域信息系统和关键设备对操作系统的高安全性和高可靠性要求。特别是棱镜事件之后,国产操作系统的研发已升至国家层面。下面介绍几款主要的国产操作系统。

中标麒麟操作系统是在国家"863"计划重大专项、"核高基"科技重大专项和国家发改委产业化专项扶持下,以兼容 Linux 的技术思路开发的高安全、高可用、高性能、高可定制的国产操作系统。中标麒麟操作系统以国防科技大学计算机学院"银河"/"天河"团队作为技术支撑,由湖南麒麟信息工程技术有限公司(暨高可信操作系统国家地方联合工程研究中心)作为产业化和技术服务主体,对外提供操作系统相关的产品销售、方案咨询、系统部署、运维保障等多项服务,目前已成功应用于国防、政务、能源、交通、航天、电信、金融、邮政、教育等众多行业和领域。

桌面操作系统优麒麟(Ubuntu Kylin)(如图 1-2-3 所示)是由中国 CCN 联合实验室支持和主导的开源项目,以 Ubuntu 操作系统为参考,面向办公、开发等桌面应用,突破图形加速显示、友好人机交互、低功耗、高可信等关键技术,具有广泛的软硬件兼容和方便的操作界面,支持金山国产办公套件,支持常见桌面应用,能有效防御病毒、木马和黑客攻击,适用于办公电脑、业务终端等。采用平台国际化与应用本地化融合的设计理念,通过定制本地化的桌面用户环境以及开发满足广大中文用户特定需求的应用软件来提供细腻的中文用户体验。用户界面专门为中国用户设计,并配有必需的中文软件及程序,在用户体验、功能特色、安全防护等方面具有诸多优点,并且支持最新触摸屏以及 HiDPI 高清显示屏,在各种不同硬件上完美运行。

深度(Deepin)Linux 是由武汉深之度科技有限公司开发的 Linux 发行版,致力于为用户提供美观易用、安全可靠的体验。它不仅仅对最优秀的开源产品进行集成和配置,还开发了基于 HTML5 技术的全新桌面环境、系统设置中心以及音乐播放器、视频播放器、软件中心等一系列面向日常使用的应用软件。

起点操作系统(StartOS,原雨林木风操作系统 YLMF OS)是由东莞瓦力网络科技有限公司发行的开源操作系统,符合国人的使用习惯,预装常用的精品软件,操作系统具有运行速度快、安全稳定、界面美观、操作简洁明快等特点。

图 1-2-3　优麒麟界面

(5)其他操作系统

早期的 PC 机上运行的是微软的 DOS(磁盘操作系统,Disk Operating System)系统。从

1981 年到 1995 年的 15 年间,DOS 在 IBM PC 兼容机市场中占有举足轻重的地位。而且,若是把部分以 DOS 为基础的 Microsoft Windows 版本(如 Windows 95/98/Me 等)都算进去的话,那么其商业寿命至少可以算到 2000 年。MS-DOS 8.0 发布于 2000 年 9 月,是 DOS 的最后一个版本。

UNIX 操作系统是美国 AT&T 公司于 1971 年在 PDP-11 上运行的操作系统。具有多用户、多任务的特点,支持多种处理器架构,最早由肯·汤普逊(Kenneth Lane Thompson)、丹尼斯·里奇(Dennis MacAlistair Ritchie)和 Douglas Mcllroy 于 1969 年在 AT&T 的贝尔实验室开发。目前它的商标权由国际开放标准组织(The Open Group)所拥有。现在的 Unix 系统基本运行于企业级服务器上,主要有三大派生版本:System V、Berkley 、Hybrids,每种派生的版本又有一些变种。

### 1.2.3　Windows 7 操作系统基础

Windows 7 是 Microsoft 公司推出的新一代操作系统。包括简易版、家庭基础版、家庭高级版、专业版、旗舰版以及企业版,功能依次增强。

**1. 安装 Windows 7**

(1) 硬件要求

- 1 GHz 32 位或 64 位处理器。
- 1 GB 内存(基于 32 位)或 2 GB 内存(基于 64 位)。
- 16 GB 可用硬盘空间(基于 32 位)或 20 GB 可用硬盘空间(基于 64 位)。
- 带有 WDDM 1.0 或更高版本的驱动程序的 DirectX 9 图形设备。

若要使用某些特定功能,还有下面一些附加要求。

- Internet 访问。
- 根据分辨率,播放视频时可能需要额外的内存和高级图形硬件。
- 一些游戏和程序可能需要图形卡与 DirectX 10 或更高版本兼容,以获得最佳性能。
- 对于一些 Windows 媒体中心功能,可能需要电视调谐器以及其他硬件。
- Windows 触控功能和 Tablet PC 需要特定硬件。

带有多核处理器的电脑:

Windows 7 是专门为与今天的多核处理器配合使用而设计的。所有 32 位版本的 Windows 7 最多可支持 32 个处理器核,而 64 位版本最多可支持 256 个处理器核。

BIOS 设定:关闭 BIOS 的病毒侦测功能以及电源管理系统。以 Award BIOS 为例,在开机时按【Delete】键进入设置界面。将 BIOS FEATURES SETUP 里的 Virus Warning 设定成 Disable 关闭病毒侦测功能,将 POWER MANAGEMENT SETUP 里的 Power Management 设定成 Disable 关闭电源管理系统。还应设定系统从光盘启动。

如果系统安装有保护卡,要事先移除,等安装完毕后再装上。安装时不需要的硬件也应移除。

(2) 安装方式

由于 Windows 7 内置了高度自动化的安装程序向导,使整个安装过程更加简便、易操作,它会自动复制所需要的安装文件,然后向硬盘复制所有的系统文件,并加载各种设备的驱动程序,用户只需要输入产品密钥、用户名称和密码等简单的信息即可完成整个安装过程。

中文版 Windows 7 的安装可以通过多种方式进行,通常使用升级安装、全新安装、双系统共存安装三种方式。

①升级安装：如果用户的计算机上安装了 Microsoft 公司其他版本的 Windows 操作系统，可以覆盖原有的系统而升级到 Windows 7 版本。将 Windows 7 的安装光盘放入光盘驱动器中，在弹出的安装窗口中单击【开始安装】，然后选择【升级安装】，按安装向导提示的操作步骤执行即可完成安装。

②全新安装：如果用户新购买的计算机还未安装操作系统，或者机器上原有的操作系统已格式化，可以采用这种方式进行安装。将 Windows 7 安装光盘放入光驱，启动计算机后即可开始安装，在安装系统向导提示下用户可以完成相关的操作。

③双系统共存安装：如果用户的计算机上已经安装了操作系统，也可以在保留现有系统的基础上安装 Windows 7，新安装的 Windows 7 将被安装在一个独立的分区中，与原有的系统共同存在，但不会互相影响。当这样的双操作系统安装完成后，重新启动计算机后，在显示屏上会出现系统选择菜单，用户可以选择所要使用的操作系统。

**2．Windows 7 的基本操作**

（1）启动 Windows 7

打开计算机电源，系统自检完成后，Windows 7 就会自动启动，以管理员身份登录 Windows 7。如果设置了登录密码保护，那么将出现 Windows 7 的登录界面。选择用户并输入密码后，按回车键便可登录。具体过程如下。

①开显示器、打印机、音箱等外部设备；

②开主机；

③自启动→用户登录→启动成功进入桌面。

（2）关闭 Windows 7

如果用户在没有退出 Windows 系统的情况下就关机（拔下它的插头或者手动关机），系统将认为是非法关机。非法关机情况下，可能会丢失文件或破坏程序。

当用户不再使用计算机时，可单击屏幕左下角 ⊛ 按钮（对应 XP 的【开始】按钮），在【开始】菜单中单击【关机】按钮，Windows 7 就会关闭所有正在运行的程序，并保存系统设置，然后关闭电源。一般来说，用户最好在关机前关闭所有的程序，以免信息丢失。如果在【开始】菜单中单击【关机】按钮旁边的右向箭头，那么 Windows 7 会弹出一个列表窗口，里面给出了关机选项。

①切换用户：指在不关闭当前登录用户的情况下而切换到另一个用户，用户可以不关闭正在运行的程序，而当再次返回时系统会保留原来的状态。

②注销：将保存设置，关闭当前登录用户。Windows 7 是一个支持多用户的操作系统，为了便于不同的用户快速登录来使用计算机，Windows 7 提供了注销的功能，应用注销功能，使用户不必重新启动计算机就可以实现多用户登录，当登录系统时，只需要在登录界面上单击用户名前的图标，即可实现多用户登录，各个用户可以进行个性化设置而互不影响。

③重新启动：使用该选项可以先关闭计算机，然后让其自动回到开机状态。

④睡眠：计算机将进入睡眠状态，切断除内存外其他配件的电源，工作状态的数据将保存在内存中，这样在重新唤醒计算机时，就可以快速恢复睡眠前的工作状态。如果需要短时间离开计算机，那么可以使用睡眠功能，一方面可以节电，另外一方面又可以快速恢复工作。可以通过按键盘上的任意键、单击鼠标按钮或打开便携式计算机的盖子来唤醒计算机。

⑤休眠：是一种主要为便携式计算机设计的电源节能状态。睡眠通常会将工作和设置保存在内存中并消耗少量的电量，而休眠则将打开的文档和程序保存到硬盘中，然后关闭计算机。在 Windows 7 使用的所有节能状态中，休眠使用的电量最少。对于便携式计算机，如果

有很长一段时间不使用它，并且在那段时间不可能给电池充电，则应使用休眠模式。

注意正确的开机方法是先开外设，再开主机；正确的关机方法：先关主机，再关外设。另外应该在关闭系统之前，先关闭打开的窗口（应用程序），再退出 Windows 7 系统，以确保所做的工作已经存到硬盘上。打开"开始菜单"的方法一般是单击"开始"按钮，也可以按一下键盘下方的专用键。

Windows 7 的启动与关闭都是有一定的步骤的，特别是关闭操作，若操作有误，可能会导致信息的丢失或下次不能正常启动。

（3）鼠标的操作

鼠标和键盘是操作计算机过程中使用最频繁的设备之一，几乎所有的操作都要用到鼠标和键盘。Windows 7 是一个图形界面的操作系统，使用鼠标是操作 Windows 7 的基本方式，它具有快捷、准确、直观的屏幕定位和选择能力。移动鼠标时，与它相对应的在屏幕上的指针也随之移动。鼠标的操作方法主要有以下几种。

- 指向：移动鼠标，将鼠标指针移到屏幕的一个特定位置或指定对象。
- 单击：将鼠标指向目标快速按一下鼠标左键。
- 双击：将鼠标指向目标快速地连续按两下鼠标左键。
- 右击：鼠标指向目标后快速按一下鼠标右键。
- 拖动：鼠标指向目标后按下鼠标左键不放，并移动鼠标。
- 释放：松开按住鼠标按键的手指。

在操作鼠标时，鼠标指针的形状取决于它所在的位置以及和其他屏幕元素的相互关系。使用鼠标操作 Windows 是最简便的方式。大部分的操作是由左键的单击或双击完成的。许多快捷操作是由右键的单击来完成的，但能得到意想不到的好效果。

（4）Windows 7 桌面

启动计算机，完成 Windows 7 的登录后，用户看到的屏幕界面就是桌面。桌面是用户和计算机交互的窗口，桌面上放置着各种各样的图标，桌面的底部是任务栏，如图 1-2-4 所示。用户可以根据自己的需要在桌面上添加、删除各种快捷图标，系统默认状态下，双击图标就能够快速启动相应的程序或文件。

图 1-2-4　Windows 桌面

（5）桌面图标

桌面上的每一个图标通常代表一个应用程序或一个文件夹、一个文件，它包含图形、说明文字两部分，如果用户把鼠标放在图标上停留片刻，桌面上会出现对图标所表示内容的说明或者是文件存放的路径，双击图标就可以打开相应的内容。

- 我的文档：它是一个便于存取的桌面文件夹，主要供用户快速访问保存在其中的文档、图形和其他文件。是系统默认的文档保存位置。
- 我的电脑：通过"我的电脑"可以对计算机的资源（硬件资源和软件资源）进行管理。
- 网上邻居：使用户可以查看您的计算机所连入的网络上的所有共享计算机、文件和文件夹、打印机及其他资源。
- 回收站：回收站是系统在系统硬盘中专门划出的一块区域，在默认情况下，用户在 Windows 中删除的文件或文件夹都被放入到回收站中。当用户还没有清空回收站时，可以从中还原被删除的文件或文件夹。

（6）任务栏

任务栏位于桌面的下方，它由"开始"按钮、快速启动栏、窗口按钮栏、语言栏按钮和系统通知区域几部分组成。单击"开始"按钮，可打开开始菜单；单击快速启动栏中的按钮可快速启动相应的应用程序；当用户打开一个应用程序后，窗口按钮栏中就会增加一个代表该程序的按钮，单击该按钮便可使相应的应用程序窗口成为活动窗口；单击语言栏按钮，用户可以选择各种语言输入法；系统通知区域中显示一些系统程序的图标，如音量控制、系统时间等。

（7）"开始"菜单

"开始"菜单包含用户使用 Windows 时需要开始的所有工作。通过"开始"菜单可以启动程序，打开文件，使用"控制面板"自定义系统，单击"帮助和支持"获得帮助，单击"搜索"可搜索计算机或 Internet 上的项目。

在桌面上单击【开始】按钮，或者在键盘上按下"Ctrl＋Esc"键，就可以打开"开始"菜单，它大体上可分为四部分（图 1-2-4）。

① "开始"菜单最上方标明了当前登录计算机系统的用户，由一个漂亮的小图片和用户名称组成，它们的具体内容是可以更改的。

② 在"开始"菜单的中间部分左侧是用户常用的应用程序的快捷启动项，根据其内容的不同，中间会有不很明显的分组线进行分类，通过这些快捷启动项，用户可以快速启动应用程序。

③ 右侧是系统控制工具菜单区域，如"控制面板""管理工具""设备和打印机"等选项，通过这些菜单项用户可以实现对计算机的操作与管理。

④ "所有程序"菜单项中显示计算机系统中安装的全部应用程序。

⑤ "开始"菜单最下方是计算机控制菜单区域，包括"关机"按钮，用户可以在此进行注销用户和关闭计算机等操作。

**3．Windows 7 的窗口**

（1）窗口的组成

窗口是 Windows 操作系统的基本对象。当用户打开一个应用程序或文件时，都会出现一个窗口。在 Windows 7 的各种窗口中，大部分都包括了相同的组件，图 1-2-5 所示是一个典型的窗口，它由标题栏、菜单栏、状态栏等几部分组成。有些应用程序还会在菜单栏下面提供工具栏以方便用户快捷操作。

① 标题栏：位于窗口的最上部，它标明了当前窗口的名称，左侧有控制菜单按钮，右侧有

最小化按钮、最大化按钮(或还原按钮)以及关闭按钮。

②菜单栏:在标题栏的下面,它提供了用户在操作过程中要用到的各种访问途径。

③工具栏:在其中包括了一些常用的功能按钮,用户在使用时可以直接从上面选择各种工具。

④状态栏:它在窗口的最下方,标明了当前有关操作对象的一些基本情况。

⑤工作区域:它在窗口中所占的比例最大,显示了应用程序界面或文件中的全部内容。

⑥滚动条:当工作区域的内容太多而不能全部显示时,窗口将自动出现滚动条,用户可以通过拖动水平或者垂直的滚动条来查看所有的内容。

图 1-2-5　窗口的组成

(2)窗口的操作

对窗口的操作,除了使用鼠标外,还可以通过键盘使用快捷键来操作。

移动窗口:移动窗口时用户只需要在标题栏上按下鼠标左键拖动,移动到合适的位置后再松开,即可完成移动的操作。

用户如果需要精确地移动窗口,可以在标题栏上右击,在弹出的窗口控制菜单中选择【移动】命令,当标题栏上出现"✛"标志时,然后用键盘上的四个方向键↑、↓、←、→来移动窗口,到达合适的位置后单击鼠标或者按回车键确认。

缩放窗口:窗口不但可以移动到桌面上的任何位置,而且还可以随意改变大小将其调整到合适的尺寸。要改变窗口的尺寸,只需将鼠标移到窗口的垂直或水平边框上,当鼠标指针变成双箭头形状时,单击并且沿箭头方向拖动鼠标,就可在垂直或水平方向上改变窗口的大小。如要对窗口进行等比缩放时,可以把鼠标移动到窗口边框的任意角上,当鼠标指针变成双箭头形状时拖动鼠标即可。

使用快捷键"Alt+Space"(空格键),在弹出的控制菜单中选择【大小】命令,然后用键盘上的四个方向键↑、↓、←、→对窗口进行放大或缩小,完成后单击鼠标或者按回车键确认。

最小化、最大化、还原、关闭窗口:用户在对窗口进行操作时,根据需要,可对窗口进行最小化、最大化、还原、关闭操作。当用鼠标单击最小化按钮时,窗口便会缩小成任务栏上的一个程序按钮。当用鼠标单击该按钮时,窗口便会恢复到最小化之前的大小。窗口最小化后,窗口对应的程序转入系统后台运行。当用鼠标单击最大化按钮时,窗口便会放大至整个屏幕。当窗口被最大化后,最大化按钮会自动变成还原按钮,用鼠标单击还原按钮,则窗口会恢复到最大化之前的大小。用鼠标在标题栏上双击可以在最大化与还原两种状态之间切换。当用鼠标单击关闭窗口按钮时,窗口便会关闭。关闭窗口意味着退出与之相对应的程序。

如果所要关闭的窗口处于最小化状态,可以在任务栏上选择该窗口的按钮,然后在右击弹出的快捷菜单中选择"关闭"命令。

切换窗口:当用户打开多个窗口后,只有一个窗口是处于激活状态(标题栏以深蓝色为背景),活动窗口总是位于桌面的最上面,并覆盖在其他窗口之上。非活动窗口的背景是深灰色的。切换窗口时,只需用鼠标单击任务栏上的按钮即可。也可直接单击想要激活的窗口,此时要切换的窗口必须是可见的。用键盘切换窗口时,可使用"Alt＋Esc"或"Alt＋Tab"快捷键。

- "Alt＋Esc":先按下"Alt"键,然后再间断地按"Esc"键,即可切换至所需的窗口。
- "Alt＋Tab":先按下"Alt"键,然后再按下"Tab"键,此时屏幕上会出现切换任务栏,在其中列出了当前正在运行的窗口,间断地按"Tab"键从"切换任务栏"中选择所要打开的窗口,选中后再松开两个键,选择的窗口即可成为当前窗口。

**4. 管理文件和文件夹**

管理文件和文件夹是 Windows 操作系统中最重要的功能之一。Windows 7 提供了两个对文件和文件夹管理的工具:"我的电脑"和"资源管理器"。从外观来看,"我的电脑"窗口默认为一个窗口,而"资源管理器"窗口默认分为两个子窗口。但如果在"我的电脑"窗口单击标准按钮栏上的"文件夹"工具按钮,这时"我的电脑"与"资源管理器"就没有什么区别了。

① 文件:文件就是一组相关信息的集合。计算机处理的所有信息最终都是以文件的形式保存在磁盘中,文件中的数据可以是文字、图形、图像、声音、动画等。为了区分不同的文件,每一个文件必须有一个文件名。文件名是由主文件名和扩展名两部分组成的,文件名和扩展名之间用"."分隔。主文件名通常是文件创建者为标识文件而取的,一般可以修改。文件扩展名通常用来表示文件的类型,一般不能修改。

② 文件夹:在计算机中,各种信息都是以文件形式存储和管理的,文件夹是保存和管理文件的一个工具。由于计算机中保存着大量的文件,试想一下,如果把所有的文件都存放在同一个地方,而要在其中查找某个需要的文件无异于大海捞针。为了方便管理和查找,有必要将这些文件分门别类地放在不同的文件夹中,如用来存放图像文件的文件夹,用来存放声音的文件夹,用来存放文章的文件夹等。在文件夹中,不但可以存放文件,还可以存放其他的文件夹,文件夹中包含的其他文件夹称为子文件夹。

Windows 中文件或文件夹的名字最多可以有 255 个字符。其中包含驱动器和完整路径信息。因此用户实际使用的字符数小于 255。文件一般有文件扩展名,用以标识文件类型。文件名或文件夹名中不能包含的字符有:\ ／ ：* ？"＜＞ |等。名字不区分英文字母大小写。例如,ABC 与 abc 是同一个文件名。文件名和文件夹名中可以使用汉字。同一个文件夹中,不能出现同名的文件或文件夹。文件夹与它包含的子文件夹可以同名。

③ 路径:路径是指文件和文件夹在计算机中的具体存放位置,在"我的电脑"和资源管理器窗口中,路径的形式被形象地表示成树型结构。一个文件完整的路径格式如下:＜盘符＞:\ ＜文件夹 A＞\＜文件夹 B＞\＜…＞\文件名,例如,C:\Program Files\Internet Explorer\ iexplore. exe。

(1) 资源管理器的使用

右击【开始】按钮,在弹出的快捷菜单中单击【打开 Windows 资源管理器】命令项可以启动资源管理器。或者单击【开始】按钮,指向【所有程序】菜单中的【附件】命令项,单击【附件】菜单中的【Windows 资源管理器】命令项。

"资源管理器"窗口分为左右两个子窗口(如图 1-2-5)。左侧窗口称为浏览窗口,以文件夹形式显示计算机系统中的软、硬件资源,并以树形结构方式体现整个系统结构。右侧窗口称为文件列表窗口,显示左侧窗口中打开的文件夹(或磁盘)中的内容,这些内容随左侧窗口内打开的文件夹不同而变化。同一时刻在"资源管理器"窗口中只能打开一个文件夹。"资源管理器"的左右窗口的大小可以调整,只要将鼠标指针移至两个窗口的分隔条,此时鼠标指针变为双箭头形状,再左右拖动即可改变子窗口大小。

在左侧窗口中的树形结构中,"+"号、"-"号表示该文件夹下有子文件夹,单击"+"号,下层子文件夹被展开,同时该文件夹左侧的"+"号变为"-"号;单击"-"号,下层子文件夹被折叠隐藏起来,同时该文件夹左侧的"-"号变为"+"号。想显示某个文件夹中的内容,只需单击左窗口中该文件夹图标,其下层子文件夹和文件就会显示在右窗口内。

(2)选择文件或文件夹

在对文件或文件夹进行各种操作前,必须先选定操作的对象,被选择的文件或文件夹呈反向显示。选择文件或文件夹对象有以下几种情况。

① 单个文件或文件夹:用鼠标单击需选择的文件或文件夹,被选中的文件或文件夹翻蓝显示。

② 多个连续的文件或文件夹:先单击第一个(或最后一个)文件或文件夹,接着按住 Shift 键不放,然后单击最后一个(或第一个)文件或文件夹。

③ 多个不连续的文件或文件夹:按住"Ctrl"键不放,然后逐个单击需要选择的文件或文件夹,直至选择完所有的文件或文件夹。

④ 全部文件或文件夹:单击【编辑】菜单,选择【全部选定】命令或按"Ctrl+A"快捷键就可选定当前文件夹中的全部文件和文件夹。

当要取消所作的选择时,只需在空白处单击鼠标即可。

(3)创建文件夹

方法一:

① 单击选择要在其中创建子文件夹的文件夹对象;

② 单击【新建文件夹】命令项;

③ 在闪烁的新建文件夹框中键入文件夹名称,然后按 Enter 键;或用鼠标单击窗口上的其他位置。

方法二:

① 打开想要创建文件夹的上一级文件夹;

② 右击打开文件夹的空白处,将鼠标指向快捷菜单中的【新建】命令项,然后单击【文件夹】命令,如图 1-2-6 所示;

③ 键入新的文件夹名称,然后单击空白处。

(4)移动、复制文件或文件夹

文件或文件夹的移动、复制是两种不同的操作,作复制操作时,文件或文件夹被复制到目的位置后,自身还保存在原来的位置上,就好像用复印机复印一样。而作移动操作后,文件或文件夹就被直接移动到了新的位置上,原来的位置不再保存。下面介绍文件或文件夹的移动方法,复制操作是类似的。

图 1-2-6　鼠标右键创建文件夹

剪贴法:首先选择需要移动的文件或文件夹;然后单击【编辑】菜单,选择【剪切】菜单项;或者按"Ctrl+X"快捷键;或者单击工具栏中的剪切按钮;或者右击选择的对象,在弹出的快捷菜单中选择【剪切】命令项;接着打开目标文件夹;最后单击【编辑】菜单,选择【粘贴】菜单项;或者按"Ctrl+V"快捷键;或者单击工具栏中的粘贴按钮;或者右击鼠标,在弹出的快捷菜单中选择【粘贴】命令项。

拖动法:选择需要移动的文件或文件夹;当移动的对象与目的位置在同一磁盘时,直接用鼠标将其拖动至目的位置后,松开鼠标按键即可。当移动的对象与目的位置不在同一磁盘时,需要按住 Shift 键进行拖放操作。

(5)重命名文件或文件夹

重命名文件或文件夹就是给文件或文件夹重新命名一个新的名称,使其可以更符合用户的要求。文件或文件夹重命名时必须遵守前面讲到的相关约定。可在文件或文件夹名称处直接单击两次(两次单击间隔时间应稍长一些,以免使其变为双击),使其处于编辑状态,键入新的名称进行重命名操作。

(6)删除文件或文件夹

当有的文件或文件夹确定不再使用时,可以将其删除,以节约存储空间。系统默认情况下,删除后的文件或文件夹将被放到"回收站"中,在"回收站"中,用户可以选择将其彻底删除或还原到原来的位置。删除文件或文件夹的操作如下。

① 选定要删除的文件或文件夹。

② 选择下列方法中的一种。

• 单击【文件】菜单,选择【删除】菜单项;

• 按键盘上的 Delete 删除键(或小键盘的 Del 键);

- 单击工具栏中的"删除"按钮;
- 右击鼠标,在弹出的快捷菜单中选择【删除】命令项。

在作上述任一操作的同时,若按下 Shift 键,则被删除的文件或文件夹将不会放到回收站中,而是被彻底删除。

③ 在弹出的"确认文件删除"对话框中,单击【确定】按钮完成。

(7) 搜索文件或文件夹

随着时间的推移,保存在计算机上的文件或文件夹越来越多,有时候用户需要查看某个文件或文件夹的内容,却忘记了该文件或文件夹存放的具体位置或具体名称,这时候 Windows 7 提供的搜索文件或文件夹功能就可以帮用户查找该文件或文件夹。搜索文件或文件夹的具体操作如下。

① 单击【开始】按钮,在弹出的开始菜单中选择【搜索】命令项,打开"搜索结果"窗口;也可以通过资源管理器的右上角搜索框执行搜索命令;

② 在"在全部或部分文件名"文本框中,输入文件或文件夹的名称,或是在"文件中的一个字或词组"文本框中输入该文件或文件夹中包含的文字;

③ 在"在这里寻找"下拉列表中选择要搜索的范围;

④ 单击【搜索】按钮,即可开始搜索,Windows 7 会将搜索的结果显示在"搜索结果"窗口右边的空白框内;

⑤ 若要停止搜索,可单击【停止】按钮。

双击搜索到的文件或文件夹,既可打开该文件或文件夹。

在搜索文件或文件夹的操作中,还可以使用通配符"?"号和"＊"号。可以用"?"号代替文件或文件夹名称中的单个字符。例如,当输入"gloss?. doc"时,查找到的文件可能为 Glossy. doc 或 Gloos1. doc,但不会是 Glossary. doc。使用星号可以代替零个或多个字符,例如,对于要查找的文件,如果知道它以"gloss"开头,但不记得文件名的其余部分,则可以键入字符串 gloss＊,这样会查找以"gloss"开头的所有文件类型的所有文件,包括 Glossary. txt、Glossary. doc 和 Glossy. doc。

(8) 隐藏或显示文件和文件夹

当将文件和文件夹的属性设置为隐藏时,系统默认状态下,这些文件和文件夹是不可见的。通过以下操作,用户可以隐藏或显示这些文件和文件夹。

① 在资源管理器中单击"组织"菜单项,在下拉菜单中选择"文件夹和搜索选项";

② 在打开的"文件夹选项"对话框中,选择"查看"选项卡;

③ 向下拖动"高级选项"下拉列表框的滚动条,单击选择"不显示隐藏的文件和文件夹",或"显示所有文件和文件夹";

④ 单击【确定】按钮完成。

(9) 显示文件的扩展名

系统默认状态下,已知文件类型的扩展名是不显示的。用户想看到这些文件的扩展名,可以按以下步骤操作。

① 在资源管理器中单击"组织"菜单项,在下拉菜单中选择"文件夹和搜索选项";

② 在打开的"文件夹选项"对话框中,选择"查看"选项卡;

③ 向下拖动"高级选项"下拉列表框的滚动条,单击选择"隐藏已知文件类型的扩展名",使该项选择复选框为空;

④ 单击【确定】按钮完成。

**5．Windows 设置**

对 Windows 7 进行个性化设置不仅可以体现自己独特的个性特点，更重要的是可以使 Windows 7 更符合个人的工作习惯，提高工作效率。

（1）更改桌面主题及背景

桌面主题是图标、字体、颜色、声音和其他窗口元素的预定义的集合，它使用户的桌面具有统一与众不同的外观。可以切换主题、创建自己的主题（通过更改某个主题，然后以新的名称保存）或者恢复传统的 Windows 经典外观作为主题。更改桌面主题的操作如下，如图 1-2-7 所示。

① 右击桌面任意空白处，在弹出的快捷菜单中选择【个性化】命令项，或单击【开始】按钮，选择【控制面板】命令项，在弹出的"控制面板"窗口中双击【外观和个性化［更改主题］】命令项；

② 在弹出的"个性化"窗口中选择"主题"选项卡；

③ 单击窗口下方的【桌面背景】命令项；在弹出的"桌面背景"窗口中选择已安装的背景图片；或者单击【浏览】按钮，选择喜爱的图片；

④ 单击【保存修改】按钮完成；

⑤ 采用类似的步骤，可分别修改窗口颜色、系统声音等；

⑥ 也可以直接选择一个已保存的主题并应用到系统。

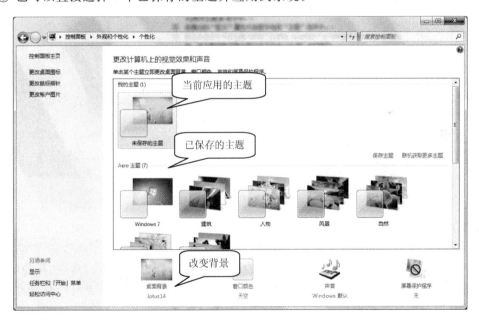

图 1-2-7　更改桌面主题及背景

（2）更改时间和日期

在 Windows 7 系统中，正确地设置系统的时间和日期是非常重要的，通过查看文件和文件夹属性，可以了解文件和文件夹创建、修改和访问的时间和日期，电子邮件发出的时间等。更改时间和日期的操作如下。

① 双击任务栏右侧的数字时钟，或双击控制面板中的"日期、语言和区域"图标；

② 在弹出的"时钟、语言和区域"窗口中选择"设置时间和日期"选项卡（图 1-2-8）；

③ 在"时间和日期"选项卡中单击【更改日期和时间】按钮；

④ 在弹出的"日期和时间设置"窗口中，单击左侧的日历控件可调整日期。日历控件左右两个上角的小三角形按钮可前后调整月份；

⑤ 在图形模拟时钟下方的文本框中选择代表"小时、分钟、秒"的数字，通过键盘直接修改，或用数字增减按钮来增加或减少数字；

⑥ 单击【确定】按钮完成。

要改变时区，可选择"时区"选项卡，在"时区"下拉列表中选择用户所在的时区。要指定计算机时钟与 Internet 时间服务器同步，可在"Internet 时间"选项卡中选择"自动与 Internet 时间服务器同步"复选框，在"服务器"下拉式列表框中选择时间服务器，单击"立即更新"按钮即可。注意，同步只有在开启了"Windows 时间服务"且用户计算机与 Internet 连接时才能进行。

图 1-2-8　更改系统时间

### 6. Windows 高级操作

#### (1) 磁盘管理——格式化磁盘

格式化就是在磁盘上划分可以存放文件的磁道和扇区，以方便存取。利用"我的电脑"和资源管理器都可以格式化磁盘。对磁盘进行格式化操作后，保存在磁盘上的所有信息将被删除。格式化磁盘的具体操作如下。

① 打开"我的电脑"或资源管理器窗口；

② 选择要进行格式化操作的磁盘，单击【文件】菜单中的【格式化】命令项，或右击要进行格式化操作的磁盘，在打开的快捷菜单中选择"格式化"命令，弹出"格式化"对话框；

③ 在"文件系统"下拉列表中可选择 NTFS 或 FAT32(推荐 NTFS，也是默认选择)，在"分配单元大小"下拉列表中可选择要分配的单元大小(或使用默认选择)。如选择了"快速格式化"选项，在格式化磁盘时系统不扫描磁盘的坏扇区，只是快速删除磁盘上的所有文件。只有在磁盘已经进行过格式化而且确信该磁盘没有损坏的情况下，才使用该选项；

④ 单击【开始】按钮，将弹出"格式化警告"对话框，若确认要进行格式化，单击"确定"按钮

即可开始进行格式化操作；

⑤ 格式化完毕后，将出现"格式化完毕"，单击【确定】按钮返回"格式化"对话框；

⑥ 单击【关闭】按钮结束。

（2）磁盘管理——清理磁盘

使用磁盘清理程序可以帮助用户释放磁盘空间，删除临时文件、Internet 缓存文件和可以安全删除不需要的程序文件，腾出它们占用的系统资源，以提高系统性能。磁盘清理的具体操作如下。

① 单击【开始】按钮，选择【所有程序】→【附件】→【系统工具】→【磁盘清理】命令；

② 在弹出的"选择驱动器"对话框中，选择要清理的磁盘驱动器，单击【确定】按钮，弹出"磁盘清理"对话框；

③ 磁盘清理程序开始计算被清理磁盘可以释放多少空间。几分钟后，弹出该驱动器的磁盘清理对话框，选择"磁盘清理"选项卡；

④ 在该选项卡"要删除的文件"列表框中列出了可删除的文件类型及其所占用的磁盘空间大小，选中要删除文件类型前的复选框；

⑤ 此时在"获取的磁盘空间总数"中显示了若删除所有选中复选框的文件类型后，可得到的磁盘空间总数；

⑥ 在"描述"框中显示了当前选择的文件类型的描述信息，单击【查看文件】按钮，可查看该文件类型中包含文件的具体信息；

⑦ 单击【确定】按钮，弹出"磁盘清理"确认对话框；

⑧ 单击【是】按钮，开始磁盘清理。

（3）磁盘管理——整理磁盘碎片

磁盘碎片整理程序可以分析本地磁盘和合并碎片文件、文件夹，以便每个文件或文件夹都可以占用磁盘上单独而连续的空间。这样，系统就可以更有效地访问文件和文件夹，以及更有效地保存新的文件和文件夹。整理磁盘碎片的具体操作如下。

① 单击【开始】按钮，选择【所有程序】→【附件】→【系统工具】→【磁盘碎片整理程序】命令，打开"磁盘碎片整理程序"窗口；

② 在该窗口中选择一个磁盘，单击【分析】按钮，磁盘碎片整理程序完成分析后，会弹出一个对话框，告诉用户是否需要对磁盘进行碎片整理；

③ 单击该对话框中的【碎片整理】按钮，开始对磁盘进行碎片整理；

④ 整理完毕后，会弹出一个对话框，提示用户磁盘整理程序已完成；

⑤ 单击【关闭】按钮完成。

（4）打开或关闭 Windows 功能

除了常用功能之外，Windows 7 还附带了丰富多彩的应用，这些应用在初次安装 Windows 时并未完全安装，如果需要，用户可以自行打开。具体操作步骤如下。

① 单击【开始】按钮，选择【控制面板】命令项，在弹出的"控制面板"窗口中双击"程序［卸载程序］"图标，打开"卸载或更改程序"窗口；

② 单击该窗口左侧的"打开或关闭 Windows 功能"按钮，在弹出的对话框中勾选（或去掉勾选）需要的功能，如图 1-2-9 所示；

③ 单击【确定】按钮，Windows 将开始打开或关闭相应的功能，期间可能需要插入 Windows 安装光盘。

（5）删除应用程序

当用户不需要某个应用程序时，可以删除该程序，释放更多的磁盘空间。许多应用程序是通过安装程序来安装到系统里的，它生成的文件不只是在一个文件夹里面，还有的在系统文件夹和注册表文件里面。因此，直接把程序的文件夹删除，表面上是看不到了，但还有一些残留的"垃圾"文件。删除应用程序时可以用该程序自带的卸载程序删除，也可使用 Windows 7 提供的"添加或删除程序"功能。具体操作步骤如下。

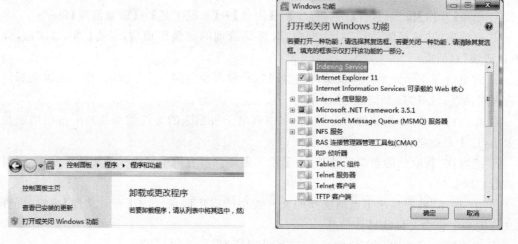

图 1-2-9　打开或关闭 Windows 功能

① 单击【开始】按钮，选择【控制面板】命令项，在弹出的"控制面板"窗口中双击"程序［卸载程序］"图标，打开"卸载或更改程序"窗口；

② 窗口右侧的列表框中列出了安装到 Windows 7 中的程序，选择需要删除的程序，单击"卸载/更改"按钮进行删除。

# 1.3 任务三　数据在计算机中的表示

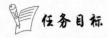任务目标

了解数据在计算机的表示方法。

任务知识点

- 计算机使用的计数制
- ASCII 码
- 汉字编码方案

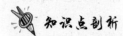知识点剖析

计算机最基本的功能是对数据进行计算和加工处理，这些数据可以是数值、字符、图形、图

像和声音等。在计算机内,不管是什么样的数,都是以二进制编码形式表示。本节介绍各种形式的数据在计算机中的存储。

### 1.3.1　计数制

任何形式的数据,输入到计算机中都必须进行 0 和 1 的二进制编码转换,因为计算机使用的基本元器件是晶体管,而晶体管只有两种稳定的状态:导通和截止,这两种状态正好用来表示二进制数的两个数码 0 和 1。

二进制基数小,其规则是逢二进一(十进制是逢十进一),表示一个数通常要很多位,所以在计算机中使用得更多的可能是十六进制。除此之外,八进制在计算机中也很常用。而人们日常生活中使用的是十进制,所以计算机行业经常使用的计数制有 4 种。

**1. 十进制数转换成其他进制数**

将十进制数转换为其他进制数时,可将此数分成整数与小数两部分分别转换,然后再拼接起来就可。假设其他计数制的基数为 $r$(比如二进制为 2,而十六进制为 16),整数部分转换成 $r$ 进制整数采用除 $r$ 取余法,即将十进制整数不断除以 $r$ 取余数,直到商为 0,余数从右到左排列,首次取得的余数最右。

小数部分转换成 $r$ 进制小数采用乘 $r$ 取整法,即将十进制小数不断乘以 $r$ 取整,直到小数部分为 0 或达到所求的精度为止(小数部分可能永远不会得到 0)。所得的整数从小数点自左往右排列,取有效精度,首次取得的整数最左。

例如,将 $(100.345)$D 转换成二进制数,如图 1-3-1 所示。

(1) 整数部分　　　　　　　　　　　　　(2) 小数部分

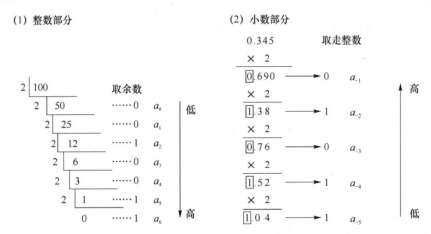

转换结果:

$(100.345)$D$\approx(a_6a_5a_4a_3a_2a_1a_0.a_{-1}a_{-2}a_{-3}a_{-4}a_{-5})$B$=(1100100.01011)$B

图 1-3-1　十进制转换二进制

**2. 二进制、八进制、十六进制数间的相互转换**

二进制基数有 2 个,用 0、1 表示,八进制基数有 8 个,用 0、1、2、3、4、5、6、7 表示,十六进制基数有 16 个,用 0、1、2、3、4、5、6、7、8、9、A、B、C、D、E、F 表示。二进制、八进制和十六进制之间存在特殊关系,即一位八进制数相当于三位二进制数;一位十六进制数相当于四位二进制数。因此转换方法就比较容易。

根据这种对应关系,二进制数转换成八进制数时,以小数点为中心向左、右两边分组,每三位为一组,两头不足三位补0即可。同样二进制数转换成十六进制数只要四位为一组进行分组,如表1-3-1所示。

表 1-3-1　二进制与一位八进制、十六进制数间的相互转换

| 八进制 | 对应二进制 | 十六进制 | 对应二进制 | 十六进制 | 对应二进制 |
| --- | --- | --- | --- | --- | --- |
| 0 | 000 | 0 | 0000 | 8 | 1000 |
| 1 | 001 | 1 | 0001 | 9 | 1001 |
| 2 | 010 | 2 | 0010 | A | 1010 |
| 3 | 011 | 3 | 0011 | B | 1011 |
| 4 | 100 | 4 | 0100 | C | 1100 |
| 5 | 101 | 5 | 0101 | D | 1101 |
| 6 | 110 | 6 | 0110 | E | 1110 |
| 7 | 111 | 7 | 0111 | F | 1111 |

例如,将二进制数 1101101110.110101 转换成十六进制数:

(0011　0110　1110.1101　0100)B=(36E.D4)H(整数高位和小数低位补零)
　　3　　6　　E　D　4

又如,将二进制数 1101101110.110101 转换成八进制数:

(001　101　101　110.110　101)B =(1556.65)O
　1　　5　　5　　6　6　　5

同样将八(十六)进制数转换成二进制数只要一位化三(四)位即可。

### 1.3.2　字符的表示

这里的字符包括了西文字符和中文字符。由于计算机是以二进制的形式存储和处理的,因此字符也必须按特定的规则进行二进制编码才能进入计算机。字符编码的方法很简单,首先确定需要编码的字符总数,然后将每一个字符按顺序确定顺序编号,编号值的大小无意义,仅作为识别与使用这些字符的依据。字符形式的多少涉及编码的位数。这如同学生在学校中必须有一个学号来唯一地表示某个学生;学校的招生规模,决定了学号的位数。对西文与汉字字符,由于形式的不同,使用不同的编码。

**1. 西文字符**

对西文字符编码最常用的是 ASCII(美国信息交换标准代码,American Standard Code for Information Interchange)字符编码。ASCII 是用 7 位二进制编码,它可以表示 128 个字符,如表 1-3-2 所示。每个字符用 7 位二进制表示。

表 1-3-2　ASCII 码

| | 高位 | 000 | 001 | 010 | 011 | 100 | 101 | 110 | 111 |
| --- | --- | --- | --- | --- | --- | --- | --- | --- | --- |
| 低位 | | 0 | 1 | 2 | 3 | 4 | 5 | 6 | 7 |
| 0000 | 0 | NUL | DLE | SP | 0 | @ | P | ` | p |
| 0001 | 1 | SOH | DC1 | ! | 1 | A | Q | a | q |
| 0010 | 2 | STX | DC2 | " | 2 | B | R | b | r |

| 低位 | 高位 | 000 | 001 | 010 | 011 | 100 | 101 | 110 | 111 |
|---|---|---|---|---|---|---|---|---|---|
|  |  | 0 | 1 | 2 | 3 | 4 | 5 | 6 | 7 |
| 0011 | 3 | ETX | DC3 | # | 3 | C | S | c | s |
| 0100 | 4 | EOT | DC4 | $ | 4 | D | T | d | t |
| 0101 | 5 | ENQ | NAK | % | 5 | E | U | e | u |
| 0110 | 6 | ACK | SYN | & | 6 | F | V | f | v |
| 0111 | 7 | BEL | ETB | ' | 7 | G | W | g | w |
| 1000 | 8 | BS | CAN | ( | 8 | H | X | h | x |
| 1001 | 9 | HT | EM | ) | 9 | I | Y | i | y |
| 1010 | A | LF | SUB | * | : | J | Z | j | z |
| 1011 | B | VT | ESC | + | < | K | [ | k | { |
| 1100 | C | FF | FS | , | = | L | \ | l | \| |
| 1101 | D | CR | GS | — | > | M | ] | m | } |
| 1110 | E | SO | RS | . | ? | N | ˆ | n | ~ |
| 1111 | F | SI | US | / |  | O | — | o | DEL |

从 ASCII 码表中看出,十进制码值 0~32 和 127 (即 NUL~SP 和 DEL)共 34 个字符,称为非图形字符(又称为控制字符),其余 94 个字符称为图形字符(又称为普通字符)。在这些字符中,从"0"~"9"、从"A"~"Z"、从"a"~"z"都是顺序排列的,且小写比大写字母的码值大 32,即位值 $d_5$ 为 0 或 1,这有利于大、小写字母之间的编码转换。

计算机的内部存储与操作常以字节为单位,即 8 个二进制位为单位。因此一个字符在计算机内实际是用 8 位表示。正常情况下,最高位为"0"。在需要奇偶校验时,这一位可用于存放奇偶校验的值,此时称这一位为校验位。

为表达更多的信息,新版本的 ASCII-8 采用 8 位二进制编码表示,可表示 256 个字符。最高位为 0 的 ASCII 码(即前面所述的七位 ASCII 码)称为标准 ASCII 码;最高位为 1 的 128 个 ASCII 码(表示数的范围 128~255)称作扩充 ASCII 码。另外,人们还设计了快速表示十进制数的 BCD(Binary Coded Decimal)码。

**2. 汉字编码**

中文文本的基本组成单位是汉字。目前我国汉字总数已超过 6 万字。汉字的数量大、字形复杂、同音字多、异体字多等特点给汉字在计算机内部的表示、处理、传输、交换、输入、输出带来了一系列的问题,同时也给汉字编码工作带来了相当大的难度。我国汉字编码方案有多种,主要有以下几种编码方案。

(1) GB2312-80 编码

GB2312 码是中华人民共和国国家汉字信息交换用编码,全称《信息交换用汉字编码字符集——基本集》,由国家标准总局发布,1981 年 5 月 1 日实施,通行于中国大陆地区。新加坡等地也使用此编码。

GB2312 收录简化汉字及符号、字母、日文假名等共 7 445 个图形字符,其中汉字占 6 763 个。GB2312 规定,"对任意一个图形字符都采用两个字节表示,每个字节均采用七位编码表示",习惯上称第一个字节为"高字节",第二个字节为"低字节"。GB2312-80 包含了大部分常用的一、二级汉字,和 9 区的符号。该字符集是几乎所有的中文系统和国际化的软件都支持的中文字符集,这也是最基本的中文字符集。其编码范围是高位 0xa1~0xfe,低位也是 0xa1~0xfe;汉字从 0xb0a1 开始,结束于 0xf7fe。GB2312 将代码表分为 94 个区,对应第一字节(0xa1~0xfe);每个区 94 个位(0xa1~0xfe),对应第二字节,两个字节的值分别为区号值和位号值加 32(20H),因此也称为区位码。01~09 区为符号、数字区,16~87 区为汉字区(0xb0~0xf7),10~15 区、88~94 区是有待进一步标准化的空白区。GB2312 将收录的汉字分成两级:第一级是常用汉字计 3 755 个,置于 16~55 区,按汉语拼音字母/笔形顺序排列;第二级汉字是次常用汉字计 3 008 个,置于 56~87 区,按部首/笔画顺序排列。故而 GB2312 最多能表示 6 763 个汉字。

GB2312 的编码范围为 2121H~777EH,与 ASCII 有重叠,通行方法是将 GB 码两个字节的最高位置 1 以示区别。

(2) GBK 和 GB18030 编码

由于 GB2312 表示的汉字比较有限,因此一些生僻汉字在 GB2312 中无法表示。随着计算机应用的普及,这个问题日益突出,我国的信息标准化委员会就对标准进行了扩充,得到了扩充后的汉字编码方案 GBK。它一方面向上兼容 GB2312,另一方面将常用的繁体字填充到原编码标准中留下的空白码段中,使汉字数增加到 20 902 个。值得注意的是,GBK 并不是一个国家标准,而只是一个规范,随着 GB18030 国家标准的发布,它将完成它的历史使命。GB18030 采用变长编码,其中两字节部分与 GBK 完全兼容,共收录 27 484 个汉字,总的编码数超过 150 万个码位。

(3) Unicode 编码

随着互联网的迅速发展,进行数据交换的需求越来越大,不同的编码体系越来越成为信息交换的障碍,而且多种语言共存的文档不断增多,单靠 ANSI 代码页已很难解决这些问题,于是 Unicode 应运而生。

Unicode 采用两个字节编码体系,因此它允许表示 65 536 个字符,这已能满足目前大多数场合的需要。前 128 个 Unicode 字符是标准的 ASCII 字符,接下来的 128 个扩展的 ASCII 字符,其余的字符供不同语言的文字和符号使用。其版本 V3.0 于 2000 年公布,内容包括字母和符号 10 236 个、汉字 27 786 个、韩文拼音 11 172 个、造字区 6 400 个、保留 20 249 个,控制符 65 个。Unicode 6.3 版已于 2013 年 11 月发布。

Unicode 与现在流行的代码页最显著的不同点在于,Unicode 是两字节的全编码,对于 ASCII 字符它也使用两字节表示。代码页是通过高字节的取值范围来确定是 ASCII 字符,还是汉字的高字节。如果发生数据损坏,某处内容破坏,则会引起其后汉字的混乱。Unicode 则一律使用两个字节表示一个字符,最明显的好处是它简化了汉字的处理过程。

Unicode 有双重含义,首先 Unicode 是对国际标准 ISO/IEC10646 编码的一种称谓(ISO/IEC10646 是一个国际标准,也称大字符集,它是国际标准化组织于 1993 年颁布的一项重要国际标准,其宗旨是全球所有文种统一编码),另外它又是由美国的 HP、Microsoft、IBM、Apple 等大企业组成的联盟集团的名称,成立该集团的宗旨就是要推进多文种的统一编码。

Unicode 使用平面来描述编码空间,每个平面分为 256 行、256 列,相对于两字节编码的高低两个字节。Unicode 到目前为止所定义的五个平面中,第 0 平面称为基本多文种平面(Basic Multilingual Plane,BMP),是最重要的平面,定义了世界上大部分字符,其中中文编码范围是,4E00~9FBF:CJK 统一表意符号(CJK Unified Ideographs)。

# 习　　题

**一、选择题**

1. Windows 的任务栏(　　)。
   A. 不能被隐藏起来
   B. 必须被隐藏起来
   C. 是否被隐藏起来,用户无法控制
   D. 可以被隐藏起来

2. 在 Windows 中,要实现文件或文件夹的快速移动与复制,可使用鼠标的(　　)。
   A. 单击
   B. 双击
   C. 拖放
   D. 移动

3. 在 Windows 中,使用中文输入法时快速切换中英文符号的组合键是(　　)。
   A. [Ctrl]+空格键
   B. [Ctrl]+[Shift]
   C. [Shift]+空格键
   D. [Ctrl]+[Alt]

4. 下列操作中,可以把剪贴板上的信息粘贴到某个文档窗口的插入点处的是(　　)。
   A. 按[Ctrl]+[C]键
   B. 按[Ctrl]+[V]键
   C. 按[Ctrl]+[X]键
   D. 按[Ctrl]+[Z]键

5. 当要关闭一个活动的应用程序窗口,可以用快捷键(　　)。
   A. [Ctrl]+[Esc]
   B. [Ctrl]+[F4]
   C. [Alt]+[Esc]
   D. [Alt]+[F4]

6. 若想立即删除文件或文件夹,而不将它们放入回收站,则实行的操作是(　　)。
   A. 按[Delete]键
   B. 按[Shift]+[Delete]键
   C. 打开快捷菜单,选择"删除"命令
   D. 在"文件"菜单中选择"删除"命令

7. 在 Windows 的菜单中,有的菜单选项右端有一个向右的箭头,这表示该菜单项(　　)。
   A. 已被选中
   B. 还有子菜单
   C. 将弹出一个对话框
   D. 是无效菜单项

8. 若有多个窗口同时打开,要在窗口之间切换,可以(　　)。
   A. 按[Tab]键
   B. 单击任务按钮
   C. 按[Shift]+[Esc]键
   D. 双击任务栏空白处

9. 在资源管理器窗口中,用户如果要选定多个连续的文件或文件夹时,须在鼠标单击操作之前按下(　　)。
   A. [Shift]键
   B. [A1t]键
   C. [Ctrl]+[Shift]键
   D. [Ctrl]键

10. 一个文件的路径是用来描述(　　)。
    A. 文件存在哪个磁盘上
    B. 文件在磁盘的目录位置
    C. 程序的执行步骤
    D. 用户操作步骤

11. 下列关于磁盘格式化的叙述中,正确的一项是(　　)。
    A. 磁盘经过格式化后,就能在任何计算机系统上使用
    B. 新磁盘不进行格式化照样可以使用,但进行格式化后磁盘的读写数据速度快了
    C. 新磁盘必须进行格式化后才能使用,对旧磁盘进行格式化将删除磁盘上原有的

内容

D. 磁盘只能进行一次格式化

12. "64 位微机"中的 64 指的是(　　　　)。

  A. 微机型号　　　　　　　　　　B. 内存容量

  C. 机器字长　　　　　　　　　　D. 存储单位

13. 声卡重建声音的过程通常应将声音的数字形式转换为模拟信号形式,其步骤为(　　　　)。

  A. 数模转换——解码——插值　　　B. 解码——数模转换——插值

  C. 插值——解码——模数转换　　　D. 解码——模数转换——插值

14. 不同的图像文件格式往往具有不同的特性,有一种格式具有图像颜色数目不多、数据量不大、能实现累进显示、支持透明背景和动画效果、适合在网页上使用等特性,这种图像文件格式是(　　　　)。

  A. TIF　　　　　　　　　　　　B. GIF

  C. BMP　　　　　　　　　　　　D. JPEG

15. 十进制数 1000 对应二进制数为(　　　　)。

  A. 1111101010　　　　　　　　　B. 1111101000

  C. 1111101100　　　　　　　　　D. 1111101110

16. 十进制小数为 0.96875 对应的十六进制数为(　　　　)。

  A. 0.FC　　　　　　　　　　　　B. 0.F8

  C. 0.F2　　　　　　　　　　　　D. 0.F1

17. 对于不同数制之间关系的描述,下列说法正确的是(　　　　)。

  A. 任意的二进制有限小数,必定也是十进制有限小数。

  B. 任意的八进制有限小数,未必也是二进制有限小数。

  C. 任意的十六进制有限小数,不一定是十进制有限小数。

  D. 任意的十进制有限小数,必然也是八进制有限小数。

18. 计算机病毒传染的必要条件是_____。

  A. 在计算机内存中运行病毒程序　　B. 对磁盘进行读/写操作

  C. 以上两个条件均不是必要条件　　D. 以上两个条件均要满足

## 二、填空题

1. 世界上第一台电子数字计算机_____诞生于_____年。

2. 在 Windows 中通常能弹出某一对象的快捷菜单的操作是_____。

3. 截取整个屏幕的画面到剪贴板,可以用_____键,截取当前窗口的画面到剪贴板,可以用_____键。

4. 选择文件时,先单击一个文件,然后按下_____键后单击其他文件,可以选择两个文件间所有文件。

5. 文件名一般由_____和_____两部分构成,但_____是必选部分。

6. 剪贴板是_____中一块空间,用来共享和交流。

7. 在进行汉字输入法的操作时,如果要使用键盘,那么按_____键可以快速启动或关闭中文输入法,按_____键在英文或各种中文输入法之间进行切换。

8. 计算机软件系统可以分为_____和_____两大类。

9. 计算机内进行算术与逻辑运算的功能部件是_____。

10. KB、MB 和 GB 都是存储容量的单位。1 GB＝_____ MB；计算机中最小的数据单位是_____。

11. 二进制整数 1111111111 转换为十进制数为_____，二进制小数 0.111111 转换为十进制数为_____。

12. 十进制的 160.5 相当十六进制的_____，十六进制的 10.8 相当十进制的_____。将二进制的 0.100111001 表示为十六进制为_____，将十六进制的 100.001 表示为二进制为_____。

### 三、操作题

1. 桌面设置：更改桌面主题设置；更改桌面墙纸设置；设置屏幕保护：为计算机设置屏幕保护程序，时间间隔为 5 分钟，并启用密码保护；通过 Aero Snap 功能调整窗口。

2. 任务栏设置：设置桌面任务栏为自动隐藏；将"桌面"设置到工具栏；将记事本程序锁定到任务栏；改变任务栏图标的显示方式；改变任务栏位置到桌面左边；在通知区域隐藏扬声器图标和通知。

3. 创建快捷方式：在桌面上为系统自带的计算器创建快捷方式。

4. 设置 jpg 文件的默认打开方式。

5. 文件及文件夹操作：在 D 盘根目录上建立"计算机作业"文件夹，在此文件夹下建立"文字""图片"两个子文件夹；在"文字"文件夹下建立一个文本文件，输入自己的简单信息，命名为"简历"；在 C 盘查找所有以 C 开头的 JPG 文件，并选择若干文件复制到"图片"文件夹中；删除"D:\计算机作业\图片"文件夹中的 jpg 文件，再从"回收站"中恢复这些被删除的文件；将"文字"文件夹移动到 D 盘根目录下；将名为"简历"的文本文件改名，新名字为自己的学号；将文件夹"图片"设置为隐藏文件夹；改变文件夹的浏览方式，分别设置为显示和不显示隐藏文件夹，并观察结果。改变文件及文件夹的显示方式和排列方式，观察相应的变化。

6. 控制面板操作：创建一个新用户，身份为计算机管理员，名称自定，并为新用户设置密码；不关机切换 Windows 用户，用新创建的用户登录，查看变化；查看本机系统设置，查看系统基本配置信息、计算机名等；添加一种拼音输入法。

# 第 2 章 Word 2010的应用

  Word 2010是美国微软公司为计算机用户开发的一种字处理软件，也是该公司办公自动化软件"Office 2010"中一个重要的组成部分。在众多的字处理软件中，Word 2010具有更为强大的文本处理能力和文档编辑功能，通过Word 2010用户不仅可以编排版面丰富的文档，还可以制作报表、插图、新闻稿件、数学公式等。相比以往的Word 2003，Word 2010更具有许多独特的优势，如发现改进的搜索与导航体验，与他人协同工作，几乎可从任何位置访问和共享文档，向文本添加视觉效果，将文本转换为醒目的图表，为文档增加视觉冲击力，恢复用户认为已丢失的工作，跨越沟通障碍，将屏幕截图和手写内容插入到文档中，利用增强的用户体验完成更多工作等。

  本章主要介绍Word 2010中文版的基础知识和使用技巧，并通过几个综合性比较强的案例使用户进一步了解和掌握Word 2010的操作。

  模块一：Word 2010基础知识讲解

  模块二：Word 2010综合应用案例

模块一：Word 2010基础知识讲解

## 2.1 任务一　Word 2010 文档的基本操作及录入编辑文档

**任务目标**

通过本任务的学习，完成如图 2-1-1 所示的 Word 内容。

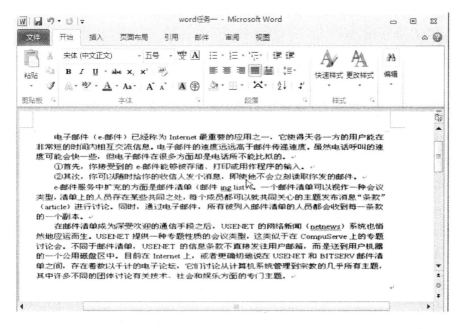

图 2-1-1　Word 任务一最终效果图

**任务知识点**

- Word 2010 文档创建、打开、保存、关闭与管理
- 录入文档
- 选择正文
- 剪切、复制和粘贴
- 删除、撤消和恢复
- 插入字符和特殊字符
- 查找和替换
- 自动更正和自动图文集

🖍 *知识点剖析*

### 2.1.1 启动和退出 Word 2010 的方法

**1. 启动 Word 2010**

启动 Word 2010 可以按下面几种方法执行。

(1)使用【开始】菜单启动 Word

① 单击【开始】菜单;

② 选择【Microsoft Word 2010】。

(2) 使用桌面快捷方式启动 Word

在 Windows 环境下,使用桌面快捷方式是启动应用程序最便捷的方式。创建了 Word 的桌面快捷方式后,只需直接在桌面上双击该快捷方式图标即可。

**2. 退出 Word 2010**

可以单击 Word 2010 窗口右上角的【关闭】按钮 ✕ 或单击【文件】菜单下的【关闭】命令退出 Word 2010。

### 2.1.2 认识 Word 2010 操作环境

每个 Windows 应用程序都有各自的窗口,启动 Word 2010 后即可出现如图 2-1-2 所示的窗口画面。总的来说,Word 2010 的窗口主要包括标题栏、菜单栏、工具栏、文档编辑区以及状态栏等部分。

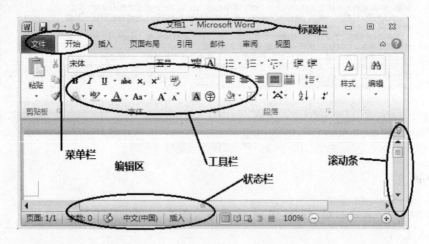

图 2-1-2　Word 2010 操作环境

标题栏:包括正在编辑的文档的名称、程序名称以及右上方的控制按钮。控制按钮中的 ▬ 为【最小化】按钮,🗗 为【最大化】按钮,✕ 为【关闭】按钮。

菜单栏:是 Word 中各种操作命令的集合。

工具栏:把鼠标放在某个菜单上后,就会显示出该菜单所有工具,用于完成对文档的各种操作。

文档编辑区:在此区域对各种 Word 对象进行编辑操作。

状态栏:包括一些状态数据,如页码、字数、视图模式等。

### 2.1.3　新建、打开、保存文档及加密文档

新建文档是一种经常性的操作,在编辑处理不同文档之前,都需要先创建好文档。其方式有很多,下面介绍最常用的一些方法。

**1. 新建文档**

(1) 启动 Word 时自动创建空白文档

启动 Word 2010 后,系统将直接建立一个新的文档,并在标题栏显示"文档 1"。

(2) 编辑过程中创建新文档

单击文件下的【新建】,然后在右边的【任务窗格】中单击【空白文档】或利用快捷键【Ctrl ＋N】新建空白文档,如图 2-1-3 所示。

图 2-1-3　新建空白文档

**2. 打开文档**

(1) 打开最近使用的文件

为了方便继续进行前面的工作,Word 2010 系统会记住最近使用过的文件。当打开 Word 2010 后,从文件菜单的列表中【最近所用文件】选项可以看到最近所用过的文件。如果要打开某个文件,只需要单击该文件名即可。

(2) 打开其他文档

在文档的管理与编辑时,常常需要打开原来保存的文档,其打开方法如下。

① 从文件菜单的列表中选择【打开】命令,出现"打开"对话框。

② 在此对话框中,"查找范围"列表框显示的是当前的文件夹,用鼠标单击该框右方的小三角形,可以选择不同的驱动器和文件夹。

③ 在"文件类型"下拉列表框中显示当前驱动器、文件夹下的文件类型,其默认为"所有 Word 文档",如图 2-1-4 所示。

图 2-1-4　打开文档

**3. 保存文档**

在编辑文档的时候，经常需对文档进行保存的操作，以免发生文件丢失而造成损失。

（1）保存新文档

① 单击【文件】菜单下的【保存】命令，会弹出【另存为】对话框，如图 2-1-5 所示。

图 2-1-5　保存文档

② 单击【保存位置】右边的下拉箭头打开列表，从列表中选择要保存文件的位置。

③ 在【文件名】文本框中输入文件名，例如，输入"将进酒"作为文件名。

④ 单击【保存】按钮。

⑤ 退出文档：打开【文件】菜单，再单击【退出】命令即可关闭当前文档。

当一个文档保存过一次以后,再次在同一磁盘位置保存时就无须再输入文档名和文件名了。只需要直接用鼠标单击一下左上角的【保存】按钮,该文档便以原来相同的名称保存在原来保存过的位置。

(2) 保存曾经保存过的文档

在对已有文档的保存中,不会出现"另存为"对话框。如果此时需要换一个名字,换一种格式、换一个位置保存此文件,如需要将已有的 Word 文件"将进酒"经修改后,从当前的位置保存到桌面上,其操作方法如下。

① 打开文件名为"将进酒"的文档。

② 选择【文件】→【另存为】命令。

③ 在"保存位置"处单击鼠标,从下拉菜单中选择"桌面"。单击【保存】按钮完成以上操作。

(3) 自动保存

自动保存是为了防止突然死机、断电等偶然情况而设计的。Word 2010 提供了在指定时间间隔自动保存文档的功能。

设置自动保存的方法如下。

① 选择【文件】→【选项】命令,出现"选项"对话框。

② 选择"保存"选项卡,如图 2-1-6 所示。

③ 选中"自动保存时间间隔"复选框,在"分钟"框中,输入要保存文件的时间间隔。

图 2-1-6　自动保存设置

**4. 加密文档**

对一篇文档进行编辑后,可对文档的有关信息进行权限管理或为文档设置密码等。如果文档的内容需要保密或者多人使用一台计算机时,可对自己的文档进行加密,以免他人查看或改动文档,破坏自己的成果。

选择【文件】→【信息】命令,出现"保护文档"按钮,单击"用密码进行加密"选项,在"加密文档"框中输入自己的密码,单击【确定】按钮。文档加密后,下次打开该文档时,需要正确输入密码才能打开此文件。密码输入时英文字母区分大小写,如图 2-1-7 所示。

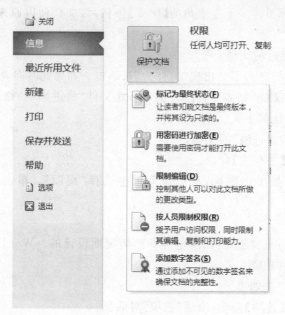

图 2-1-7　文档加密

## 2.1.4　文档的录入

在 Word 2010 中输入文字时,首先必须找到插入点,插入点又称光标,形状为一条闪烁的竖线"|",正文输入的位置与插入点位置密切相关。移动插入点可以使用鼠标单击。当插入点位置不在当前屏幕上时,可以利用滚动条,也可以在空白区域中用户需要的位置上双击鼠标左键。利用键盘移动插入点除了使用←、→、↑、↓、PageDown/PgDn、PageUp/PgUp 外,还常常用 Home、End、Ctrl＋Home 和 Ctrl＋End 等键,后者分别用于:移到本行首、移到本行尾、移到文档首和移到文档尾。

在输入文档的过程中有以下几点需要注意。

**1. 中英文切换**

启动 Windows 后,默认状态是英文输入状态,在文档里输入的是英文字符数字,如果要输入中文汉字,就需要把英文输入法转换为汉字输入状态。可以采用"Ctrl＋空格键"在中文输入法和英文输入法之间切换,或采用"Ctrl＋Shift"进行输入法的切换。

**2. 输入特殊符号**

在输入内容的时候,经常会遇到顿号、省略号等一些特殊的、很难从键盘上直接输入的符号,可以先打开中文输入法,设为中文标点符号后,直接用快捷键从键盘输入。表 2-1-1 是一些比较常用的中文符号输入方式。

表 2-1-1　常用的中文符号输入方式

| 符号名称 | 快捷键 | 符号名称 | 快捷键 |
| --- | --- | --- | --- |
| ￥ | Shift＋4 | 、 | \ |
| … | Shift＋7 | 《 | < |
| —— | Shift＋－ | 》 | > |

也可以从【插入】菜单中,选择【符号】或选择【其他符号】,然后从中选择合适的符号插入,如图 2-1-8 所示。

图 2-1-8　输入特殊符号

## 2.1.5　文档的基本编辑

**1. 选择正文**

在 Word 2010 中,有许多操作都是针对选择的对象进行工作的,它可以是一部分文本,也可以是图形、表格等。

常用的选择对象的方法是:利用鼠标在选定栏上单击、双击和三击,分别选择一行、一段和全文;用鼠标拖动或"Shift 键"与光标移动键连用选择任意一段连续文字;用"Alt 键"和鼠标拖动连用选择列表块。

当用户选择了某些文字或项目后,又想取消选择,可以用鼠标单击任意未被选择的部分;或敲击键盘上任意一个光标移动键。

需要说明的是,若用户此时按键盘其他键,将删除被选择的内容,取而代之的是这个键的字符。不过用户可以单击按钮 或使用【撤消】命令来撤消刚才的操作。

**2. 剪切、复制和粘贴**

当一篇文章中多次出现某一段词句或项目时,用户可以不必重复输入,利用复制和粘贴操作,可以快速地在文章中多次复制这些内容。移动或复制操作可以实现将某块文字或项目(如图、表等)从当前文档的一处移动或复制到另一处,甚至移动或复制到另一文档中。

移动/复制操作可以使用命令方式或鼠标方式。使用命令方式的步骤如下。

(1) 选择要移动/复制的文本块或项目。

(2) 使用【开始】菜单【剪贴板】工具栏上的【剪切】 /【复制】 按钮,或使用快捷键"Ctrl+X"/"Ctrl+C"。

(3) 如果是移动/复制到另一文档中,则打开另一文档,或利用窗口操作切换到另一文档。

(4) 将插入点定位于需要获得本模块或项目的位置。

(5) 使用【开始】菜单的【粘贴】 按钮,或使用快捷键"Ctrl+V",粘贴对象。

**3. 删除、撤消和恢复**

删除文字可以使用键盘的"Delete(Del)键"或"Backspace 键",它们分别用于删除插入点后的内容或删除插入点前的内容。

若需要删除一块连续的文字或项目,则先选中它们,再按"Delete"键或"Backspace 键"。

撤消操作是一个非常有用的操作,它可以撤消用户的误操作,甚至可以取消多步操作,回到原来的状态。使用撤消的方法是左上角工具栏上的 按钮;或使用快捷键"Ctrl+Z"。

若使用撤消一步或多步操作后,发现已撤消过头,则可以使用【恢复】命令,以还原用【撤消】命令撤消的操作。方法可用左上角工具栏上的 【撤消】按钮。

**4. 查找和替换**

Word 2010 提供了一个查找替换功能,通过它可查找一个字、一句话或者是一段内容,当然,还可以用它来替换某些内容。

查找的步骤为,选择【开始】菜单中【编辑】工具栏上的【查找】按钮,出现如图 2-1-9 所示的【导航】对话框。输入要查找的文本,如图 2-1-9 所示。

图 2-1-9 【导航】对话框

执行替换的步骤为,选择【开始】菜单中【编辑】工具栏上的【替换】按钮,出现如图 2-1-10 所示的【查找和替换】对话框。输入需查找和替换的内容即可。

图 2-1-10 【查找和替换】对话框

**项目实战**

本次实战通过以下步骤完成。

(1) 打开 Word 2010,在其中录入如图 2-1-11 所示文字。

(2) 在此文档中对应位置插入如下符号"①""②"。从【插入】菜单中,选择【其他符号】,然后从中选择合适的符号插入,如图 2-1-12 所示,完成后如图 2-1-13 所示。

电子邮件（e-mail）已经成为Internet最重要的应用之一，它使得天各一方的用户能在非常短的时间内相互交流信息。电子邮件的速度远远高于邮件投递速度。虽然电话呼叫的速度可能会快一些，但电子邮件在很多方面却是电话所不能比拟的。

首相，你接收到的e-mail能够被存储、打印或用作程序的输入。

其次，你可以随时给你的收件人发个信息，即使他不会立刻读取你发的邮件。

图 2-1-11　实例用图 1

图 2-1-12　实例用图 2

电子邮件（e-mail）已经成为Internet最重要的应用之一，它使得天各一方的用户能在非常短的时间内相互交流信息。电子邮件的速度远远高于邮件投递速度。虽然电话呼叫的速度可能会快一些，但电子邮件在很多方面却是电话所不能比拟的。

❶首相，你接收到的e-mail能够被存储、打印或用作程序的输入。

❷其次，你可以随时给你的收件人发个信息，即使他不会立刻读取你发的邮件。

图 2-1-13　实例用图 3

（3）将本文档最小化，然后打开一个新的文档，输入以下内容，如图 2-1-14 所示。

e-mail服务中扩充的方面是mail清单（mailing list）。一个mail清单可以视作一种会议类型，清单上的人员存在某些共同之处，每个成员都可以就共同关心的主题发布消息"条款"（article）进行讨论。同时，通过电子mail，所有被列入mail清单的人员都会收到每一条款的一个副本。

在mail清单成为深受欢迎的通信手段之后，USENET的网络新闻（netnews）系统也悄然地应运而生。USENET提供一种专题性质的会议类型，这类似于在CompuServe上的专题讨论会。不同于mail清单，USENET的信息条款不直接发往用户邮箱，而是送到用户机器的一个公用磁盘区中。目前在Internet上，或者更切切地说在USENET和BITSERV MAIL清单之间，存在着数以千计的电子论坛，它们讨论从计算机系统管理到宗教的几乎所有主题，其中许多不同的团体讨论有关技术、社会和娱乐方面的专门主题。

图 2-1-14　实例用图 4

（4）将文档 2 中的所有文字复制，然后粘贴到文档 1 中的文字之后，如图 2-1-15 所示。

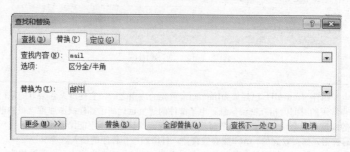

电子邮件（e-mail）已经成为Internet最重要的应用之一，它使得天各一方的用户能在非常短的时间内相互交流信息。电子邮件的速度远远高于邮件投递速度。虽然电话呼叫的速度可能会快一些，但电子邮件在很多方面却是电话所不能比拟的。

①首相，你接收到的e-mail能够被存储、打印或用作程序的输入。

②其次，你可以随时给你的收件人发个信息，即使他不会立刻读取你发的邮件。

e-邮件服务中扩充的方面是mail清单（mailing list）。一个mail清单可以视作一种会议类型，清单上的人员存在某些共同之处，每个成员都可以就共同关心的主题发布消息"条款"（article）进行讨论。同时，通过电子mail，所有被列入mail清单的人员都会收到每一条款的一个副本。

在mail清单成为深受欢迎的通信手段之后，USENET的网络新闻（netnews）系统也悄然地应运而生。USENET提供一种专题性质的会议类型，这类似于在CompuServe上的专题讨论会。不同于mail清单，USENET的信息条款不直接发往用户邮箱，而是送到用户机器的一个公用磁盘区中。目前在Internet上，或者更确切地说在USENET和BITSERV MAIL清单之间，存在着数以千计的电子论坛，它们讨论从计算机系统管理到宗教的几乎所有主题，其中许多不同的团体讨论有关技术、社会和娱乐方面的专门主题。

图 2-1-15    实例用图 5

（5）查找文档中所有的"mail"，并将其全部替换为"邮件"。如图 2-1-16 所示，出现此对话框后选择全部替换。替换后效果如图 2-1-1 所示。

图 2-1-16    实例用图 6

（6）将做好的文档进行保存。文档名为"word 任务一"。保存到 D 盘相应的文件夹。

（7）保存好的文档如图 2-1-1 所示。完成整个操作后关闭 Word 2010。

# 2.2 任务二    Word 2010 的文档格式设置

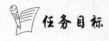 **任务目标**

通过本任务的学习，完成如图 2-2-1 所示的 Word 内容。

岳飞

满江红

怒发冲冠，凭阑处，潇潇雨歇。

抬望眼，仰天长啸，壮怀激烈。

三十功名尘与土，八千里路云

和月。莫等闲、白了少年头，空悲切。

靖康耻，犹未雪；臣子恨，何时灭？驾

长车、踏破贺兰山缺。壮志饥餐胡虏肉，

笑谈渴饮匈奴血。待从头、收拾旧山河，

朝天阙。

—— 摘自《宋词精选》

图 2-2-1　Word 任务二最终效果图

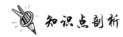 任务知识点

- 设置字体、字号及字形
- 设置颜色、边框及底纹
- 设置字符缩放比例和修饰字符
- 段落对齐和缩进
- 页面设置
- 特殊排版

知识点剖析

### 2.2.1　字符的格式化设置

**1. 字体、字号及字形**

(1) 用字体工具栏来设置字体、字号及字形

通过 Word 2010【开始】命令中【字体】工具栏来设置字体、字号及字形，设置字体、字号及字形方法如下（如图 2-2-2 所示）。

① 选中要设置的文字。

② 单击字体工具栏中所需的按钮。单击【加粗】，这时所选择的文字会变粗。

③ 单击字体工具栏上的【字的颜色】出现下拉列表，从中选择合适的颜色。

④ 单击字体工具栏【字号】旁的小箭头,出现下拉列表,从中选择合适的字号。

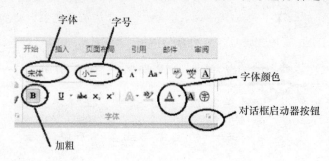

图 2-2-2　设置字体、字号及字形

使用【格式刷】按钮 ✔ 可以方便地复制各种格式,方法如下。

① 先选中具有某种格式的文字,然后单击【格式刷】按钮 ✔ 。

② 此时,鼠标变为刷子样式,把光标移动到需要改变格式的文字上,拖动鼠标选择这些文字即可。

（2）使用【字体】对话框来设置

也可以使用【字体】对话框来改变字体格式,方法如下。

① 选择要设置格式的文字。

② 选择【字体】右下角的【对话框启动器】按钮,打开如图 2-2-3 所示的【字体】对话框,在此对话框中可以设置字体、字号及字形。

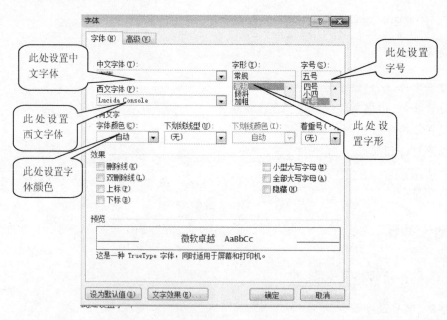

图 2-2-3　设置字体

### 2. 文字的颜色

颜色、边框与底纹是对文本的一种效果修饰,目的是强调需要突出的内容,增强文档的显示和输出效果。不同的文字颜色可以让能够进行彩色输出的文本更加醒目突出。其方法有以下几种。

（1）利用"字体"工具栏中的按钮

选定需要改变颜色的文字，单击"字体"工具栏上的【字体颜色】按钮 ![A] 即可改变字体的颜色。如果颜色不合适，可单击 ![A] 右侧的小三角形，出现如图 2-2-4 所示的"标准配色盘"，可在此色盘中选择需要的颜色。如果标准配色盘中的颜色不满意，可选择"其他颜色"选项，在出现的"颜色"对话框中选择其他颜色，如图 2-2-5 所示。

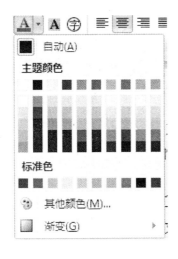
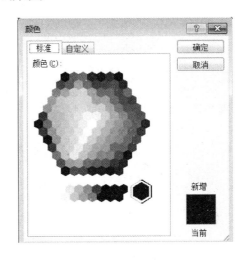

图 2-2-4　标准配色盘　　　　　　　　　　图 2-2-5　"颜色"对话框

（2）利用"字体"对话框

选择【字体】右下角的【对话框启动器】按钮，打开如图 2-2-3 所示的【字体】对话框，在此对话框中可以设置；或者右击鼠标，在快捷菜单中选择【字体】命令。

**3．字符的缩放比例**

字符的缩放是指根据需要，把文本在宽度上加以放大或缩小。设置字符缩放比例的步骤如下。

（1）选定需要缩放的文本。

（2）单击"段落"工具栏上的【字符缩放】按钮，选定的文字就放大一倍，即由原来的 100% 放大到 200%，再单击一下就可以还原。

（3）如需要缩放到其他比例，可以在【字符缩放】按钮 的下拉菜单进行比例的选择，如 "150%""80%" 等。

### 2.2.2　段落的格式化设置

**1．设置段落对齐**

所谓段落对齐，就是利用 Word 2010 的编辑排版功能调整文档中段落相对于页面的位置。常用的段落对齐方式有左对齐、居中对齐、两端对齐、右对齐和分散对齐。其设置方法有如下两种。

（1）在"段落"对话框中调整对齐方式，如图 2-2-6 所示

（2）利用【段落】格式工具栏上对应的按钮设置，如图 2-2-7 所示。

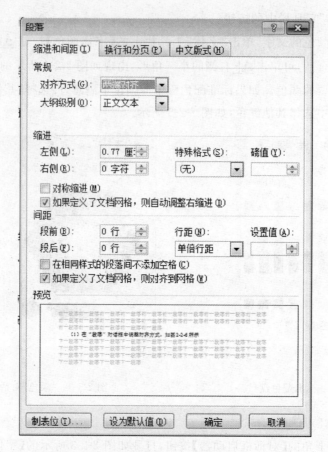

图 2-2-6　段落对话框

图 2-2-7　格式工具栏

**2. 设置段落缩进**

页边距决定页面中所有的文本到页面边缘的距离,而段落的缩进和对齐方式决定段落如何适应页边距。此外,还可以改变行间距、段前和段后间距的大小,以求达到美观的效果。

(1)精确设置缩进

精确设置缩进主要是运用"段落"对话框来实现的。

① 选择【段落】右下角的【对话框启动器】按钮命令,打开"段落"对话框。

② 选择"缩进和间距"选项卡。在"缩进"栏中,可精确调整左缩进和右缩进,默认单位为"字符",也可以为其他单位,如"磅"。如图 2-2-8 所示。

(2)利用【段落】工具栏上对应的按钮设置,如图 2-2-9 所示。但此种方式每次只能左缩进或右缩进一个字符。

(3)利用"段落"对话框中的"特殊格式"调整缩进。

图 2-2-8　段落对话框

图 2-2-9　格式工具栏

利用"段落"对话框中的"特殊格式"调整缩进的方法如下。

① 选定需要调整缩进的段落。

② 打开"段落"对话框,如图 2-2-10 所示。

③ 在"特殊格式"中选择"无""首行缩进"或者"悬挂缩进"。

④ 单击【确定】按钮完成设置。

**3. 设置文档间距**

(1) 设置行间距

行间距(简称行距)决定段落中各行文本间的垂直距离。默认值为"单倍行距"。调整行距的方法如下。

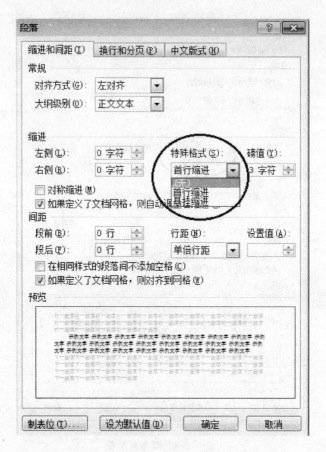

图 2-2-10　段落对话框

① 选定要调整行距的段落。

② 打开"段落"对话框,如图 2-2-11 所示,做出对应设置。

(2)设置段间距

段间距决定段落前后空白距离的大小。当按下"回车"键重新开始一个段落时,光标会跨过一定的距离到下一段的位置,这个距离就是段间距。设置段间距的方法如下。

① 选定要更改间距的段落。

② 执行【段落】对话框中的[间距],设置满意的段间距,如图 2-2-11 所示。

### 2.2.3　页面设置

页面的设置是通过【页面布局】命令完成的。

**1. 页面设置**

(1)页边距的设置

选择页面布局中【页面设置】右下角的【对话框启动器】按钮命令,打开"页面设置"对话框。调出如图 2-2-12 所示的"页边距"选项卡中,可以设置正文的上、下、左、右四边与纸张边界之间选择的距离,还可以设置装订线的位置和距离。

(2)纸张大小的设置

在【页面布局】的"纸张大小"工具中,可以设置打印纸张的大小,可在下拉菜单中选择标准纸张。所选的纸张必须与实际打印的纸张大小一致,否则在打印时就可能出错。

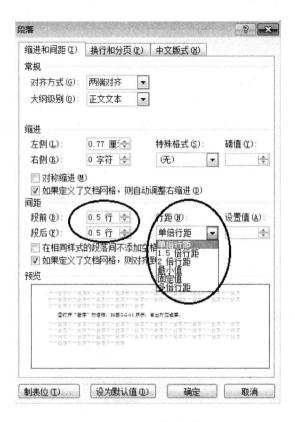

图 2-2-11　段落对话框

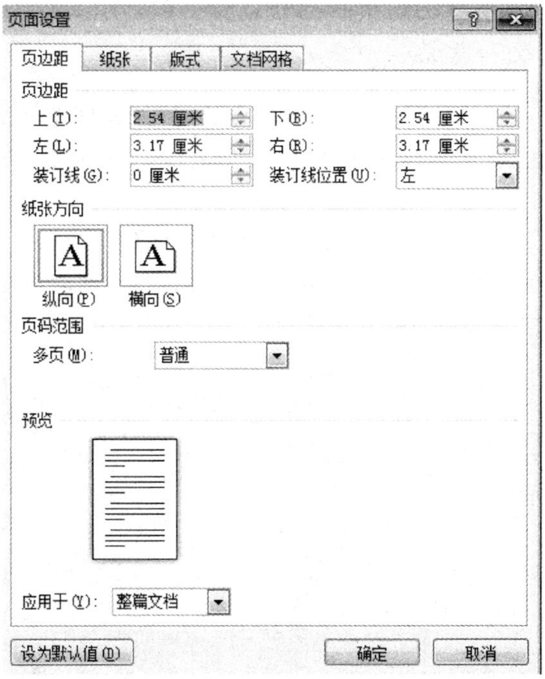

图 2-2-12　页面设置对话框

**2. 显示和打印的方向**

（1）显示方向设置

在【页面布局】中选择【文字方向】命令，出现如图 2-2-13 所示的"文字方向"对话框，在"方向"内选定一种文字方向后即可。

（2）打印方向设置

选择【页面布局】中选择【纸张方向】或调出【页面设置】命令，在"页边距"选项卡的"方向"栏中选择"纵向"或"横向"设置打印方向，如图 2-2-14 所示。

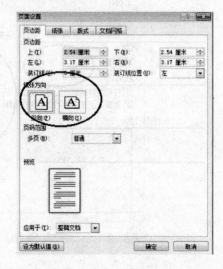

图 2-2-13　文字方向对话框　　　　图 2-2-14　页面设置对话框

## 2.2.4　边框、底纹和背景

为了让文档更引人入胜，或满足一些特殊场合的需要（如邀请函、备忘录），可以为文字、段落和页面加上边框和底纹以及背景，增加文档的生动性和实用性。

**1. 设置边框**

把光标定位到要设置的段落中，选择【开始】→【段落】中边框命令，如图 2-2-15 所示。选择"边框和底纹"调出【边框和底纹】对话框就可以设置各种不同的边框，并可设置边框的线型、颜色、宽度，如图 2-2-16 所示。

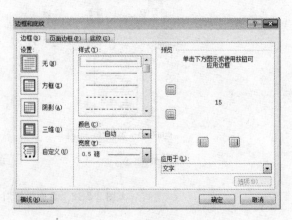

图 2-2-15　边框线下拉菜单　　　　图 2-2-16　边框和底纹对话框

**2. 设置页面边框**

在【边框和底纹】中选择"页面边框"选项卡,可以设置为页面加一个边框。除了可以设置和段落相同的边框外,还可以设置艺术型的页面边框。如图 2-2-17 所示。

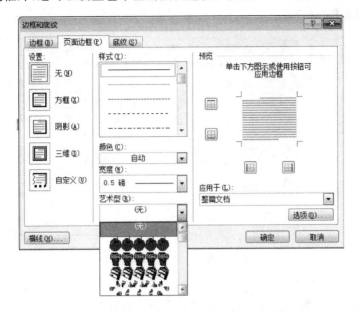

图 2-2-17　边框和底纹对话框

**3. 设置底纹**

设置底纹的方法与设置边框的方法基本一致。选择【边框和底纹】中"底纹"选项卡,在该对话框中可对填充颜色、填充图案、应用范围进行设置,如图 2-2-18 所示。

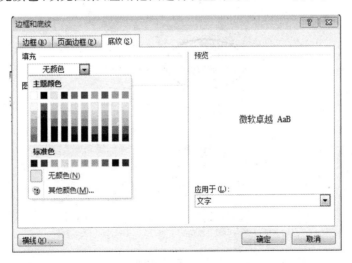

图 2-2-18　底纹选项卡

## 2.2.5　特殊排版方式

**1. 首字下沉**

设置首字下沉的方法如下。

(1) 单击要用下沉的首字开头的段落。

(2) 选择插入菜单中的【文本】→【首字下沉】命令,出现如图 2-2-19 的对话框。

(3) 选择"下沉"或"悬挂"选项,并设置其他选项。

(4) 单击【确定】完成设置。

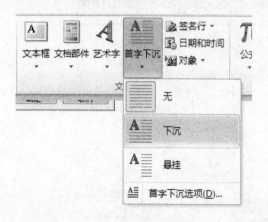

图 2-2-19　首字下沉对话框

### 2. 竖直排版

在默认的情况下,一般的排版方式均是水平排版。如果要对文字进行竖直排版,就需按下面的方法设置。

(1) 打开要编排的文档。

(2) 选择【页面布局】→【文字方向】命令。

(3) 在文字排列的"方向"中选中"垂直"单选按钮,如图 2-2-20 所示。

图 2-2-20　文字方向下拉菜单

操作步骤

（1）首先输入对应内容，如图 2-2-21 所示。

岳飞

满江红

怒发冲冠，凭阑处，潇潇雨歇。抬望眼，仰天长啸，壮怀激烈。三十功名尘与土，八千里路云和月。莫等闲、白了少年头，空悲切。靖康耻，犹未雪；臣子恨，何时灭？驾长车、踏破贺兰山缺。壮志饥餐胡虏肉，笑谈渴饮匈奴血。待从头、收拾旧山河，朝天阙。

—— 摘自《宋词精选》

图 2-2-21　输入对应内容

（2）第 1 段"岳飞"的格式设置：首先将第 1 段选中，将字体设置为"黑体""粗体（加粗）"，字号设置为"小二"，段前加"12 磅"的间距。分别如图 2-2-22、2-2-23 所示。

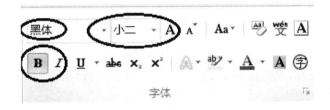

图 2-2-22　实例用图 1

图 2-2-23　实例用图 2

（3）第2段"满江红"的格式设置：首先将第2段选中，设置字体为"楷体"，设置字号为"四号"，加波浪形的下划线，"居中"，段前和段后各加"3磅"间距，字符缩放到150％。具体设置如图2-2-24所示。

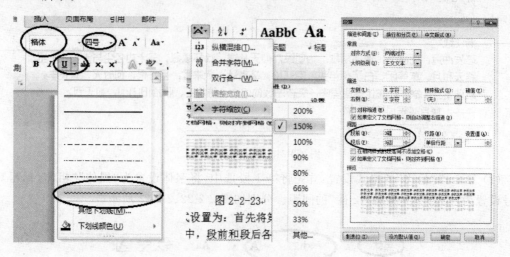

图2-2-24　实例用图3

（4）第3段格式设置：首先将第3段选中，首字下沉2行，"隶书"（字体），"三号"（字号）。行距设为"1.5"倍，如图2-2-25。

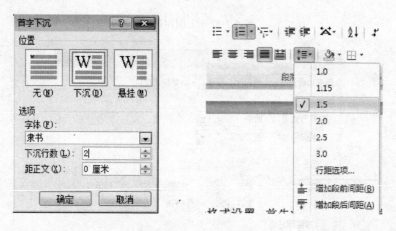

图2-2-25　实例用图4

（5）第4段格式设置：首先将第4段选中，将字体设置为"宋体"，字号设置为"小四"，段前加"12磅"间距，右对齐。如图2-2-26所示。

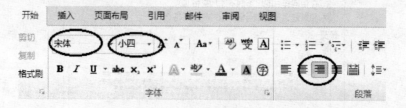

图2-2-26　实例用图5

（6）设置段落缩进：所有段落左缩进"2.5厘米"，右缩进"2.5厘米"。如图2-2-27所示。

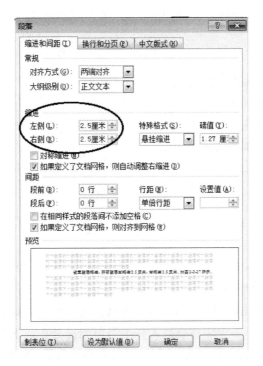

图 2-2-27　实例用图 6

（7）做好这些设置后，最终效果如图 2-2-1 所示。

# 2.3 任务三　Word 2010 中表格的编排

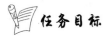任务目标

通过本任务的学习，完成如图 2-3-1 所示的 Word 内容。

## 个 人 简 历

| 个人情况 | | | | | | | |
|---|---|---|---|---|---|---|---|
| 姓　　名 |  | 性别 |  | 民族 |  | 照片 | |
| 出生日期 |  | 年龄 |  | 学历 |  | | |
| 婚姻状况 |  | 籍　　贯 | | | | | |
| 政治面貌 |  | 工作年限 | | | | | |
| 户口所在地 | | | | | | | |
| 现住址 | | | | | | | |
| 联系电话 | | | | 邮编 | | | |
| 身份证号码 | | | | | | | |

图 2-3-1　创建"个人简历"表格

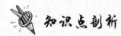任务知识点

- 表格的创建方法
- 单元格、行和列的编辑方法
- 表格中内容格式化的方法
- 表格中数据的排序与计算方法
- 文本与表格的互相转换方法

知识点剖析

### 2.3.1 创建表格

**1. 创建表格**

(1) 单击要创建表格的位置。

(2) 在插入菜单上,单击【表格】按钮 ,出现制表选择框。用鼠标拖动,在到达所需的行数和列数后,放开鼠标左键,一个表格就插入到了当前光标处。或选择【插入表格】选项,调出插入表格的对话框,如图 2-3-2 所示,输入所需的行数和列数后,按"确定"按钮后,一个表格就插入到了当前光标处。

**2. 手动绘制表格**

(1) 单击要创建表格的位置。

(2) 在插入菜单上单击【表格】,在弹出的下拉菜单中选择【绘制表格】选项,调出画笔,手动绘制表格的外框及行线、列线,如图 2-3-3 所示。

图 2-3-2 插入表格对话框

图 2-3-3 手动绘制表格

### 2.3.2 单元格的编辑

所有表格中的数据都是安排在不同的单元格中,因此单元格的编辑是一种经常性的操作。

**1. 选定单元格**

（1）选定一个单元格

移动鼠标到表格中欲选定的单元格的左端线上，待指针变为一个指向右的黑色箭头时单击即可选定。

（2）选定连续的多个单元格

在表格的任一单元格内按下鼠标左键，然后拖动鼠标，则鼠标拖过的单元格的内容都将被选中。

（3）选定非连续的多个单元格

首先选定一个单元格，然后按住"Ctrl"键，连续选定其他单元格。

**2. 添加和删除单元格**

（1）添加单元格

添加单元格的方法如下。

① 在表格中选定目标单元格或在其中右击，然后选择【插入】→【插入单元格】命令，出现"插入单元格"对话框，如图 2-3-4 所示。

② 此图中的 4 个选项选择后的效果分别为：选择"活动单元格右移"为此行多出一个单元格；选择"活动单元格下移"和"整行插入"均是在选定的单元格上方添加一行；选择"整列插入"则是在选定的单元格所在列的左方插入完全相同的一列。

图 2-3-4　插入单元格对话框

（2）删除单元格

删除单元格的方法如下。

① 选定该单元格，或者把光标移到该单元格内中右击，然后选择【删除单元格】命令，出现"删除单元格"对话框，如图 2-3-5 所示。

② 此图中的 4 个选项选择后的效果分别为：选择"右侧单元格左移"则该单元格删除后，右侧的单元格自动向左移动来填补；选择"下方单元格上移"则该单元格所在行被删除；选择"删除整行"或"删除整列"则该单元格所在的行或列被删除。

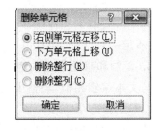

图 2-3-5　删除单元格对话框

**3. 合并和拆分单元格**

（1）合并单元格

在单元格的编辑中，合并单元格是最常见的操作。所谓合并单元格是指把两个或两个以上的相邻的单元格合并为一个单元格。要合并单元格首先要选中欲合并的单元格，然后选择【表格工具】→【布局】→【合并单元格】命令，也可以在选中的单元格中右击，在快捷菜单中选择【合并单元格】命令。

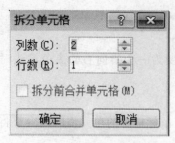

图 2-3-6 拆分单元格对话框

（2）拆分单元格

有时需要将一个单元格平均分为若干个小单元格，这就是拆分单元格。要拆分单元格首先要选中欲拆分的单元格，然后选择【表格工具】→【布局】→【拆分单元格】，出现如图 2-3-6 所示的"拆分单元格"对话框。在该对话框中，可以设定将此单元格拆分为几行几列，只需在"行数"和"列数"框中输入想要拆分的行数和列数即可。

### 2.3.3 表格的编辑

**1．选定表格**

用键盘或者鼠标移动光标至表格中任一单元格，右击，在弹出的快捷菜单中选择【选择】→【表格】命令，则选定整个表格，或用鼠标移动光标到表格边框内时，表格的左上角和右上角都将出现一个小方框，单击这个小方框，整个表格将被选中。

**2．改变和控制行高及列宽**

使用前面的方法创建了表格之后，表格的行高和列宽都是缺省值。有时需要对表格的行高和列宽进行调整。

如果想使表格的各行各列平均分布，可以先选中整个表格，或者在表格的任一单元格内单击，选择【布局】→【自动调整】命令，或选择【布局】中的【分布行】或【分布列】命令。但是更多的时候，表格的各行各列宽度和高度都是不太一样的。要想调整某些行和列的高度和宽度，有以下两种方法可以实现。

（1）鼠标拖动调整行高和列宽

在 Word 2010 中，拖动鼠标是调整表格行高和列宽的最简便的方法。此种调整方法有时需要使用者反复的调整，以达到最好的效果。

（2）用快捷菜单命令【表格属性】调整

【表格属性】中的"行"和"列"选项卡可以精确地对行高和列宽进行调整。

**3．对齐和环绕**

对于表格，同样要考虑其在页面上的位置。其对齐方式有左对齐、右对齐和居中 3 种。而文字环绕方式有无和环绕 2 种。其设置方法为右击弹出快捷菜单，选择【表格属性】弹出如图 2-3-7 所示的对话框，在其中选择需要的方式，然后单击【确定】。

**4．复制和移动表格内容**

与文本编辑相似，表格中的内容也可以进行复制和移动操作。

（1）左键拖动

选定单元格中的文字或者图片等对象（而不是选定单元格），然后用左键选定对象并将其拖动到目标单元格，松开左键完成操作。

（2）右键拖动

选定单元格中的对象，用右键点住对象并拖动到目标单元格，在弹出的快捷菜单中选择【移动到此位置】命令即可。如选择【复制到此位置】命令，则在目标单元格中生成源文件的副本。

（3）使用剪贴板

选定单元格中的对象，单击常用工具栏上的【剪切】按钮 或【复制】按钮 ，在目标单元格中单击常用工具栏上的【粘贴】按钮,从而完成对象的移动或复制。此外还可以用右键快捷菜单中的对应命令及键盘快捷键来完成。

图 2-3-7　表格属性对话框

**5. 拆分表格**

除了单元格可以拆分外,有时需要把一个表格分成几个表格。可使用【布局】→【拆分表格】命令完成。选中表格中任意一行再应用此命令,即拆成以光标所在行为界,分成 2 个表格。

## 2.3.4　格式化表格

**1. 设置边框**

选定要更改的单元格,然后右击,在弹出的快捷菜单中选择【边框和底纹】命令,出现如图2-3-8 所示的对话框。

图 2-3-8　边框和底纹对话框

在"边框"选项卡中,可以在"设置"栏中决定是否对单元格加上边框,还可以选择边框的样式,边框的线型、边框线的颜色和宽度。在预览框的左边及下边有 8 个按钮,分别代表边框的上、下、左、右 4 条框线及内部所有的框线及 2 条对角线。"应用于"复选框表明当前设置的对象。

**2. 设置表格底纹**

单击"边框和底纹"对话框中的"底纹"选项卡,如图 2-3-9 所示。在"底纹"选项卡中,可以选择单元格的填充色和图案,并可以选择"应用于"范围。

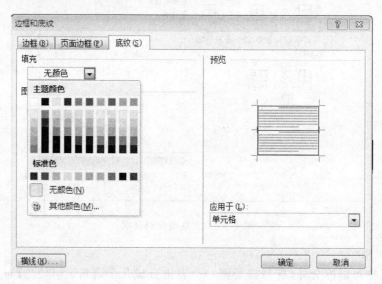

图 2-3-9　边框和底纹对话框

## 2.3.5　表格排序与计算

Word 的排序功能可以将列表或表格中的文本、数字或数据按升序(A～Z、0～9)进行排列,也可以按降序(Z～A、9～0)进行排序。

**1. 排序规则**

Word 排序规则如下。

(1) 文字:Word 首先排序以标点或符号开头的项目(如!、#、￥、%、&、@等),随后是以数字开头的项目,最后是以字母开头的项目。

(2) 数字:数字可以位于段落中的任何位置。

(3) 日期:Word 将下列字符识别为有效的日期分隔符,如连字符、斜线、逗号和句号。同时 Word 将冒号识别为有效的时间分隔符。

(4) 特定的语言:Word 将根据语言的排序规则进行排序,某些语言有不同的排序规则可以选择。

(5) 以相同字符开头的多个项目,系统将比较各项目的后续字符,以决定排列次序。

**2. 排序方法**

具体的排序方法如下。

(1) 选定要排序的列表或表格。

(2) 选择【布局】→【排序】命令,出现如图 2-3-10 所示的"排序"对话框。

（3）选择所需的排序条件。

（4）选择好后单击【确定】按钮即可。

图 2-3-10　排序对话框

### 3. 在表格中计算

（1）在表格中进行求和计算

① 单击要存放求和结果的空白单元格。

② 选择【布局】→【公式】命令，出现如图 2-3-11 所示的"公式"对话框。

③ 单击【确定】按钮，得到求和结果。

图 2-3-11　公式对话框

（2）其他计算

除了求和之外，还可以用公式进行更多的计算。具体方法如下。

① 单击要存放求和结果的空白单元格。

② 选择【布局】→【公式】命令，出现"公式"对话框。如果系统出现的公式不是用户所需要的，请将其从"公式"框中删除，但不要删除等号。

③ 在"粘贴函数"框中，单击所需要的公式。例如，求平均值，则单击"AVERAGE"。在公式的括号中键入单元格的引用，如＝AVERAGE(a1,c3)表示计算单元格 a1 和 c3 中数值的平均值。

④ 在对话框中设置数字格式。

⑤ 单击【确定】按钮，得到运算结果。

图 2-3-12  表格转换成文本对话框

### 2.3.6  将表格转换为文本

Word 提供了文本与表格的互相转换功能,可以实现普通文本与表格的互换。

将光标定位在表格中或选定表格后,选择【布局】→【转换成文本】命令,即可完成表格到文本的转换,如图 2-3-12 所示。

*操作步骤*

利用 Word 表格功能做一份个人简历,步骤如下。

(1) 首先输入"个人简历"四字,并设置为标题。

(2) 另起一行,插入一个"个人情况"表。插入一个 8 行 7 列的表格,如图 2-3-13 所示。

图 2-3-13  实例用图 1

(3) 选中所有单元格,将字号设置为"三号"后,每个单元格变大了一些。

(4) 输入对应内容,如图 2-3-14 所示。

## 个 人 简 历

| 姓名 | | 性别 | | 民族 | | |
|---|---|---|---|---|---|---|
| 出生日期 | | 年龄 | | 学历 | | |
| 婚姻状况 | | 籍贯 | | | | |
| 政治面貌 | | 工作年限 | | | | |
| 户口所在地 | | | | | | |
| 现住址 | | | | | | |
| 联系电话 | | | | 邮编 | | |
| 身份证号码 | | | | | | |

图 2-3-14  实例用图 2

（5）适当调整行高、列宽，并合并需要合并的单元格。设置单元格的对齐方式为中部居中，如图 2-3-15 所示。

## 个 人 简 历

●个人情况

| 姓　名 | | 性别 | | 民族 | | 照片 |
|---|---|---|---|---|---|---|
| 出生日期 | | 年龄 | | 学历 | | |
| 婚姻状况 | | 籍　贯 | | | | |
| 政治面貌 | | 工作年限 | | | | |
| 户口所在地 | | | | | | |
| 现住址 | | | | | | |
| 联系电话 | | | | 邮编 | | |
| 身份证号码 | | | | | | |

图 2-3-15　实例用图 3

（6）将"身份证号码"一栏拆分为 18 列，以便填入 18 位身份证号码，如图 2-3-16 所示。

| 身份证号码 | | | | | | | | | | | | | | | | | | |
|---|---|---|---|---|---|---|---|---|---|---|---|---|---|---|---|---|---|---|

图 2-3-16　实例用图 4

（7）最后的效果如图 2-3-1 所示。

# 2.4 任务四　Word 2010 中的图文混排

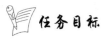任务目标

通过本次任务的学习，完成如图 2-4-1 所示的 Word 内容。

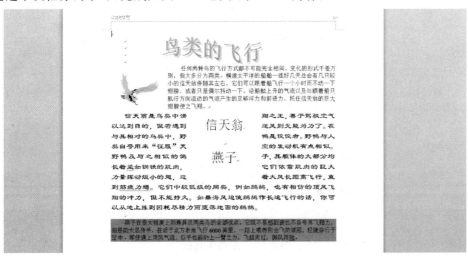

图 2-4-1　图文混排效果

✐ 任务知识点

- 基本图形绘制
- 编辑和插入图片
- 艺术字的制作
- 文本框的插入
- 页眉和页脚的设置
- 图示和图表

✐ 知识点剖析

### 2.4.1 绘制和编辑基本图形

在 Word 2010 中,可以手工绘制出直线、正方形、圆、椭圆、箭头、旗帜、星型等多种形状的图形,可利用"形状"工具栏上的绘图工具来实现。

**1. 绘制图形**

在文档中绘制图形的方法如下。

(1) 单击【插入】中的【形状】,在下拉菜单中选择直线、椭圆、箭头、矩形等绘制工具中的一种后,出现"绘图工具"栏,如图 2-4-2 所示。

图 2-4-2　绘制工具栏

（2）在需要绘图的区域中拖放，即可绘制出对应的图形。（注：要绘制正方形或正圆需按住【Ctrl】键用矩形或椭圆来绘制。）

**2. 编辑图形**

（1）加入文字

在自选图形中可以添加文字，并且可以设置文字的格式。其方法如下。

① 用鼠标右击文档中的自选图形，然后在快捷菜单中选择【添加文字】命令。

② 在插入点输入需要添加的文字。

③ 采用和普通文本一样的方法设置文字的格式。

（2）设置图形的颜色

对于多数图形可以设置它的边框颜色和内部填充颜色，其方法如下。

① 单击选中文档中的自选图形。

② 单击"绘图工具"栏中的【形状轮廓】按钮，选择自选图形边框颜色。

③ 单击"绘图工具"栏中的【形状填充】按钮，选择自选图形填充颜色。

④ 单击"绘图工具"栏中的【文本填充】按钮，选择自选图形中文本的颜色。

（3）设置自选图形的填充效果

设置自选图形的填充效果的方法如下。

① 选定自选图形。

② 单击【形状效果】按钮，在此对话框中设置填充的方式。

（4）设置阴影和三维效果

除了可以设置图形对象的颜色之外，还可以设置它们的阴影和三维效果，从而使文档更加美观。其设置方法如下。

① 选定要设置阴影的图形

② 单击"绘图工具"栏中的【形状效果】按钮中的【阴影】，然后选择效果好的阴影效果。如图 2-4-3 所示。

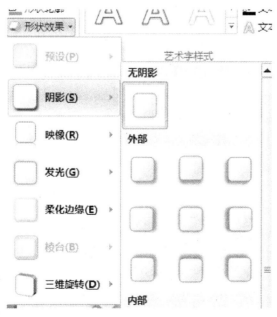

图 2-4-3　阴影和三维效果

（5）图形的旋转

利用"绘图工具"栏中的【旋转】，可以对图形进行旋转或翻转，如图 2-4-4 所示。旋转时，可以按 90°的增量，顺时针旋转图形，也可以用鼠标作任意旋转。

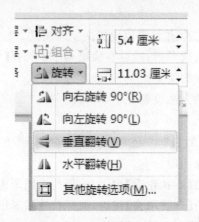

图 2-4-4　旋转或翻转

（6）组合或取消组合图形对象

可以把几个比较小的图形组合成一个大图形，也可以把组合的图形拆分成原来的几个小图形。要组合图形对象，首先应选定需组合的多个对象。单击第一个图形，然后按住【Shift】键，再单击其他图形。

选定多个对象后，右击，在出现的快捷菜单中选择【组合】命令。对象组合后，原来的多个图形就变成了一个整体。

如果要取消图形的组合，只需选中组合后的图形，然后右击，在出现的快捷菜单中选择【取消组合】命令即可，如图 2-4-5 所示。

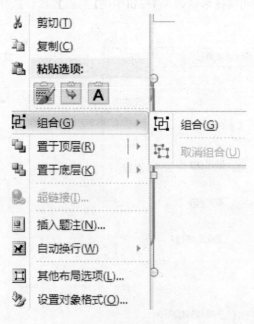

图 2-4-5　图形的组合

2.4.2　插入和编辑图片

以上所绘制的各种形状称为"图形",而将使用软件编辑处理过的成品图像称为"图片"或"图像"。

**1. 使用【插入剪切画】命令插入剪切画**

在 Word 2010 的"剪辑库"中有大量的图片供选择使用。插入剪切画的方法如下。

(1) 将插入点放在需要插入剪切画的位置。

(2) 选择【插入】→【剪切画】命令,出现"插入剪切画"任务窗格。

(3) 在任务窗格上边的【搜索文字】文本框中输入图片的关键字,如"计算机""人""植物"等,然后单击【搜索】按钮。此时,在下方下拉列表框中将显示出主题中包含该关键字的剪切画或图片。

(4) 单击选定需要插入的剪切画,即可将剪切画插入文档中。

**2. 插入外部图像文件**

可以将事先用外部图形图像软件处理好的图像文件插入到文档中,这些图像文件可以在本地磁盘上,也可以在网络驱动器上,甚至在 Internet 上。其获取方法如下。

(1) 将插入点移到需要插入图片的位置。

(2) 选择【插入】→【图片】命令,出现"插入图片"对话框。

(3) 在"查找范围"下拉列表框中搜索到图片的位置,选定该图片后就可以预览到该图片。

(4) 单击【插入】按钮(或双击要插入的图像文件名),选取的图片便插入到该位置。

**3. 编辑图片**

插入到 Word 中的图片,可以进行移动、复制、色调、亮度、对比度和大小等方面的处理,还可以进行剪裁操作。

(1) 图片的移动和复制

移动或复制图片的方法和移动或复制文本的方法完全相同,既可以使用【剪切】或【复制】→【粘贴】命令实现,也可以使用【开始】工具栏中的按钮实现,还可以使用鼠标拖放来完成,最后还可以使用【Ctrl＋X】或【Ctrl＋C】和【Ctrl＋V】快捷键来实现。

(2) 图片缩放

插入的图片其大小一般不能和文档匹配。因此,大部分情况下,都要缩放图片的大小。缩放图片主要有两种方法。

一是用鼠标直接拖放。此种方法首先选定图片,图片的四周会出现 8 个小黑点,称为控制点。如果要横向或纵向缩放图片,将鼠标移到图片四边的任何一个控制点上进行拖动。如果要沿对角线方向缩放图片,可将鼠标指针移到图片四角的任何一个控制点上进行拖动。

二是使用图片格式对话框精确调整。此种方法首先选定然后单击"图片工具"栏上的【格式】,选择"大小"选项卡,对图片的参数可作适当的设置。

(3) 图片工具栏及其使用

选定一张图片后会自动出现一个"图片工具"栏,如图 2-4-6 所示。利用此【格式】工具栏可以设置图片的多项属性,包括图片的颜色、对比度、亮度、剪裁等。

这里要重点强调的是图片的环绕方式。

设置图片的文字环绕方式的方法如下。

① 选定要设置环绕方式的图片。

图 2-4-6　图片工具栏

图 2-4-7　环绕方式菜单

② 右击选择【自动换行】或"图片工具"栏中选择【自动换行】按钮，出现环绕方式的菜单，如图 2-4-7 所示。在环绕方式菜单中单击需要的文字环绕方式，Word 2010 便可按照用户的文字环绕方式重新排列图片周围的文字。

## 2.4.3　文本框的插入和编辑

文本框是一种特殊的图形对象，可以被置于页面中的任何位置，主要是用于在文档中建立特殊的文本。Word 2010 把文本框和自选图形作同样的对待，用户可以像对自选图形一样，设置边框、阴影、三维效果等。插入文本框的方法如下。

（1）选择【插入】→【文本框】命令，然后在子菜单中选择所需要的文本框类型，绘制出文本框如图 2-4-8 所示。

图 2-4-8　设置文本框格式

（2）单击文本框内部空白处，将插入点放置在文本框中，然后输入文本。输入文本之后可按照前面所讲的文字格式化方式来进行设置。

（3）在【绘图工具】中可设置文本框外观样式。

### 2.4.4 艺术字的编辑和使用

通过选择【插入】→【艺术字】命令，可以创建出带阴影的、扭曲的、旋转的或拉伸的文字，还可以按预先设置好的形状创建文字。因为艺术字是图形对象，所以还可以使用"绘图工具"栏上的其他按钮来改变外观效果。插入艺术字的方法如下。

（1）单击"插入"工具栏上的【艺术字】按钮 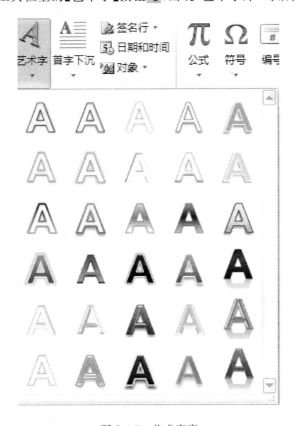，出现"艺术字库"对话框，如图 2-4-9 所示。

图 2-4-9 艺术字库

（2）在出现的对话框中输入需要的文字，然后可以通过【字体】对话框设置字体、字号和字形等，然后单击【确定】按钮。

（3）如果对艺术字的样式、颜色等不满意，可以通过的"绘图工具"中的【格式】各个按钮对其进行具体的设置。

### 2.4.5 图示、图表及公式编辑器的使用

#### 1. 图示的使用

图示包括组织结构图、循环图、矩阵图、棱锥图、关系图等。插入图示的方法如下。

（1）将插入点放置在要插入图示的位置。

（2）选择【插入】→【SmartArt】命令，出现"图示库"对话框，如图 2-4-10 所示。

(3) 在出现的对话框中选择合适的类型,单击【确定】按钮。

(4) 按照提示,在"单击并添加文字"域选项卡处单击,然后在输入域中输入信息。

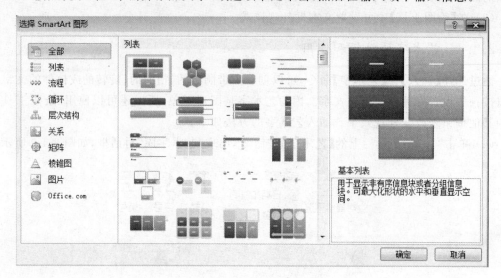

图 2-4-10　图示库对话框

## 2. 图表的使用

图表的插入方法如下。

(1) 将光标移动到文档中需要插入图表的位置。

(2) 选择【插入】→【图表】命令,选择所需的图表类型,如图 2-4-11 所示。

(3) 当出现系统提供的图表数据,在数据表中编辑修改图表数据。

(4) 单击图表框外的任意页面位置结束。

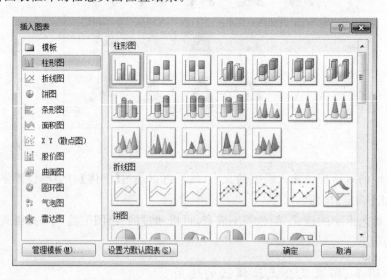

图 2-4-11　插入图表对话框

## 3. 公式编辑器的使用

在 Word 2010 中系统提供了一个专门用于编辑公式的程序,这就是公式编辑器。Word 可以直接调用它,使用该程序编辑公式可以大大提高编辑效率。公式编辑器的使用方法如下。

（1）单击【插入】→【公式】命令，如图 2-4-12 所示。

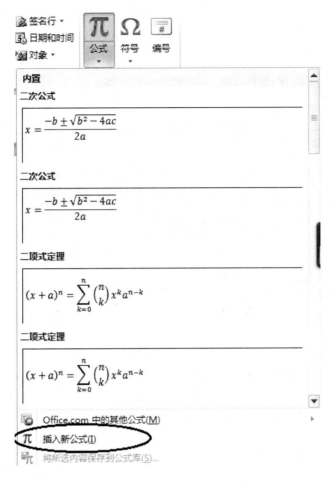

图 2-4-12　插入公式

（2）选择"插入新公式"，出现"公式工具"栏，如图 2-4-13 所示。利用此工具栏进行各种公式的编辑。

图 2-4-13　公式工具栏

### 2.4.6　页眉和页脚的编辑

页眉和页脚通常显示文档的附加信息，常用来插入时间、日期、页码、单位名称、徽标等。其中，页眉在页面的顶部，页脚在页面的底部。插入页眉和页脚的方法如下。

（1）单击【插入】→【页眉】命令，选择"编辑页眉"，在页面的顶端设置页眉。

（2）单击【插入】→【页脚】命令，选择"编辑页脚"，在页面底端设置页脚。

（3）单击【插入】→【页码】命令，在设置页码格式中有多种表达方式，如数字、字母等。在页眉或页脚编辑状态下进行"插入页码"操作,即单击"页眉和页脚"工具栏中的"插入页码"一项。

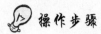 **操作步骤**

(1) 首先输入以下内容,如图 2-4-14 所示。

鸟类的飞行

任何两种鸟的飞行方式都不可能完全相同,变化的形式千差万别,但大多分为两类。横渡太平洋的船舶一连好几天总会有几只较小的信天翁伴随其左右,它们可以跟着船飞行一个小时而不动一下翅膀,或者只是偶尔抖动一下。沿船舷上升的气流以及与顺着船只航行方向流动的气流产生的足够浮力和前进力,托住信天翁的巨大翅膀使之飞翔。

信天翁是鸟类中滑翔之王,善于驾驭空气以达到目的,但若遇到逆风则无能为力了。在与其相对的鸟类中,野鸭是佼佼者。野鸭与人类自夸用来"征服"天空的发动机有点相似。野鸭及与之相似的鸽子,其躯体的大部分均长着坚如钢铁的肌肉,它们依靠肌肉的巨大力量挥动短小的翅,迎着大风长距离飞行,直到筋疲力竭。它们中较低级的同类,例如鹧鸪,也有相仿的顶风飞翔的冲力,但不能持久。如果海风迫使鹧鸪作长途飞行的话,你可以从地上拣到因耗尽精力而堕落地面的鹧鸪。

燕子在很大程度上则兼具这两类鸟的全部优点。它既不易感到疲也不自夸其飞翔力,但是能大显身手,往返于北方老巢飞行 6000 英里,一路上喂养刚会飞的雏燕,轻捷穿行于空中。即使遇上顶风气流,似乎也能助上一臂之力,飞越而过,御风而驰。

图 2-4-14　实例用图 1

(2) 制作艺术字"鸟类的飞行"。通过选择【插入】→【艺术字】命令,在"绘图工具"中的【格式】选择"文本效果"中"转换"选项,对外观进行设置。另外,将艺术字设置为"四周型环绕"方式,并适当调整正文和艺术字的位置,调整好后如图 2-4-15 所示。

图 2-4-15　实例用图 2

(3) 插入图片。可从不同的途径找到一张主题是"鸟"的图片,将它插入到文档正文的左上角,适当地调整图片的大小,并设置此图片的环绕方式为"四周型环绕"。插入图片后的效果如图 2-4-16 所示。

(4) 对文档进行适当的格式化处理,使文档更加美观。操作包括将第 2 段文字设置为四号字,隶书。并插入一个文本框,在文本框中按图示大小输入"信天翁""燕子"。选择"页面布局"中"页面边框",在底纹选项中对第 3 段文字进行底纹的添加,如图 2-4-17 所示。

(5) 设置页眉和页脚。在页眉的最左端添加"动物世界"字样,在最右端添加"页码"。设置好后的最后效果如图 2-4-1 所示。

# 鸟类的飞行

任何两种鸟的飞行方式都不可能完全相同，变化的形式千差万别，但大多分为两类。横渡太平洋的船舶一连好几天总会有几只较小的信天翁伴随其左右，它们可以跟着船飞行一个小时而不动一下翅膀，或者只是偶尔抖动一下。沿船舷上升的气流以及与顺着船只航行方向流动的气流产生的足够浮力和前进力，托住信天翁的巨大翅膀使之飞翔。

信天翁是鸟类中滑翔之王，善于驾驭空气以达到目的，但若遇到逆风则无能为力了。在与其相对的鸟类中，野鸭是佼佼者。野鸭与人类自夸用来"征服"天空的发动机有点相似。野鸭及与之相似的鸽子，其躯体的大部分均长着坚如钢铁的肌肉，它们依靠肌肉的巨大力量挥动短小的翅，迎着大风长距离飞行，直到筋疲力竭。它们中较低级的同类，例如鸥鹄，也有相仿的顶风飞翔的冲力，但不能持久。如果海风迫使鸥鹄作长途飞行的话，你可以从地上拣到因耗尽精力而堕落地面的鸥鹄。

燕子在很大程度上则兼具这两类鸟的全部优点。它既不易感到疲也不自夸其飞翔力，但是能大显身手，往返于北方老巢飞行 6000 英里，一路上喂养刚会飞的雏燕，轻捷穿行于空中。即使遇上顶风气流，似乎也能助上一臂之力，飞越而过，御风而弛。

图 2-4-16　实例用图 3

# 鸟类的飞行

任何两种鸟的飞行方式都不可能完全相同，变化的形式千差万别，但大多分为两类。横渡太平洋的船舶一连好几天总会有几只较小的信天翁伴随其左右，它们可以跟着船飞行一个小时而不动一下翅膀，或者只是偶尔抖动一下。沿船舷上升的气流以及与顺着船只航行方向流动的气流产生的足够浮力和前进力，托住信天翁的巨大翅膀使之飞翔。

信天翁是鸟类中滑

## 信天翁

以达到目的，但若遇到
与其相对的鸟类中，野
类自夸用来"征服"天
野鸭及与之相似的鸽子
长着坚如钢铁的肌肉，
力量挥动短小的翅，迎

## 燕子

翔之王，善于驾驭空气
逆风则无能为力了。在
鸭是佼佼者。野鸭与人
空的发动机有点相似。
子，其躯体的大部分均
它们依靠肌肉的巨大
着大风长距离飞行，直

到筋疲力竭。它们中较低级的同类，例如鸥鹄，也有相仿的顶风飞翔的冲力，但不能持久。如果海风迫使鸥鹄作长途飞行的话，你可以从地上拣到因耗尽精力而堕落地面的鸥鹄。

燕子在很大程度上则兼具这两类鸟的全部优点。它既不易感到疲也不自夸其飞翔力，但是能大显身手，往返于北方老巢飞行 6000 英里，一路上喂养刚会飞的雏燕，轻捷穿行于空中。即使遇上顶风气流，似乎也能助上一臂之力，飞越而过，御风而弛。

图 2-4-17　实例用图 4

# 2.5 任务五　Word 2010 的高级编排

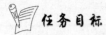任务目标

通过本任务的学习,完成如图 2-5-1 所示的 Word 内容。

## 会议通知

各教研室:

　　兹定于 2008 年 5 月 12 日(周一)～2008 年 5 月 14 日(周三)召开"武汉职业技术学院优秀班级工作现场会议",现通知如下:

一、会议时间: 2008 年 5 月 12 日(周一)～2008 年 5 月 14 日(周三)

二、会议地点: 3 号阶梯教室

三、会议议程:

　　1. 观摩课

　　2. 学生才能展示

　　3. 大会交流

　　　　◇　优秀班级工作总结

　　　　◇　优秀班级经验交流

　　　　◇　学工处,教务处领导讲话

四、参加会议对象:

　　1. 分管校长一名

　　2. 学工处领导一名

　　3. 教务处领导一名

　　4. 优秀学生班级代表

武汉职业技术学院 学工处

2008 年 5 月 8 日

图 2-5-1　制作"会议通知"

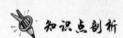任务知识点

- 视图模式
- 分页和分栏
- 项目符号和编号
- 样式和模板

知识点剖析

## 2.5.1　Word 的视图模式

视图是 Word 文档在计算机上的显示方式。Word 2010 主要提供了页面视图、Web 版式视图、大纲视图、草稿和阅读版式视图 5 种方式。视图方式的切换可选择【视图】菜单,然后在

子菜单中选取【页面视图】、【Web 版式视图】、【大纲视图】、【草稿】和【阅读版式视图】等。下面就这些视图方式分别进行介绍。

### 1. 页面视图

在页面视图方式下,用户所看到的文档内容和最后文档通过打印输出的结果几乎是完全一样的。也就是一种"所见即所得"的方式。在页面视图方式下,可以看见文档所在纸张的边缘,也能够显示出添加的页眉、页脚等附加内容,还可以对图形图像对象进行操作。可以说页面视图方式是文档编辑中最常用的一种视图方式。

### 2. Web 版式视图

Web 版式视图方式是以网页的形式显示 Word 2010 文档,适用于发送电子邮件和创建网页。

### 3. 大纲视图

大纲视图中的分级显示符号和缩进显示了文档的组织方式,使快速重新组织文档变得更加容易,且能够突出文档的主干结构。为了能够便于查看和重新组织文档结构,可以对文档进行折叠,以便只显示所需标题。可以在大纲视图中上下移动标题和文本,还可以通过使用"大纲"工具栏上的按钮完成提升或降低标题和文本。当需要创建、查看或整理文档结构时,选用大纲视图比较合适。

### 4. 草稿视图

草稿视图取消了页面边距、页眉、页脚和图片等元素,仅显示标题和正文,是最节省计算机资源的视图方式。

### 5. 阅读版式视图

阅读版式视图可以方便用户对文档进行阅读和评论。阅读版式视图中显示的页面设计是为适合用户的屏幕,而这些页面不代表用户在打印文档时所看到的实际效果。在此版式中如果要修改文档,只需在阅读时编辑文本,而不必从阅读版式视图切换出来。在阅读版式视图下,文档内容的显示就像一本打开的书一样,将相连的两页显示在一个版面上,使得阅读文档十分方便。

## 2.5.2　分栏与分页

分栏与分页也是一种常用的排版操作。使用【页面布局】→【分栏】命令,可以使文档产生类似于报纸的分栏效果。而由于通常情况下,当文字和图形充满一页时,Word 会自动分页,当有特殊需要时,也可以进行手工强制分页。

### 1. 分栏

在分了栏的文档中,文字都是逐栏排列的,填满一栏后才转到下一栏,并且可以对每一栏单独进行格式化处理以及版面的设置,分栏操作的方法如下。

(1) 先选定要分栏的文本,然后选择【页面布局】→【分栏】→【更多分栏】命令,此时屏幕会出现如图 2-5-2 所示的分栏对话框。

(2) 在该对话框中可以根据需要选择栏数,如果要分的栏数超过 3 栏,可以在"栏数"框内指定 11 栏以内的任意栏数。

(3) 选中"栏宽相等"复选框,可以使每栏的宽度相同,如要使每栏的宽度不相同,则应取消选中"栏宽相等"复选框,然后在"宽度和间距"框内分别设置每一栏的宽度以及栏与栏之间的间距。选中"分隔线"复选框,可使每栏之间用分隔线隔开。

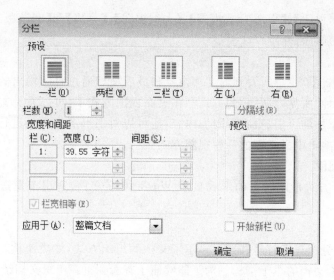

图 2-5-2　分栏对话框

（4）设置好后单击【确定】按钮完成设置。

**2. 分页**

当一页的内容写满之后，Word 会自动分页。而手工强制分页的方法也很简单，只需要将插入点移到要分页的位置，选择【页面布局】→【分隔符】命令，出现"分隔符"对话框，选择"分隔符类型"中的"分页符"单选框，单击【确定】按钮，即可在当前插入点处强制分页，并将插入点移到新的一页上。

### 2.5.3　项目符号和编号

为了让读者在自己所写的文档中快速查找到重要的信息，突出显示某些要点，让文档易于浏览和理解，组织好文档中的内容，可以使用项目符号和编号。

**1. 设置编号**

对于那些按照一定的次序排列的项目，如操作的步骤等，可以创建编号列表。创建的方法主要有以下几种。

（1）自动键入

Word 可以在用户键入文本的同时创建编号和项目符号列表，也可以在文本的原有行中添加项目符号和编号。步骤如下。

① 键入"1."，创建一个编号列表，然后按空格键或者【Tab】键。

② 键入所需要的文本。

③ 按回车键添加下一个列表项。Word 自动把下一段的开头定义为"2."。

④ 若要结束列表，可按两次回车键，或通过按【Backspace】键删除列表中最后一个编号或项目符号。

（2）利用【开始】菜单设置编号

利用【开始】菜单设置编号的方法如下。

① 选定需要设置编号列表的对象。

② 选择【段落】→【编号】命令，如图 2-5-3 所示。

③ 在"编号库"中选定需要的样式后，单击【确定】按钮。

图 2-5-3 设置编号

（3）自定义编号

如果在"编号库"中没有自己满意的编号，可以进行自定义设置。单击图 2-5-3 中的【定义新编号格式】，出现如图 2-5-4 所示的"定义新编号格式"对话框，在该对话框中可以进行的设置包括：编号格式的设置与字体设置、编号样式的设置、起始编号的设置、编号位置与文字位置的设置等选项，可以按需进行适当的设置。

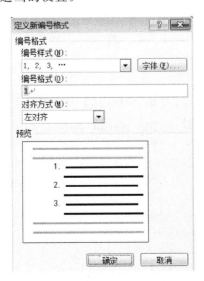

图 2-5-4 定义新编号格式对话框

**2. 设置项目符号**

设置和更改项目符号列表的方式与设置编号列表的方式基本相同。选择【段落】→【项目符号】命令,如图 2-5-5 所示,在"项目符号库"中选择所需的项目符号。

**3. 设置多级符号**

Word 提供了多种预定的多级符号列表格式,并且能够识别不同的缩进方式,其操作方法如下。

(1)选择【开始】→【多级列表】命令,如图 2-5-6 所示。

(2)单击其中一种样式,然后单击【确定】按钮。若对已有的多级符号列表不满意,可选择【定义新的多级列表】进行更具体的设置。

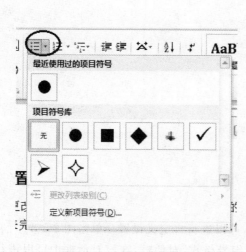

图 2-5-5　项目符号库

图 2-5-6　设置多级符号

## 2.5.4　样式

样式就是以不同的名称存储的字符格式化和段落格式化设置的集合。Word 2010 中的样式包括字符样式和段落样式两种。

(1)样式库的使用

先选定文字或者段落,再单击"开始"的【样式】,从中选择应用样式,如图 2-5-7 所示。

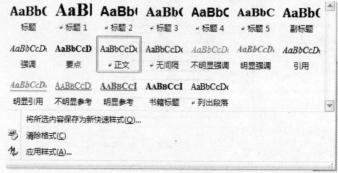

图 2-5-7　样式库

（2）更改样式

尽管 Word 2010 已经提供了一些基本的样式，但用户可以根据自己的需要自定义样式。新建一个样式的方法如下。

① 选择【开始】→【更改样式】命令，如图 2-5-8 所示。

图 2-5-8　更改样式

② 在"样式集"中选择新建的样式，然后用颜色和字体等选项对其外观进行设置。

**操作步骤**

（1）在打开的空白文档中，直接输入"会议通知"的标题。然后在工具栏的"样式"选择框的下拉菜单中选择"标题1"，选择黑底白字。最后再将此标题居中，如图 2-5-9 所示。

会议通知

图 2-5-9　实例用图 1

（2）在第 2 行输入"各教研室："文字，并按回车键。然后输入如图 2-5-10 所示文字，并设置首行缩进 2 个字符。

各教研室：

　　兹定于 2008 年 5 月 12 日（周一）～2008 年 5 月 14 日（周三）召开"武汉职业技术学院优秀班级工作现场会议"，现通知如下：

图 2-5-10　实例用图 2

(3) 换行输入会议时间项目,并执行【开始】→【编号】命令。选择【编号】选项卡中的大写数字样式,如图 2-5-11 所示。输入如图 2-5-12 所示的内容。此项目符号在输入一项内容后按回车键后自动添加。

图 2-5-11　实例用图 3

# 会议通知

各教研室:

　　兹定于 2008 年 5 月 12 日(周一)～2008 年 5 月 14 日(周三)召开"武汉职业技术学院优秀班级工作现场会议",现通知如下:

　　一、会议时间:2008 年 5 月 12 日(周一)～2008 年 5 月 14 日(周三)

　　二、会议地点:3 号阶梯教室

　　三、会议议程

　　四、参加会议对象

图 2-5-12　实例用图 4

(4) 把光标移到第三项"会议议程"后,连按两下回车键可显示两个段落标记,在此可输入如下对应内容,并打开如图 2-5-11 所示的对话框,在其中选择小写数字型编号样式,设置好后如图 2-5-13 所示。

(5) 在第 3 项"大会交流"后还有项目,可连按两下回车键,输入其内容,然后选择这些内容,打开【项目符号】对话框,在【项目符号】选项卡中选择合适的符号样式,如图 2-5-14 所示。

(6) 在"参加会议对象"项目内输入参加会议的对象内容,同样设置该内容编号为小写数字样式,如图 2-5-15 所示。

(7) 在该会议通知的最下面输入落款(即单位和日期),将落款内容设置为右对齐。最后效果如图 2-5-1 所示。

## 会 议 通 知

各教研室：
　　兹定于 2008 年 5 月 12 日（周一）～2008 年 5 月 14 日（周三）召开"武汉职业技术学院优秀班级工作现场会议"，现通知如下：
　　一、会议时间：2008 年 5 月 12 日（周一）～2008 年 5 月 14 日（周三）
　　二、会议地点：3 号阶梯教室
　　三、会议议程
　　　　1．观摩课
　　　　2．学生才能展示
　　　　3．大会交流
　　四、参加会议对象

图 2-5-13　实例用图 5

## 会 议 通 知

各教研室：
　　兹定于 2008 年 5 月 12 日（周一）～2008 年 5 月 14 日（周三）召开"武汉职业技术学院优秀班级工作现场会议"，现通知如下：
　　一、会议时间：2008 年 5 月 12 日（周一）～2008 年 5 月 14 日（周三）
　　二、会议地点：3 号阶梯教室
　　三、会议议程
　　　　1．观摩课
　　　　2．学生才能展示
　　　　3．大会交流
　　　　　　◇　优秀班级工作总结
　　　　　　◇　优秀班级经验交流
　　　　　　◇　学工处，教务处领导讲话
　　四、参加会议对象

图 2-5-14　实例用图 6

## 会 议 通 知

各教研室：
　　兹定于 2008 年 5 月 12 日（周一）～2008 年 5 月 14 日（周三）召开"武汉职业技术学院优秀班级工作现场会议"，现通知如下：
　　一、会议时间：2008 年 5 月 12 日（周一）～2008 年 5 月 14 日（周三）
　　二、会议地点：3 号阶梯教室
　　三、会议议程：
　　　　1．观摩课
　　　　2．学生才能展示
　　　　3．大会交流
　　　　　　◇　优秀班级工作总结
　　　　　　◇　优秀班级经验交流
　　　　　　◇　学工处，教务处领导讲话
　　四、参加会议对象：
　　　　1．分管校长一名
　　　　2．学工处领导一名
　　　　3．教务处领导一名
　　　　4．优秀学生班级代表

图 2-5-15　实例用图 7

# 模块二：Word 2010综合应用案例

## 2.6 综合实训一　制作个人求职信

### 2.6.1　应用背景

找工作是每位同学毕业后的首要任务,而求职信就是在找工作的过程中用来宣传自己并告知招聘方自己的一些情况的文档。因此,对于刚毕业的学生们来说,或许要制作多份求职信,有时还要针对不同的行业要求给出不同的求职信息。图 2-6-1 展示的就是一份毕业生求职信。本案例将具体讲解这封求职信的制作过程。

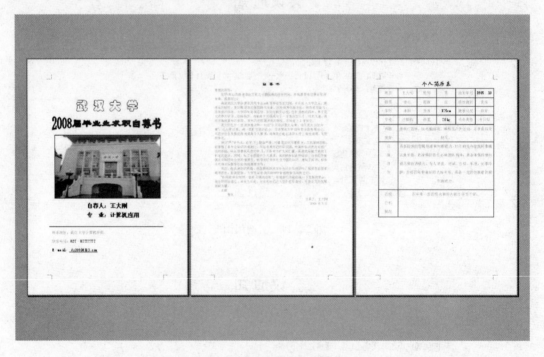

图 2-6-1　个人求职信最终效果

### 2.6.2　操作重点

- 设置字体和字号
- 艺术字的制作
- 插入文本框和图片
- 设置段落格式
- 表格的使用

2.6.3　操作步骤

（1）新建一个 Word 文档，输入自己的学校名称，设置字体为"华文彩云"，字号为"初号"，并将文字居中。

（2）按回车键，光标会自动跳到下一行，并且也是在文档的中间位置输入："2008 届毕业生求职自荐书"，将文字设置为艺术字。在艺术字设置中将字体设置为"隶书"，字号设置为"36号"字，如图 2-6-2 所示。

图 2-6-2　封面标题

（3）单击【插入】菜单栏的【文本框】按钮，单击【绘制文本框】，在光标处画一个文本框。

（4）右击文本框，在弹出的快捷菜单中选择【设置形状格式】，在弹出的对话框中选择【填充】选项卡，单击【图片和纹理填充】的选项，在其中选择【插入自—文件】，选择目标图片路径并插入目标图片，如图 2-6-3 所示。

图 2-6-3　封面图片

（5）按回车键，光标会自动跳到下一行，在文档的中间位置输入自荐人的姓名以及专业。设置其字体为"宋体"，字号为"二号"，加粗。

（6）在【插入】菜单栏中，选择【形状】，并选择【直线】，在文档中根据文档的宽度画一条直线，在直线下方输入自荐人的相关信息。设置合适的字体和字号，如图 2-6-4 所示。

图 2-6-4　完成后的封面

　　(7) 另起新的一页制作"自荐书"。具体设置为:标题"自荐书",选择样式为标题 1,字体为"隶书",字号为"三号""加粗""居中"。正文为"宋体""小四",每个段落首行缩进 2 个字符,最后两行"自荐人"和"日期"右对齐,如图 2-6-5 所示。

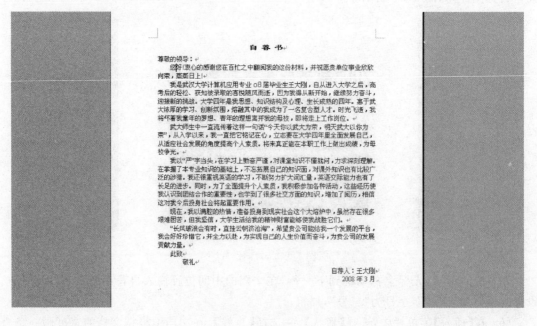

图 2-6-5　自荐书正文

（8）另起新的一页制作"个人简历表"。首先在文档中输入"个人简历表"，设置字体为"华文行楷"，字号为"二号"，"居中"对齐。

（9）按回车键，执行【插入】→【表格】命令，在弹出的下拉菜单中设置行数为 10，列数为 6。输入如图 2-6-6 所示的文字，选中整个表格，设置字体为"宋体"，字号为"四号"。

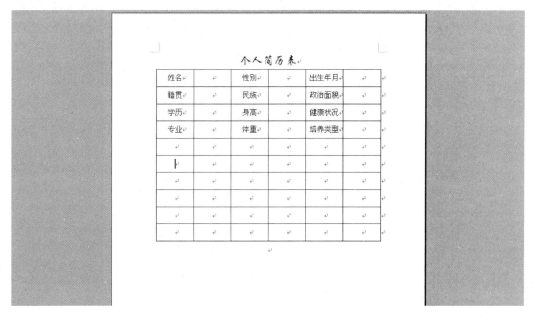

图 2-6-6　制作简历表

（10）用鼠标选中第 5 行的 2～6 列单元格，右击鼠标，在弹出的快捷菜单中选择【合并单元格】命令，将单元格合并。同样的将第 6～7 行的第 2～6 列单元格合并，将 8～10 行的第 2～6 列单元格合并，将第 6～7 行的第 1 列单元格合并，将第 8～10 行的第 1 列单元格合并。输入如图 2-6-7 所示的文字，并适当地调整单元格的行高和单元格中文字的位置。

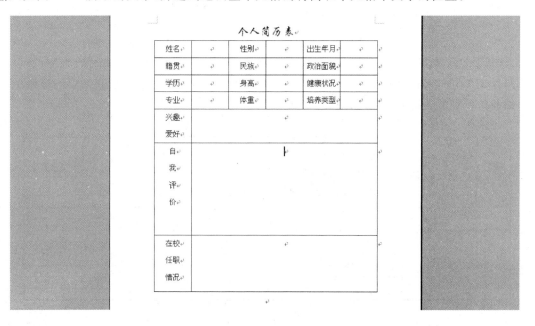

图 2-6-7　完成简历表的制作

（11）在单元格中输入个人信息，选中文字，设置字体为"宋体"，字号为"四号"。

（12）选中整个表格设置整个表格的边框，将外边框用粗实线，内框线用细实线。自此整个个人简历表就制作完成了。如图2-6-8所示。

图 2-6-8　完成的简历表

（13）最后的效果如图 2-6-1 所示。

# 2.7 综合实训二　制作一份员工工资单

## 2.7.1　应用背景

现代办公中经常要用到表格，由于表格用途的多样化，其形状与结构也有所不同，所以用Word绘制不同的表格是必须具备的技能。本例就是用一种简单的方法绘制一个不规则的表格，即制作一份员工的工资单，如图2-7-1所示。

| 姓名 | 收入项目 | | | | | | 应发薪金 | 代扣项目 | | | | | | 实发薪金 |
|---|---|---|---|---|---|---|---|---|---|---|---|---|---|---|
| | 基本薪金 | 津贴薪金 | 加班费 | | 补贴 | | | 社会保险 | | | 其他项 | 个人所得税 | | |
| | | | 小时 | 合计 | 住房补贴 | 交通补贴 | | 医疗 | 失业 | 养老 | | | | |

图 2-7-1　员工工资单最终效果

### 2.7.2　操作重点

- 插入表格
- 合并单元格
- 表格中格式的设置

### 2.7.3　操作步骤

(1) 首先新建一个空白 Word 文档，在【页面布局】→【纸张方向】中选择"横向"。

(2) 选择【插入】→【表格】命令，插入一个 12×14 的表格，如图 2-7-2 所示。

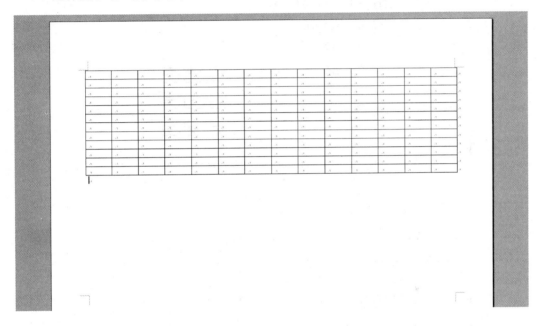

图 2-7-2　插入表格

（3）合并相关的单元格。具体如下：由于只需合并前 3 排的单元格，为了讲述方便，现将这些单元格编号如图 2-7-3 所示。1,2,3 号单元格合并；4,7,10,13,16,19 号单元格合并；5,6 号单元格合并；8,9 号单元格合并；11,14 号单元格合并；17,20 号单元格合并；22,23,24 号单元格合并；25,28,31,34,37 号单元格合并；26,29,32 号单元格合并；35,36 号单元格合并；38,39 号单元格合并；40,41,42 号单元格合并。合并好后选择整个表格将所有单元格的对齐方式改为"中部居中"，如图 2-7-4 所示。此步骤后的效果如图 2-7-5 所示。

| 1 | 4 | 7 | 10 | 13 | 16 | 19 | 22 | 25 | 28 | 31 | 34 | 37 | 40 | |
|---|---|---|----|----|----|----|----|----|----|----|----|----|----|---|
| 2 | 5 | 8 | 11 | 14 | 17 | 20 | 23 | 26 | 29 | 32 | 35 | 38 | 41 | |
| 3 | 6 | 9 | 12 | 15 | 18 | 21 | 24 | 27 | 30 | 33 | 36 | 39 | 42 | |
| | | | | | | | | | | | | | | |
| | | | | | | | | | | | | | | |
| | | | | | | | | | | | | | | |
| | | | | | | | | | | | | | | |
| | | | | | | | | | | | | | | |
| | | | | | | | | | | | | | | |
| | | | | | | | | | | | | | | |
| | | | | | | | | | | | | | | |

图 2-7-3　给表格编号

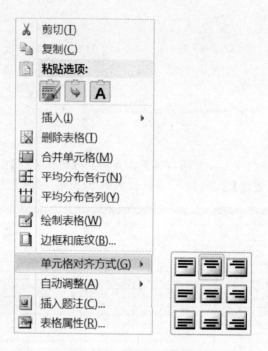

图 2-7-4　单元格对齐方式

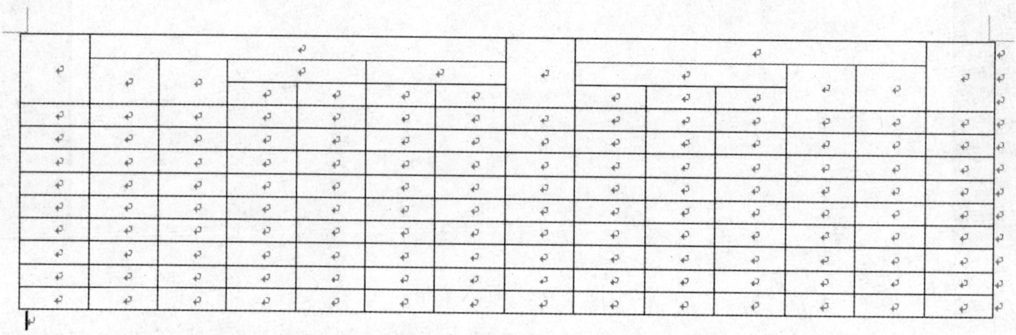

图 2-7-5　合并相关的表格

（4）在其中对应的单元格中输入对应的项目，如图 2-7-6 所示。

| 姓名 | 收入项目 | | | | | | 应发薪金 | 代扣项目 | | | | | 实发薪金 |
|---|---|---|---|---|---|---|---|---|---|---|---|---|---|
| | 基本薪金 | 津贴薪金 | 加班费 | | 补贴 | | | 社会保险 | | | 其他项 | 个人所得税 | |
| | | | 小时 | 合计 | 住房补贴 | 交通补贴 | | 医疗 | 失业 | 养老 | | | |
| | | | | | | | | | | | | | |
| | | | | | | | | | | | | | |
| | | | | | | | | | | | | | |
| | | | | | | | | | | | | | |
| | | | | | | | | | | | | | |
| | | | | | | | | | | | | | |
| | | | | | | | | | | | | | |
| | | | | | | | | | | | | | |

图 2-7-6　对应单元格中输入内容

（5）适当调整单元格的宽度和字号的大小，将"姓名""收入项目""应发薪金""代扣项目"
"实发薪金"设置为"四号"字，并"加粗"。如图 2-7-7 所示。

| 姓名 | 收入项目 | | | | | | 应发薪金 | 代扣项目 | | | | | | 实发薪金 |
|---|---|---|---|---|---|---|---|---|---|---|---|---|---|---|
| | 基本薪金 | 津贴薪金 | 加班费 | | 补贴 | | | 社会保险 | | | | 其他项 | 个人所得税 | |
| | | | 小时 | 合计 | 住房补贴 | 交通补贴 | | 医疗 | 失业 | 养老 | | | | |
| | | | | | | | | | | | | | | |
| | | | | | | | | | | | | | | |
| | | | | | | | | | | | | | | |
| | | | | | | | | | | | | | | |
| | | | | | | | | | | | | | | |
| | | | | | | | | | | | | | | |

图 2-7-7　适当调整单元格

（6）选中整个表格，选择【页面布局】→【页面边框】命令，选择【边框】选项卡，在"设置"中
选择"自定义"方式，设置外边框为 2.25 磅的粗实线，表格里面的框线为 0.5 磅的细实线。如
图 2-7-8 所示。

图 2-7-8　设置表格边框

（7）单击【确定】按钮完成整个设置，将此文件进行妥善保存即可。最后效果如图 2-7-1
所示。

# 2.8 综合实训三　制作一张名片

## 2.8.1　应用背景

使用 Word 不仅可以完成日常的文书处理和排版工作,还可以完成很多其他的工作。比如可以通过 Word 来制作一张精美的名片。下面就以制作一张名片为例,介绍一下 Word 的强大功能。效果如图 2-8-1 所示。

武汉市 XX 花卉公司

公司地址：武汉市 XX 区 XX 路 XX 号

公司电话：（027）87654321

手机：13087654321

E-mail：WWW.@XXX.com

销售经理

图 2-8-1　名片最终效果

## 2.8.2　操作重点

- 文字的编辑
- 文本框的使用
- 艺术字的制作
- 三维、阴影效果

## 2.8.3　操作步骤

（1）新建一个文档,执行【插入】→【文本框】命令。选择文本框在右键弹出的快捷选项中选择【其他布局选项】→【大小】选项卡,设置文本框高度为"8 厘米",宽度为"13 厘米"。如图 2-8-2 所示。

（2）在文本框中输入相应内容："武汉市××花卉公司"。具体设置为："宋体""二号"字,

"居中""段前 10 磅"。其他内容字号为"小四",最后两行右对齐。做好后的效果如图 2-8-3 所示。

图 2-8-2　设置文本框大小

图 2-8-3　初步效果

（3）设置艺术字：插入艺术字"水中花",选择艺术字格式为"填充红色,强调文字 2"样式,如图 2-8-4 所示,设置艺术字大小为字号"48 号",选择【文本效果】→【阴影】,并选择合适的阴影效果,如图 2-8-5 所示。

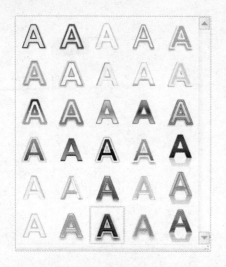

图 2-8-4　艺术字样式

图 2-8-5　艺术字阴影效果

(4) 设置艺术字:插入艺术字"new"选择艺术字格式为"渐变填充紫色,强调文字 4"样式,如图 2-8-6 所示。设置艺术字字号为"小初"号,设置【文本效果】→【三维旋转】为"等轴右上"。设置【文本效果】→【转换】为"倒三角"。如图 2-8-7 所示。

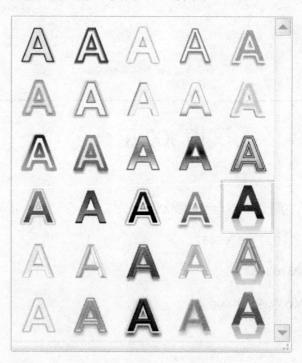

图 2-8-6　艺术字样式

(5) 全部设置好后保存即可,最后效果如图 2-8-1 所示。

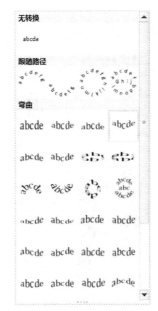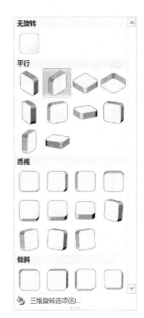

图 2-8-7　设置转换和三维旋转

# 2.9 综合实训四　宣传小报的艺术排版

## 2.9.1　应用背景

随着办公自动化的发展,利用计算机排版技术编辑制作手抄报、简报也很普及了。这里就来练习如何利用 Word 来制作手抄报,例如,制作一个关于 NBA 的手抄报。

在制作之前先要将素材准备好,包括四张相关图片,三篇文章和一个技术统计表。最终效果如图 2-9-1 所示。

## 2.9.2　操作重点

- 艺术字的制作
- 图片及艺术字的组合
- 图文混排
- 文本框的插入
- 页面边框的设置

## 2.9.3　操作步骤

(1) 打开 Word 新建一个空白文档,单击【页面布局】→【纸张大小】,设置纸张大小为"A3",如图 2-9-2 所示。单击【页面布局】→【纸张方向】,设置纸张方向为"横向"。如图 2-9-3 所示。

图 2-9-1　宣传小报的最终效果

图 2-9-2　设置纸张大小

图 2-9-3　设置纸张方向

（2）将字号设置为"小四"号。为了实现中缝效果，单击【页面布局】→【分栏】命令，将整个页面设置为两栏，并选择"更多分栏"，栏间距设为 5 个字符，并加分隔线。如图 2-9-4 所示。

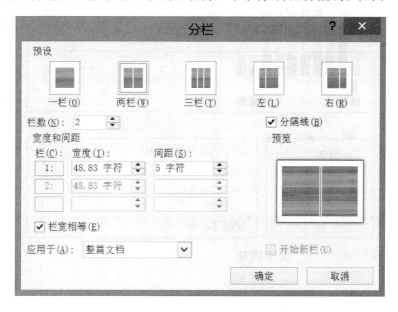

图 2-9-4　设置分栏

（3）制作"艺术字"，插入相关图片，设置宣传小报的总标题。

① 复制"NBA 标志图片"到文档的左上角，并适当调整大小。

② 选择【插入】→【艺术字】命令，打开"艺术字"库对话框，选择合适的艺术字样式，输入"NBA 时空"，设置字体为"宋体"，字形为"加粗"，并将字号调整到"108"号（注：直接在字号输入框中输入 108），单击"确定"。

③ 将艺术字拖到合适位置。效果如图 2-9-5 所示。

图 2-9-5　设置宣传小报总标题

④ 在主标题下使用【插入】→【图形】制作一条矩形线段，设置填充和线条颜色均为红色，以便和第一篇文章的标题"乔丹复出空穴来风"相隔开。

⑤ 制作艺术字"乔丹复出空穴来风"，设置字号为"48"号，字形为"隶书"。选择"文本填充"，【渐变】→【其他渐变】，在弹出的对话框中按照图 2-9-6 和 2-9-7 所示将填充设置为"彩虹出岫"，并设置"文本边框"为无线条。最后设置好的总标题效果如图 2-9-8 所示。

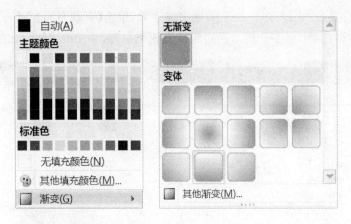

图 2-9-6　设置填充效果

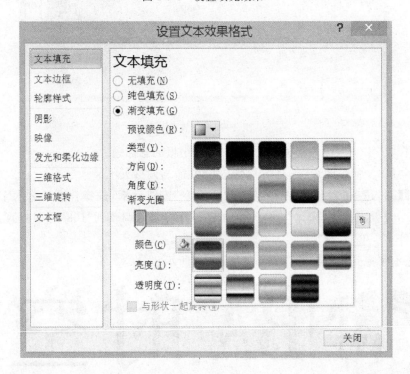

图 2-9-7　设置填充效果

图 2-9-8　标题的整体效果

（4）插入第一篇文章的文字及配图,调整图片到合适大小,设置其环绕方式为"四周型",并将图片拖动到合适位置。效果如图 2-9-9 所示。

图 2-9-9 插入第一篇文章的文字及配图后效果

（5）在另外一栏插入第二段文字的标题和正文。设置第二篇文章的标题,将其字体设为"华文彩云","小初"字号。然后插入相对应的图片并调整图片到合适大小,设置其环绕方式为"四周型",并将图片拖动到合适位置。

（6）插入并设置"NBA 技术统计榜"文本框。

① 插入合适大小的文本框,设置为"无填充颜色","红色"线条,环绕方式为"四周型",并拖动到合适位置。

② 往表格里填充相应文字内容,并对表格进行相应调整。设置对应字体、字号及颜色,设置好的文本框如图 2-9-10 所示。

（7）在【插入】→【形状】工具栏中使用"矩形"自选图形分隔第二篇文章和第三篇文章,其设置与本文标题中的直线设置方法一样。

（8）使用艺术字设置第三篇文章的标题,插入第三篇文章的文字和配套图片,并进行相应设置。其方法与前面做法相似。

（9）选择【页面布局】→【页面边框】命令,在"边框和底纹"对话框中选择"页面边框"选项卡,在"页面边框"中的"艺术型"中选择合适的艺术型边框。如图 2-9-11 所示。

## NBA 技术统计榜

得分：1一艾弗逊（76 人）　　31.1↵

　　　 2一布莱恩特(湖人)　　29.6↵

　　　 3一斯塔克豪斯(活塞)　 29.1↵

篮板：1一穆托姆博(76 人)　 14.2↵

　　　 2一奥尼尔(湖人)　　　12.7↵

　　　 3一麦克代斯(掘金)　　12.3↵

助攻：1一基德(太阳)　　　　10.0↵

　　　 2一斯托克顿(爵士)　　 9.2↵

　　　 3一范埃克塞尔(掘金)　 8.4↵

图 2-9-10　绘制文本框

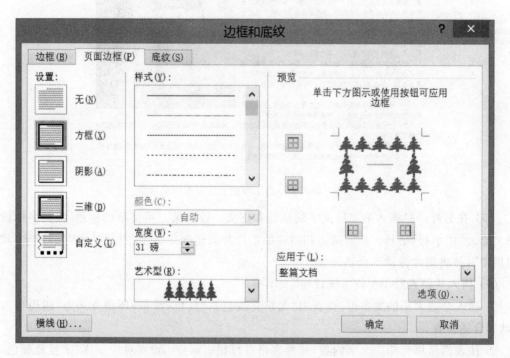

图 2-9-11　修饰边框

（10）一张漂亮的宣传小报就制作完成了，如图 2-9-1 所示。

# 习　题

第一部分　基础知识习题

**一、选择题**

1. 在 Word 的文档窗口进行最小化操作（　　　）。

    A. 会将指定的文档关闭

    B. 会关闭文档及其窗口

    C. 文档的窗口和文档都没关闭

    D. 会将指定的文档从外存中读入，并显示出来

2. 用 Word 进行编辑时，要将选定区域的内容放到剪贴板上，可单击工具栏中（　　　）。

    A. 剪切或替换　　　　　　　　　　B. 剪切或清除

    C. 剪切或复制　　　　　　　　　　D. 剪切或粘贴

3. 在 Word 中，用户同时编辑多个文档，要一次将它们全部保存应（　　　）操作。

    A. 按住 Shift 键，并选择"文件"菜单中的"全部保存"命令

    B. 按住 Ctrl 键，并选择"文件"菜单中的"全部保存"命令

    C. 直接选择"文件"菜单中"另存为"命令

    D. 按住 Alt 键，并选择"文件"菜单中的"全部保存"命令

4. 设置字符格式用（　　　）操作。

    A. "格式"工具栏中的相关图标

    B. "常用"工具栏中的相关图标

    C. "格式"菜单中的"字体"选项

    D. "格式"菜单中的"段落"选项

5. 在使用 Word 进行文字编辑时，下面叙述中（　　　）是错误的。

    A. Word 可将正在编辑的文档另存为一个纯文本（TXT）文件。

    B. 使用"文件"菜单中的"打开"命令可以打开一个已存在的 Word 文档。

    C. 打印预览时，打印机必须是已经开启的。

    D. Word 允许同时打开多个文档。

6. 使图片按比例缩放应选用（　　　）。

    A. 拖动中间的句柄　　　　　　　　B. 拖动四角的句柄

    C. 拖动图片边框线　　　　　　　　D. 拖动边框线的句柄

7. 能显示页眉和页脚的方式是（　　　）。

    A. 普通视图　　　　　　　　　　　B. 页面视图

    C. 大纲视图　　　　　　　　　　　D. 全屏幕视图

8. 在 Word 中如果要使图片周围环绕文字应选择（　　　）操作。

    A. "绘图"工具栏中"文字环绕"列表中的"四周环绕"

    B. "图片"工具栏中"文字环绕"列表中的"四周环绕"

C. "常用"工具栏中"文字环绕"列表中的"四周环绕"

D. "格式"工具栏中"文字环绕"列表中的"四周环绕"

9. 将插入点定位于句子"飞流直下三千尺"中的"直"与"下"之间,按一下 DEL 键,则该句子(　　)。

  A. 变为"飞流下三千尺"　　　　　　　B. 变为"飞流直三千尺"

  C. 整句被删除　　　　　　　　　　　D. 不变

10. 在 Word 中,对表格添加边框应执行(　　)操作。

  A. "格式"菜单中的"边框和底纹"对话框中的"边框"标签项

  B. "表格"菜单中的"边框和底纹"对话框中的"边框"标签项

  C. "工具"菜单中的"边框和底纹"对话框中的"边框"标签项

  D. "插入"菜单中的"边框和底纹"对话框中的"边框"标签项

11. 要删除单元格,正确的做法是(　　)。

  A. 选中要删除的单元格按 DEL 键

  B. 选中要删除的单元格按剪切按钮

  C. 选中要删除的单元格使用 Shift 键＋DEL 键

  D. 选中要删除的单元格,使用右键的"删除单元格"

12. 对中文 Word 的特点描述正确的是(　　)。

  A. 一定要通过使用"打印预览"才能看到打印出来的效果

  B. 不能进行图文混排

  C. 即点即输

  D. 无法检查常见的英文拼写及语法错误

13. 在 Word 中,调整文本行间距应选取(　　)。

  A. "格式"菜单中"字体"中的行距

  B. "插入"菜单中"段落"中的行距

  C. "视图"菜单中的"标尺"

  D. "格式"菜单中"段落"中的行距

14. 在 Word 主窗口的右上角,可以同时显示的按钮是(　　)。

  A. 最小化、还原和最大化　　　　　　B. 还原、最大化和关闭

  C. 最小化、还原和关闭　　　　　　　D. 还原和最大化

15. 新建 Word 文档的快捷键是(　　)。

  A. Ctrl＋N　　　　　　　　　　　　B. Ctrl＋O

  C. Ctrl＋C　　　　　　　　　　　　D. Ctrl＋S

## 二、填空题

1. Word 的页边距可以通过_____设置。

2. 在 Word 中要使用段落插入书签应执行_____操作。

3. 在 Word 中,如果要在文档中层叠图形对象,应执行_____操作。

4. 在 Word 中,要给图形对象设置阴影,应执行_____操作。

5. Word 在编辑完成一个文档后,要想知道它打印后的结果,可使用_____功能。

6. 在 Word 中要删除表格中的某单元格,应执行＿＿＿＿＿＿＿操作。

7. 在 Word 中,将表格数据排序应执行＿＿＿＿＿＿操作。

8. 在 Word 中要对某一单元格进行拆分,应执行＿＿＿＿＿＿＿操作。

9. 在 Word 中向前滚动一页,可用按下＿＿＿＿＿＿＿键完成。

10. 将文档分成左右两个版面的功能叫作＿＿＿＿＿＿＿。

### 三、简答题

1. 叙述 Word 2010 工作窗口标题栏的主要作用。

2. 叙述选定整个文档的几种方法。

3. 叙述段落缩进的几种方法。

4. 叙述如何在表格中间插入一个或几个空行。

5. 叙述使用剪贴板插入图形的几种方法。

## 第二部分　实训练习

1. 将下列文章录入到 Word 文档中,并作如下设置。

(1) 第一段:宋体、小四、粗体、斜体、左对齐。

(2) 第二段:隶书,四号,居中对齐,段前段后各加 6 磅的间距。

(3) 第三段:楷体、小四,段落左右各缩进 1 厘米,首行缩进 2 个字符。

(4) 第四段:隶书、小四,段前间距 12 磅。

正文:

苏轼

定风波

莫听穿林打叶声,何妨吟啸且徐行。竹杖芒鞋轻胜马,谁怕? 一蓑烟雨任平生。料峭春风吹酒醒,微冷,山头斜照却相迎。回首向来萧瑟处,归去,也无风雨也无晴。

这首词作于元丰五年(1082 年),此时苏轼被贬黄州,处境险恶,生活穷困,但他仍很坦然乐观,不为外界的风云变幻所干扰,总以“一蓑烟雨任平生”的态度来对待坎坷不平的遭遇。不管是风吹雨打,还是阳光普照,一旦过去,都成了虚无。这首词表现了他旷达的胸怀、开朗的性格以及超脱的人生观。

2. 制作如下表格。

| 国内订阅价/元 | | | | | |
|---|---|---|---|---|---|
| | 邮发代号 | 单价 | 月价 | 半年价 | 全年价 |
| 中国日报 | 1-3 | 0.80 | 23.50 | 141.00 | 282.00 |
| 北京周末报 | 1-172 | 0.80 | 3.00 | 18.00 | 36.00 |
| 21 世纪报 | 1-193 | 0.60 | 2.50 | 15.00 | 30.00 |
| 上海英文星报 | 3-85 | 1.00 | 8.00 | 48.00 | 96.00 |
| 商业周刊 | 随《中国日报》订阅 | | | | |

3. 利用绘图工具栏制作如下图形。

4. 制作如下图文混排的一篇文章。

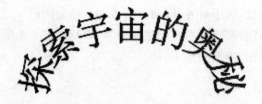

人类总是在思索与探求着太空的奥秘，有的动物也认识星辰，某些候鸟在其移居的漫长途程中，显然是凭借星斗导向的，但唯有人类对天空总是不断地进行着探索。

天文学家从事的宇宙研究，不单是对人类本身及栖居的世界产生了深刻的影响，并且还能加深对物理以及化学两学科的认识，特别是近些年来对地球的生命起源的了解也极有贡献。可能导致复杂有机分子的有机化合物，在形成于太阳系而不受地球影响的陨星中屡有发现。

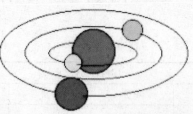

天文学家可以提出这样的问题：既然太阳由行星环绕，且其中一颗行星还有生命存在，那为何其他的恒星就不应拥有行星系统，而且其中一些行星不能有生物栖息其上呢？那些生物同地球上的生物形态是一样的吗？为什么不可以一样呢？哪些观测结果能帮助我们解释上述问题？

虽然探索其他天体上的生物不是天文学家的主要任务，但只有对诸天体（其中不少就是我们在夜空中所见到的恒星）有了更为透彻的了解，其他星体上的生物才能为我们所认识。人类总是要求认识他们周围的客观环境，而且那个环境远远超出了我们居住的窄小庭院或附近污秽不堪的江河，这个环境小至显微镜下的世界，大至遥远无边的星系，如果我们的兴趣完全局限于现实的生活，我们的眼界也将相应地缩小，人类便太渺小了。

# 第 3 章 Excel 2010的应用

Excel 2010比Excel 2003拥有更多的方法分析功能及更多的管理和共享信息，从而帮助用户做出更好、更明智的决策。全新的分析和可视化工具可帮助用户跟踪和突出显示重要的数据趋势，用户甚至可以将文件上载到网站并与其他人同时在线协作。无论生成财务报表还是管理个人支出，使用 Excel 2010 都能够更高效、更灵活地实现用户各种目标。

本章主要介绍Excel 2010中文版的基础知识和使用技巧，并通过几个综合性比较强的案例使用户进一步了解和掌握Excel 2010的操作。

模块一：Excel 2010基础知识讲解

模块二：Excel 2010综合应用案例

# 模块一：Excel 2010基础知识讲解

## 3.1 任务一　Excel 2010 的基本操作

 **任务目标**

通过本节内容的学习，完成学生成绩表的制作任务，其界面如图 3-1-1 所示。

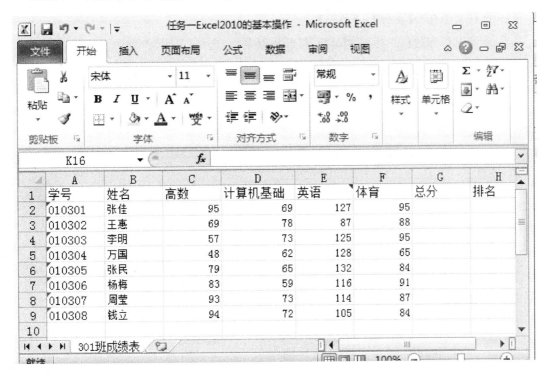

图 3-1-1　301 班成绩表

**任务知识点**

- Excel 2010 的启动与退出
- Excel 2010 的窗口组成
- 工作簿、工作表、单元格的概念
- 工作簿与工作表的基本操作（新建、打开、保存、插入、复制、删除等基本操作）
- 输入与编辑数据（不同类型数据的输入、智能填充数据）
- 工作表的基本操作（单元格、行、列的选择、插入、删除、复制、清除等）

知识点剖析

### 3.1.1 Excel 2010 的启动与退出

**1. Excel 2010 的启动**

Excel 2010 有两种常用的启动方法：

(1)【开始】→【Microsoft Office 2010】；

(2) 双击桌面上的 Microsoft Office 2010 快捷方式图标 。

**2. Excel 2010 的退出**

Excel 2010 的退出可选用以下任一种方法：

(1) 单击主窗口的【关闭】按钮 ；

(2) 执行菜单命令【文件】→【退出】；

(3) 单击窗口标题栏左边的 图标，打开控制菜单，选择"关闭"命令。

### 3.1.2 Excel 2010 的窗口组成

在 Excel 2010 的窗口中，包含有标题栏、菜单栏、工具栏、工作表区等，其窗口如图 3-1-2 所示。

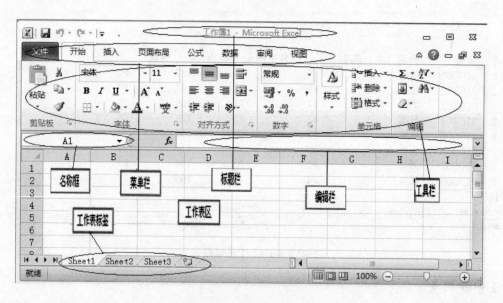

图 3-1-2　Excel 2010 窗口

(1) 标题栏：显示应用程序的名称和所打开工作簿的名称。

(2) 菜单栏：Excel 2010 的命令集合，Excel 2010 的绝大多数功能都能通过菜单中的命令来实现。

(3) 工具栏：集中了 Excel 2010 最常用的命令的快捷按钮。

(4) 名称框：用来显示当前活动单元格的地址。

(5) 编辑栏：用于显示活动单元格中的数据或公式。

(6) 工作表区：用于记录数据、绘制表格的区域性。

（7）工作表标签：用于显示工作表的名称。

（8）水平、垂直滚动条：用于改变工作表的可见区域。可用鼠标拖动滑块或单击滚动条的空白区来查看工作表的全貌。

### 3.1.3　工作簿、工作表、单元格的概念

这一节主要介绍 Excel 工作簿、工作表、单元格的概念。

**1. 工作簿**

在 Excel 中，电子表格是以工作簿为单位存放在计算机的辅助存储设备上，其对应文件的扩展名为.xlsx。通常情况下，将 Excel 工作簿文件简称为"Excel 文件"。

**2. 工作表**

工作表是工作簿里的一页，工作表由若干个单元格组成。一个工作簿中允许有几百个工作表，每一个工作表都有一个名字，默认情况下新建的 Excel 文件或新插入的工作表分别以"Sheet1""Sheet2""Sheet3"……命名。如图 3-1-2 底部的工作表标签所示，"Sheet1"底色为白色，而"Sheet2"和"Sheet3"底色为灰色，这表示当前正在处理的工作表是"Sheet1"，称为"活动工作表"。

**3. 单元格**

一张工作表由若干水平和垂直的网络线分割成许多小格，这些小格称为单元格（Cell）。

（1）一个工作表最多可以包含 256 列、65 536 行。

（2）从上到下每行都有一个行号，分别从 1 到 65 536。

（3）从左到右每列都有一个列标，分别是 A，B…Z，AA，AB，…，IV，共有 256 列。

（4）列号和行号决定了一个单元格的地址，如 C25 表示第 3 列第 25 行的单元格。

（5）单元格区域：在实际制作表格时，对一个单元格的操作往往是不够的，要经常用到由多个相邻或不相邻的单元格组成的区域，它在 Excel 中被称为单元格区域。单元格区域同单元格一样也使用地址来标识，相邻单元格的标识是由左上端的单元格地址和右下端的单元格地址组成的，中间用冒号（:）分开。

（6）活动单元格：指当前正在使用的能够接受键盘输入的单元格。工作表中一次只能有一个单元格是活动的，活动单元格的地址显示在名称框里。

### 3.1.4　工作簿与工作表的基本操作

**1. 新建工作簿**

Excel 工作簿文件的新建有以下常用的几种方法。

（1）启动 Excel 2010 时，系统将自动建立一个全新的工作簿，并取默认名称为工作簿 1。

（2）在 Excel 主窗口中单击菜单【文件】→【新建】→【可用模板】→【空白工作簿】→【创建】可新建空白工作簿。

（3）Excel 2010 为用户提供了多种类型的模板样式，用户可根据需要选择模板样式并创建基于所选模板的工作簿。在 Excel 主窗口中单击菜单【文件】→【新建】→【可用模板】→【样本模板】→【创建】可以根据需要用已设计好的模板新建工作簿。如可用【贷款分期付款】选项可以创建一个名为"贷款分期付款 1"的工作簿。如图 3-1-3 所示。

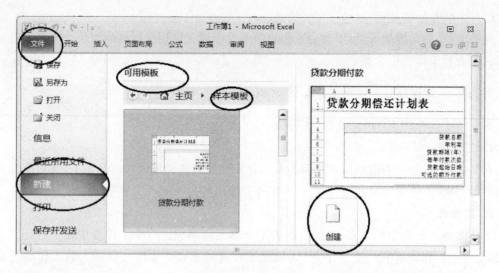

图 3-1-3　新建工作簿

**2．打开工作簿**

打开已有的工作簿文件通常有以下方法。

（1）【文件】→【打开】。

（2）【文件】→【最近所用文件】。

**3．保存工作簿**

（1）首次存盘：与 Word 相似，新工作簿第一次保存时，弹出"另存为"对话框，其操作与 Word 相同，这里不再介绍。

（2）编辑过程中存盘：编辑工作簿的过程中，为了避免突然断电等意外情况而造成的数据丢失，应随时单击常用工具栏上【保存】按钮存盘，也可以执行菜单命令【文件】→【保存】。

（3）换名存盘：有时想将正在编辑的工作簿换一个文件名或换一个路径位置保存，则执行菜单命令【文件】→【另存为】，在弹出的"另存为"对话框中重新设置文件名或保存位置。

图 3-1-4　关闭工作簿窗口

**4．关闭工作簿**

这里所指的关闭工作簿是指关闭工作簿子窗口，而不是 Excel 应用程序主窗口。有两种常用方法可以关闭工作簿窗口。

（1）单击窗口【关闭窗口】按钮，如图 3-1-4 所示。

（2）执行 Excel 菜单命令【文件】→【关闭】。

**5．工作表的重命名**

新建工作簿的工作表名称默认为"Sheet1""Sheet2""Sheet3"，用户可根据工作表里的内容为工作表重新取名称，即工作表的重命名操作。

（1）双击工作表标签，使工作表名称处于可编辑状态，再输入新表名即可。

（2）在工作表标签上右击，执行快捷菜单中的"重命名"命令，如图 3-1-5 所示。

**6．插入新工作表**

新建工作簿时，默认包含 3 个工作表，不够时可随时添加。

（1）右击某工作表标签，执行其快捷菜单"插入"命令，【插入】→【常用】→【工作表】→【确定】,则在该工作表之前插入一张新工作表。

(2) 可执行 Excel 开始菜单中【插入】→【插入工作表】。如图 3-1-6 所示。

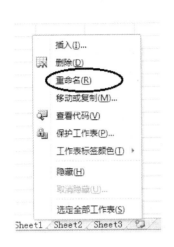 

图 3-1-5　工作表标签的右键快捷菜单　　　　　图 3-1-6　插入工作表

**7. 工作表的移动、复制**

移动工作表:用鼠标拖动工作表标签即可改变工作表的摆放顺序。

复制工作表:当需要为工作表建立副本时,或建立一个与已有的工作表有许多相似之处的工作表时,先选择待复制的工作表,再按住 Ctrl 键拖动,即复制了一个工作表,其名称是原工作表名后加一个带括号的序号。

**8. 删除工作表**

可以在需删除的工作表标签上右击,执行"删除"命令。弹出提示对话框,如图 3-1-7 所示。单击【删除】或【取消】按钮,以确定删除或不删除所选工作表。

图 3-1-7　删除工作表时提示的对话框

**9. 设置工作表标签的颜色**

当一个工作簿中有多个工作表时,为了提高观看效果,同时也为方便对工作表的快速浏览,用户可以将工作表标签设置成不同的颜色。可以在工作表标签上右击,执行"工作表标签颜色"命令,从中选择自己喜欢的颜色即可。

### 3.1.5　输入与编辑数据

**1. 输入数据**

创建工作表后的第一步就是向工作表中输入各种数据。在 Excel 2010 的工作表中,用户输入的基本数据类型有两种,即常量和公式。常量指的是不以等号开头的单元格数据,它包括文本、数字、日期和时间等。公式则是以等号开头的表达式,一个正确的公式会运算出一个结果，这个结果将显示在公式所在的单元格里。

为单元格输入数据，首先要选中单元格——用鼠标单击或用上下左右方向键使待输入数据的单元格成为活动单元格（即活动单元格以黑色边框显示，其地址显示在名称框里），然后再用下列两种方法之一完成数据的输入。

- 在活动单元格中直接输入数据，输好之后按 Enter 键确认（按 Esc 键撤消）。
- 在编辑栏中输入数据，输好之后按 Enter 键或单击☑按钮确认（按 Esc 键或单击☒按钮撤消）。

修改单元格里的数据，有以下两种常用的方法。

- 先用选中需修改的单元格，然后再到编辑栏里进行修改。
- 用鼠标双击需修改的单元格，当光标在单元格里闪烁时，就在该单元格里直接进行修改。

Excel 2010 中输入的常量分为数值、文本、日期时间三种数据类型。以下介绍这三种数据类型的输入。

（1）数值输入

在 Excel 2010 中组成数值数据所允许的字符有：0～9 十个数字、正负号、圆括号（表示负数）、/（除号）、\$、%、小数点、E、e。

对于数值型数据输入，有以下几点需要说明。

① 默认情况下，数值型数据在单元格中靠右对齐。

② 默认的通用数字格式一般采用整数（如 4578）、小数（56.25）。

③ 数值的输入与数值的显示未必相同。例如，单元格宽度不够时，数值数据自动显示为科学计数法或几个"#"号。如输入 7890000000 而单元格宽度不够时将自动显示为 7.89E+09，如果宽度特别小，则显示为几个"#"号。

④ 负数输入时既可以用"-"号，也可以用圆括号，如 -100 也可以输成（100）。

⑤ 输入分数时，先要输入 0 和空格，然后再输入分数，否则系统将按日期对待。

⑥ 若要限定小数点的位数，可以在该单元格上右击，或执行工具栏中"数字"工具右下角按钮，然后在弹出的对话框【设置单元格格式】的"数字"选项卡里的"分类"列表框里选择数字，再设定小数的位数（还可以设定千位分隔符和负数的显示格式），如图 3-1-8 所示。

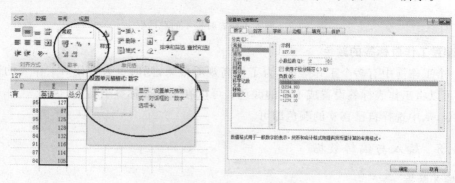

图 3-1-8　设置单元格格式

⑦ 若要输入货币型数据可首先输入常规数字，再执行工具栏中"数字"工具右下角按钮，然后在弹出对话框【设置单元格格式】的"数字"选项卡里的"分类"列表框里选择"货币"，设置

完毕后,单击"确认"按钮即可。

(2) 文本输入

Excel 文本包括汉字、英文字母、数字、空格及其他键盘上能输入的符号。文本数据在单元格中默认左对齐。有些数字如电话号码、身份证号等,因为 Excel 默认情况下将它们识别为数字类型,并且以科学计数法进行显示,所以常常需要手工将它们转变为字符型数据进行处理,这时有两种常用方法可以实现这种转变。

① 在数字序列前加上一个单引号。

② 在该单元格上右击,执行【设置单元格格式】菜单命令,然后在弹出对话框的"数字"选项卡里的"分类"列表框里选择"文本"。

(3) 日期和时间输入

Excel 内置了一些日期时间的格式,当输入数据与这些格式相匹配时,Excel 将识别它们为日期或时间型。如在单元格中输入"2015-11-7"后,按下回车键时,日期变成"2015/11/7"。用户对格式不满意时可进行自定义。在该单元格上右击,执行【设置单元格格式】菜单命令,然后在弹出对话框的"数字"选项卡里的"分类"列表框里选择"日期",设置完毕后,单击"确认"按钮即可。

**2. 快速填充数据**

在 Excel 2010 中输入数据时,经常会遇到一些在内容上相同,或者在结构上有规律的数据,如 1、2、3 或星期一、星期二、星期三等,对这些数据可以采用填充功能,帮助用户快速地输入数据。

(1) 快速填充相同的数据

它是指将单元格里的数据复制到同一行或同一列的其他相邻单元格里。

操作步骤:单击数据所在的单元格,将鼠标移到位于单元格的右下角填充柄上,鼠标指针变成黑色十字形时,按住鼠标左键拖曳即可。如图 3-1-9 所示。

图 3-1-9　填充相同数据

(2) 序列填充

序列填充是指输入有规律的数据,这里的序列一般是指等比序列、等差序列或日期时间序列。而不管哪一种序列,都需要确定其步长。

① 默认步长为 1 的序列填充:针对数值类型等差序列,其操作类似于复制填充,只不过拖曳的同时需要按住 Ctrl 键或选择【自动填充选项】的按钮，从弹出的下拉菜单中选择【以序

列方式填充】,如图 3-1-10 所示。

② Excel 自动识别步长的序列填充:针对等差序列,先准备几个能够确定步长的初始值,再同时选中这几个单元格,将鼠标移到位于单元格的右下角的填充柄上,当鼠标指针变成黑色十字形时,按住鼠标左键进行拖曳。如图 3-1-11 所示,Excel 自动识别出来的是步长为 2 的等差数列。

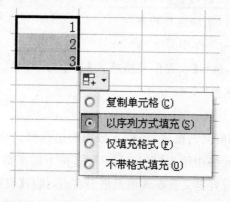

图 3-1-10　序列填充

 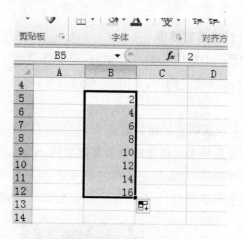

图 3-1-11　自动识别步长为 2 的等差数列

③ 通过"序列"对话框设置步长:首先在单元格中输入初始值并选中,然后单击 Excel 工具栏中【开始】→【编辑】→【填充按钮】→【系列】,弹出如图 3-1-12 的对话框。在该对话框中设置"序列产生在""类型""步长值""终止值"选项,单击"确定"按钮即可输入一个序列。

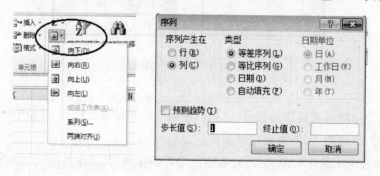

图 3-1-12　序列对话框

### 3.1.6　工作表的基本操作

编辑工作表即对工作表的数据进行修改、复制、移动、删除、查找与替换等基本操作。

**1．单元格和单元格区域的选择**

（1）单个单元格的选择：用鼠标单击单元格。

（2）选择一个相邻单元格区域：按鼠标左键不放，从单元格区域的左上角第一个单元格拖曳到右下角的最后一个单元格。

（3）选择多个不相邻单元格区域：先选择一个相邻单元格区域，再按住 Ctrl 键的同时选择另一个相邻单元格区域。

（4）选定所有单元格：单击"全选"按钮（即行号和列号交叉的空白格，工作表的左上角）。

**2．行、列的选择、插入与删除**

（1）选择单行或单列：单击"行号"或"列标"。

（2）选择多个相邻的行或列：按鼠标左键不放，在行号或列标上进行拖曳操作。

（3）选择不相邻的行或列：在鼠标单击（拖曳）行号或列标的同时，按住 Ctrl 键。

（4）插入行或列：在"行号"或"列标"上右击执行菜单命令【插入】即可。

（5）删除行或列：在"行号"或"列标"上右击执行菜单命令【删除】。

**3．移动数据**

移动数据是指将一个单元格或单元格区域里的数据移动到另一个单元格或单元格区域。有两种常用的方法实现移动数据操作。

（1）选定要移动数据的单元格或区域，将鼠标移动到单元格或区域的任一黑色边框，此时鼠标指针下面出现上下左右四个方向箭头，按住左键拖曳到目标处。

（2）选定要移动数据的单元格或区域，右击执行快捷菜单中的【剪切】菜单命令，然后在目标处右击执行快捷菜单中的【插入剪切的单元格】命令。

**4．复制数据**

复制数据是指将一个单元格或单元格区域里的数据复制到另一个单元格或单元格区域。有两种常用的方法实现复制数据操作。

（1）选定要复制数据的单元格或区域，将鼠标移动到单元格或区域的任一黑色边框，此时鼠标指针下面出现上下左右四个方向箭头，按住左键的同时按住 Ctrl 键，拖曳到目标处。

（2）选定要复制数据的单元格或区域，右击执行快捷菜单中的【复制】菜单命令，然后在目标处使用快捷菜单里的【插入复制的单元格】命令。

**5．插入与编辑批注**

对数据进行编辑修改时，有时需要在数据旁作注释，注明与数据相关的内容，这时可以通过添加"批注"来实现，操作如下。

（1）选中需要添加批注的单元格，右击执行菜单命令【插入批注】。

（2）在弹出的批注框中输入批注文本。

（3）批注文本输入完毕后，用鼠标单击批注框外部的工作表区域。批注插好后，单元格右上角有三角标志。

当然，有时还需对批注进行修改，方法为：先单击需要修改其批注的单元格，再右击执行菜单命令【编辑批注】即可进行修改。或不想要批注时，在已有批注的单元格上右击执行菜单命令【删除批注】。

### 6. 选择性粘贴

Excel 单元格除了有其具体数值以外,还包含公式、格式、批注等,有时只需要单纯复制其中的值或公式、格式等,就应该使用"选择性粘贴"操作,方法如下。

（1）选定需要复制的单元格,单击常用工具栏上的【复制】按钮。

（2）选定目标单元格,执行菜单命令【粘贴选项】或【选择性粘贴】,如图 3-1-13 所示。

（3）单击"粘贴"标题下的所需选项,如单纯复制目标单元格中的公式,则选 $f_x$ 按钮即可。

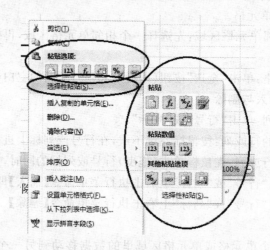

图 3-1-13　选择性粘贴

### 7. 清除数据

清除数据是指清除单元格或单元格区域里的数值、内容、批注或全部,右击执行快捷菜单中的【删除】或【清除内容】菜单命令,或使用 Delete 键删除。

### 8. 查找和替换数据

使用 Excel 2010 的查找功能可以找到特定的数据,使用替换功能可以用新数据替换原数据。

（1）查找数据

工具栏中【开始】→【编辑】→【查找和选择】按钮→【查找】,在弹出的【查找和替换】的对话框中切换到【查找】,在【查找内容】中输入所需查找的内容,单击【查找全部】按钮,此时光标定位在要查找的内容上,并在对话框中显示具体的查找结果。查找完毕,单击【关闭】按钮即可。

（2）替换数据

工具栏中【开始】→【编辑】→【查找和选择】按钮→【替换】,在弹出的【查找和替换】的对话框中切换到【替换】,在【查找内容】中输入所要被替换的内容,在【替换为】的文本框中输入替换的内容,单击【查找全部】按钮,此时光标定位在要查找的内容上,并在对话框中显示具体的查找结果。单击【全部替换】按钮→【确定】,返回【查找和替换】的对话框。替换完毕,单击【关闭】按钮即可。

### 操作步骤

本次任务是利用 Excel 制作出如图 3-1-1 所示的成绩表。其操作步骤如下。

（1）启动 Excel 2010,默认会新建一个名为"工作簿 1"的空白工作簿,并且该工作簿中默认包含有名为"Sheet1""Sheet2""Sheet3"的三张工作表。鼠标右击"Sheet2"和"Sheet3"工作表标签,在弹出的菜单项中执行【删除】命令,即删掉这两个工作表。然后再双击 Sheet1 工作表标签,将它重命名为"301 班成绩表"。再依次输入 A、B、C、D、E、F、G 列中各单元格里的数据,如图 3-1-14 所示。

图 3-1-14　成绩表数据

(2) 选中 A 列,在列号上右击选择"插入",在姓名前插入新列。在 A1 单元格中输入"学号"后,再往 A2 单元格里输入:⎡'030101⎤(注意数据前要加上单引号',此时标点符号为英文状态,否则 Excel 自动识别为数值类型,最前面的数字 0 就忽略了),然后将鼠标移到 A2 单元格填充柄上(位于单元格的右下角),当鼠标指针变成黑色十字形时,按住鼠标左键往下拖曳即可。如图 3-1-15 所示。

| | A | B | C | D | E | F | G |
|---|---|---|---|---|---|---|---|
| 1 | 学号 | 姓名 | 高数 | 计算机基础 | 体育 | 英语 | 总分 |
| 2 | 010301 | 张佳 | 95 | 69 | 95 | 127 | |
| 3 | 010302 | 王惠 | 69 | 78 | 88 | 87 | |
| 4 | 010303 | 李明 | 57 | 73 | 95 | 125 | |
| 5 | 010304 | 万国 | 48 | 62 | 65 | 128 | |
| 6 | 010305 | 张民 | 79 | 65 | 84 | 132 | |
| 7 | 010306 | 杨梅 | 83 | 59 | 91 | 116 | |
| 8 | 010307 | 周莹 | 93 | 73 | 87 | 114 | |
| 9 | 010308 | 钱立 | 94 | 72 | 84 | 105 | |

图 3-1-15　"学号"数据自动填充

(3) 将"英语"一列的数据移动至"体育"前,选定"英语"一列的数据,右击执行快捷菜单中的【剪切】菜单命令,然后在"体育"上右击执行快捷菜单中的【插入剪切的单元格】命令。在"英语"单元格添加批注"总分为 120 分",如图 3-1-16 所示。

| | A | B | C | D | E | F | G | H |
|---|---|---|---|---|---|---|---|---|
| 1 | 学号 | 姓名 | 高数 | 计算机基础 | 英语 | 体总分为120分: | | 排名 |
| 2 | 010301 | 张佳 | 95 | 69 | 127 | | | |
| 3 | 010302 | 王惠 | 69 | 78 | 87 | | | |
| 4 | 010303 | 李明 | 57 | 73 | 125 | | | |
| 5 | 010304 | 万国 | 48 | 62 | 128 | | | |
| 6 | 010305 | 张民 | 79 | 65 | 132 | 84 | | |
| 7 | 010306 | 杨梅 | 83 | 59 | 116 | 91 | | |
| 8 | 010307 | 周莹 | 93 | 73 | 114 | 87 | | |
| 9 | 010308 | 钱立 | 94 | 72 | 105 | 84 | | |
| 10 | | | | | | | | |

301班成绩表

图 3-1-16　移动数据及添加批注

(4) 单击常用工具栏上的【保存】按钮,在弹出的对话框里将文件名称改为"任务一 Excel 2010 的基本操作"后进行保存。至此,图 3-1-1 所示的建立学生成绩表的任务已经完成。

# 3.2 任务二　工作表的格式化

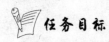任务目标

通过本节内容的学习,在 3.1 任务一所完成的学生成绩表的基础上对工作表进行相应的格式化操作,使其最终效果如图 3-2-1 所示。

| | A | B | C | D | E | F | G |
|---|---|---|---|---|---|---|---|
| 1 | | | | 301班学生成绩表 | | | |
| 2 | 姓名＼科目 | 高数 | 计算机基础 | 英语 | 体育 | 总分 | 排名 |
| 3 | 张佳 | 95 | 69 | 127 | 95 | | |
| 4 | 王惠 | 69 | 78 | 87 | 88 | | |
| 5 | 李明 | 57 | 73 | 125 | 95 | | |
| 6 | 万国 | 48 | 62 | 128 | 65 | | |
| 7 | 张民 | 79 | 65 | 132 | 84 | | |
| 8 | 杨梅 | 83 | 59 | 116 | 91 | | |
| 9 | 周莹 | 93 | 73 | 114 | 87 | | |
| 10 | 钱立 | 94 | 72 | 105 | 84 | | |

301班成绩表

图 3-2-1　格式化后的学生成绩表

任务知识点

- 设置工作表的行高和列宽
- 合并单元格
- 字符的格式化
- 设置单元格里数据的对齐方式
- 设置表格框线、底纹
- 自动套用格式
- 条件格式的设置

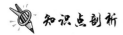知识点剖析

### 3.2.1　设置工作表的行高和列宽

改变行高和列宽有多种方法,分别适用于不同的状态。

**1. 鼠标手动操作**

将光标移到相邻两列的列标或两行的行号之间,此时光标变为┿或╈形状,拖动鼠标即可任意改变左列的宽度或上行的高度。

**2. 设置精确的行高、列宽**

(1) 选择要设置精确行高的行,执行 Excel 菜单命令【开始】→【单元格】→【格式】→【行高】,然后输入所需的高度(用数字表示)。

(2) 选择要设置精确列宽的列,执行 Excel 菜单命令【开始】→【单元格】→【格式】→【列宽】,然后输入所需的宽度(用数字表示)。

注:以上操作也可以通过右击执行快捷菜单来操作。

**3. Excel 自动调整**

用鼠标双击行号之间的分隔线,Excel 会根据分隔线上面行的内容,自动调整该行到最合适的行高;用鼠标双击列标之间的分隔线,Excel 会根据分隔线左边列的内容,自动调整该列到最适合的列宽。

### 3.2.2　合并单元格

选定参与合并的单元格,执行 Excel 菜单命令【开始】,选中【对齐方式】中的"合并后居中"按钮🔳,将所选择的多个单元格合并为一个单元格,如图 3-2-2 所示。

图 3-2-2　合并单元格

也可以在选定要合并的单元格区域右击,执行菜单命令【设置单元格格式】,在"单元格格式"对话框的"对齐"选项卡中勾选"合并单元格"复选框,如图 3-2-3 所示。

### 3.2.3　字符的格式化

字符的格式化就是设置单元格数据的字体、字号、颜色等特征,其操作与 Word 的操作相同。

要进行字符格式化,首先要选择待格式化字符所在的单元格或单元格区域,再用【开始】→【字体】工具栏中相关的按钮进行格式设置。

也可以在选定要进行格式化的单元格或区域右击,执行菜单命令【设置单元格格式】,在"单元格格式"对话框的"字体"选项卡中进行相应设置,如图 3-2-4 所示。

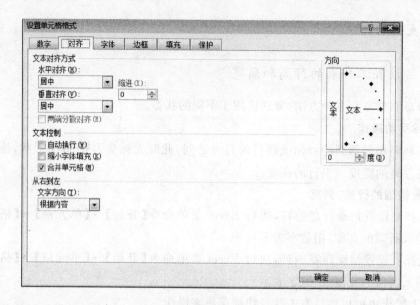

图 3-2-3　设置合并单元格

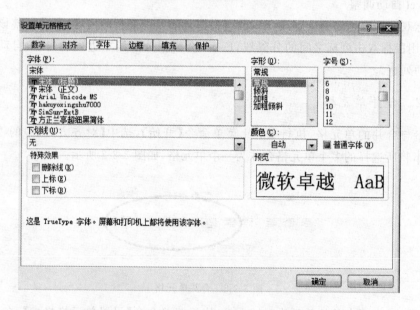

图 3-2-4　"单元格格式"对话框里的"字体"选项卡

### 3.2.4　设置单元格里数据的对齐方式

在 Excel 2010 中,对齐方式是相对于单元格而言的,包括水平对齐、垂直对齐、倾斜三种。Excel 2010 提供了水平对齐的三个功能按钮:左对齐、居中对齐、右对齐,其操作与 Word 一致。

若要设置垂直对齐和倾斜,可以使用如下操作:选择被操作的单元格或单元格区域,右击,执行菜单命令【设置单元格格式】,在"单元格格式"对话框的"对齐"选项卡中进行相应设置。如图 3-2-5 所示。

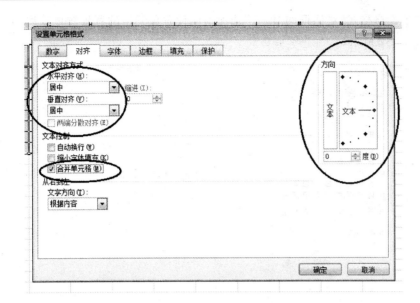

图 3-2-5　"单元格格式"对话框里的"对齐"选项卡

### 3.2.5　设置表格框线和底纹

一个电子表格加上一个美观的边框和底纹,会使表格变得美观,且更具有表现力。

有两种方法可以用于设置表格的框线和底纹。

**1. 通过"单元格格式"对话框**

选择被操作的单元格或单元格区域,右击,执行菜单命令【设置单元格格式】,弹出"单元格格式"对话框。

(1)在"单元格格式"对话框的"边框"选项卡中设置边框线。图 3-2-6 所示的操作就是为某个单元格设置了不同样式不同颜色的上、下、左、右框线,左斜线和右斜线。

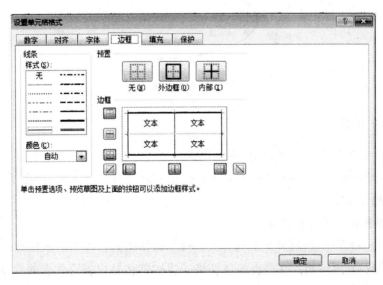

图 3-2-6　设置单元格的边框线

（2）在"单元格格式"对话框的"填充"选项卡中设置单元格的背景颜色或用不同颜色的图案填充，如图 3-2-7 所示。

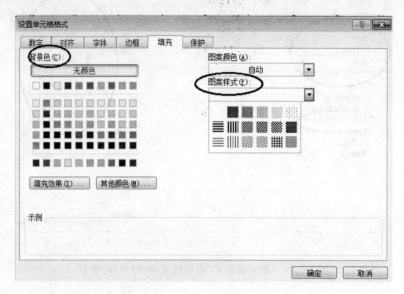

图 3-2-7　填充颜色

**2. 通过常用工具栏上相应的按钮**

（1）设置表格框线：选中待操作的单元格或单元格区域，再单击字体工具栏上的【边框】按钮 ⊞▾。

（2）设置表格底纹：选中待操作的单元格或单元格区域，再单击格式工具栏上的【填充颜色】按钮 ◇▾，如图 3-2-8 所示。

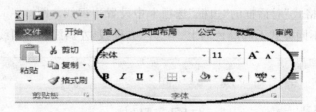

图 3-2-8　设置表格框线和底纹

### 3.2.6　条件格式设置

Excel 2010 的工作表中可以利用"条件格式"，根据一定的条件来突出显示某些单元格。例如，在处理成绩表时，可以将不及格分数所在的单元格设置彩色底纹，以便突出显示。设置"条件格式"的操作如下。

（1）选定被操作的单元格区域。

（2）执行 Excel 菜单命令【开始】→【样式】→【条件格式】，在弹出的下拉列表中选"突出显示单元格规则"或"管理规则"，在弹出的条件格式规则管理器中进行相应的设置。如图 3-2-9 所示。

图 3-2-9　条件格式设置

操作步骤

本次任务是在任务一的基础上对成绩表进行格式化,制作出如图 3-2-1 所示的效果。其操作步骤如下。

(1) 打开任务一里所制作的成绩表,执行 Excel 菜单命令【文件】→【另存为】,将其文件名改为"任务二 Excel 2010 的工作表的格式化"后保存。单击工作簿窗口的"还原窗口"按钮后,其界面如图 3-2-10 所示。

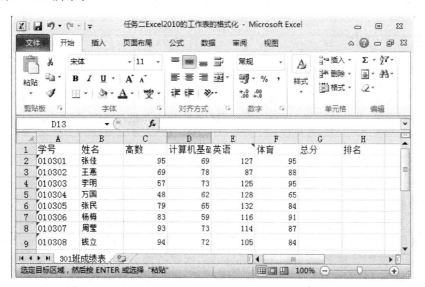

图 3-2-10　"301 班成绩表"原表

(2) 在 A 列标上右击,执行菜单命令【删除】,将"学号"列删除。

(3) 在第一行行号上右击,执行菜单命令【插入】,则第一行之上新插入了一个空白行,此时空白行变成了第一行,而原来行的行号分别都加 1。再选中 A1:G1 单元格区域,单击对齐方式工具栏上"合并后居中"按钮,然后在合并后的单元格里输入"301 班学生成绩表",设置字体为"宋体",字号大小为"14""加粗"。该操作完成后其界面如图 3-2-11 所示。

| | A | B | C | D | E | F | G |
|---|---|---|---|---|---|---|---|
| 1 | | | 301班学生成绩表 | | | | |
| 2 | 姓名 | 高数 | 计算机基础 | 英语 | 体育 | 总分 | 排名 |
| 3 | 张佳 | 95 | 69 | 127 | 95 | | |
| 4 | 王惠 | 69 | 78 | 87 | 88 | | |
| 5 | 李明 | 57 | 73 | 125 | 95 | | |
| 6 | 万国 | 48 | 62 | 128 | 65 | | |
| 7 | 张民 | 79 | 65 | 132 | 84 | | |
| 8 | 杨梅 | 83 | 59 | 116 | 91 | | |
| 9 | 周莹 | 93 | 73 | 114 | 87 | | |
| 10 | 钱立 | 94 | 72 | 105 | 84 | | |

图 3-2-11　编辑中的"学生成绩表"

(4) 制作 A2 单元格的斜线表头:

① 将斜线表头所在的第 2 行的行高设为 30(40 像素);

② 将 A2 单元格对齐方式设为水平方向左对齐,垂直方向靠上对齐,参照图 3-2-5;

③ 设置 A2 单元格从左上角到右下角的斜框线,参照图 3-2-6;

④ 双击 A2 单元格,使光标在其左上角处闪烁,再输入"科目",按"Alt+回车键"进行换行,接着输入"姓名"两字,然后在"科目"两字前输入几个空格将"科目"两字挤到靠近右框线,按回车键即可完成。

(5) 选择 A2:G10 单元格区域,为表格设置所有内外框线,其操作如图 3-2-6 所示。

完成以上操作后,学生成绩表界面如图 3-2-12 所示。

| 科目<br>姓名 | 高数 | 计算机基础 | 英语 | 体育 | 总分 | 排名 |
|---|---|---|---|---|---|---|
| | | 301班学生成绩表 | | | | |
| 张佳 | 95 | 69 | 127 | 95 | | |
| 王惠 | 69 | 78 | 87 | 88 | | |
| 李明 | 57 | 73 | 125 | 95 | | |
| 万国 | 48 | 62 | 128 | 65 | | |
| 张民 | 79 | 65 | 132 | 84 | | |
| 杨梅 | 83 | 59 | 116 | 91 | | |
| 周莹 | 93 | 73 | 114 | 87 | | |
| 钱立 | 94 | 72 | 105 | 84 | | |

图 3-2-12　编辑中的"学生成绩表"

(6) 设置条件格式,使不及格的单元格以红色底纹突出显示。

① 高数、计算机、体育(总分为 100 分,及格分数为 60 分):先选中要求突出显示的单元格区域,然后执行 Excel 的【开始】→【样式】→【条件格式】,在弹出的下拉列表中选"突出显示单元格规则",在对话框里将条件设为:数值小于 60,格式设置为"浅红填充色,深红色文本"。

② D3:D10 区域(总分为 150 分,及格分数为 90 分):与上一操作类似,只不过要将条件设为:单元格数值小于 90。如图 3-2-13 所示。

(7) 单击工具栏上【保存】按钮将文档保存。至此,本次任务所有格式化操作完成,其界面如图 3-2-1 所示。

### 301班学生成绩表

| 科目<br>姓名 | 高数 | 计算机<br>基础 | 英语 | 体育 | 总分 | 排名 |
|---|---|---|---|---|---|---|
| 张佳 | 95 | 69 | 127 | 95 | | |
| 王惠 | 69 | 78 | 87 | 88 | | |
| 李明 | 57 | 73 | 125 | 95 | | |
| 万国 | 48 | 62 | 128 | 65 | | |
| 张民 | 79 | 65 | 132 | 84 | | |
| 杨梅 | 83 | 59 | 116 | 91 | | |
| 周莹 | 93 | 73 | 114 | 87 | | |
| 钱立 | 94 | 72 | 105 | 84 | | |

**小于**

为小于以下值的单元格设置格式:

| 60 | 设置为 | 浅红填充色深红色文本 |
|---|---|---|

确定　　取消

图 3-2-13　设置条件格式

# 3.3 任务三　公式与函数的应用

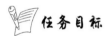

## 任务目标

通过本节内容的学习,在 3.2 任务二所完成的学生成绩表的基础上对工作表完成如下的操作。

(1) 统计出每个学生所有课程的总分。

(2) 根据总分计算出每个学生的成绩排名、等级(总分大于等于 320 分为合格,否则为不合格)。

(3) 相应的格式化操作。

其最终效果如图 3-3-1 所示。

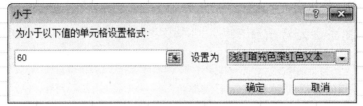

| N9 | | | fx | | | | |
|---|---|---|---|---|---|---|---|
| | A | B | C | D | E | F | G | H |

**301班学生成绩表**

| 科目<br>姓名 | 高数 | 计算机<br>基础 | 英语 | 体育 | 总分 | 排名 | 等级 |
|---|---|---|---|---|---|---|---|
| 张佳 | 95 | 69 | 127 | 95 | 386 | 1 | 合格 |
| 王惠 | 69 | 78 | 87 | 88 | 322 | 7 | 合格 |
| 李明 | 57 | 73 | 125 | 95 | 350 | 5 | 合格 |
| 万国 | 48 | 62 | 128 | 65 | 303 | 8 | 不合格 |
| 张民 | 79 | 65 | 132 | 84 | 360 | 3 | 合格 |
| 杨梅 | 83 | 59 | 116 | 91 | 349 | 6 | 合格 |
| 周莹 | 93 | 73 | 114 | 87 | 367 | 2 | 合格 |
| 钱立 | 94 | 72 | 105 | 84 | 355 | 4 | 合格 |

301班成绩表

图 3-3-1　进行了数据统计后的学生成绩表

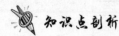任务知识点

- 公式的输入与编辑(包括公式基本结构、公式输入和修改、单元格的引用等)
- 函数的应用(常用函数的用法)

知识点剖析

Excel 除了能进行一般的表格处理外,还具有较强的数据计算能力。可以在 Excel 单元格中使用自编的公式或者使用 Excel 所提供的函数来完成对工作表数据的计算。公式和函数体现了 Excel 的强大计算功能。

### 3.3.1 公式的输入与编辑

**1. 运算符号**

Excel 中的常用的运算符号分成如下三类:

(1) 算术运算符

＋、－、＊(乘)、/(除)、%(百分号)。

(2) 比较运算符

＝(等于)、＜＞(不等于)、＜(小于)、＜＝(小于或等于)、＞(大于)、＞＝(大于或等于)。

(3) 文本连结符

&(连结),即将两个字符串连成一个串。

(4) 引用运算符

引用运算符如表 3-3-1 所示。

表 3-3-1　引用运算符

| 运算符 | 名称 | 功能 |
|---|---|---|
| :(冒号) | 区域运算符 | 产生对包括在两个引用之间的所有单元格的引用 |
| ,(逗号) | 联合运算符 | 将多个引用合并为一个引用 |

例如:公式"＝SUM(C2,C3,C4)"是表示将 C2、C3 和 C4 内的数值相加求得总和。其中 SUM 是求和函数,括号内是函数的参数,3 个单元格之间用联合运算符逗号分开。还可以输入公式"＝SUM(C2:C4)",它是表示对单元格区域从 C2 到 C4 内的数值相加求和。需要注意的是,其中所有的符号必须是英文状态下的符号。

**2. 公式及公式的基本结构**

在 Excel 2010 中,公式指的是由操作数(单元格引用、常数、函数)和运算符组成的表达式,如果表达式合法,可计算出新的值,称为公式的计算结果。公式的计算结果显示在公式所在的单元格里。

在 Excel 2010 中,公式结构总是大同小异的,即以等号(＝)开始,后面加一个或者多个运算码,运算码可以是值、常量、单元格的引用、区域名称或者工作表函数等内容,中间用一个或者多个运算符相连。如:＝C9＊4＋SUM(C10:E15),其中"＝"是公式的开始;"＋""＊"是两个运算符;"C9"是单元格引用、"C10:E15"是单元格区域引用;"SUM"是求和函数,用于对 C10:E15 区域里单元格数值求和。

**3. 自编公式的输入和修改**

在单元格中输入或修改公式,是先选择该单元格,然后从编辑栏中输入或修改公式。按 Enter 键确认输入或修改,按 Esc 键则表示撤消。(注意输入公式前要加"＝")

**4. 单元格的引用**

在编辑公式时常常会引用单元格数据,单元格引用有相对引用、绝对引用、混合引用和跨工作表引用等。

(1)相对引用

单元格地址的相对引用,即为公式的复制,它反映了该地址与引用该址的单元格之间的相对位置关系,当将引用该地址的公式复制到其他单元格时,这种相对位置关系也随之被复制。也就是说,在复制单元格的相对引用地址时,其实际地址将随着公式所在的单元格位置的变化而改变。例如,F2 单元格的公式为:＝A1＋MAX(B1:C2),若将此公式复制到 G4 单元格里,公式将变为:＝B3＋MAX(C3:D4)。

(2)绝对引用

所谓绝对引用地址是指在复制公式时,想让公式引用的单元格位置不变,就要在相对地址的列标与行号前均加一个 $,变为绝对地址。

(3)混合引用

在复制公式时,如果要求行不变但列可变,或者行变但列不变,就要用到混合引用。例如,F7 是相对地址,＄F＄6 是绝对地址,而 ＄F6(列固定,行可变)和 F＄6(列可变,行固定)均是混合地址。

(4)跨工作表引用

跨工作表引用即在一个工作表中引用另一个工作表中的单元格数据。为了便于进行跨工作表引用,单元格的准确地址应该包括工作表名,其形式为:工作表名! 单元格地址。如果单元格是在当前工作表,则前面的工作表名可省略。

### 3.3.2　函数

为了方便用户计算,Excel 2010 里提供了大量的事先定义好的内置公式——函数。

**1. 函数的格式**

在 Excel 2010 中,函数以函数名开头,其后是一对圆括号,括号中是若干个参数,如果有多个参数,两两之间用逗号隔开。参数是函数运算的对象,可以是数字、文本、逻辑值、引用等。

**2. 函数的使用**

(1)如果对所使用的函数很熟悉,直接在单元格或编辑栏里输入即可。

(2)对于求和、求平均、求最大值、求最小值等常用的功能,可单击常用工具栏上的【自动求和】按钮,如图 3-3-2 所示。

(3)执行 Excel 菜单命令【公式】→【插入函数】或单击编辑栏左边的按钮 $f_x$,将弹出如图 3-3-3 所示的"插入函数"对话框,然后在该对话框中选择要插入的函数。

**3. 常用的函数**

(1)求和函数:SUM()

格式:SUM(参数 1,参数 2,…)

图 3-3-2　【自动求和】按钮

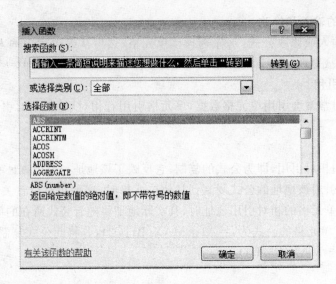

图 3-3-3 "插入函数"对话框

功能:求各参数的和。参数可以是数值或含有数值的单元格引用。至多包含 30 个参数。

(2) 求平均值函数:AVERAGE()

格式:AVERAGE(参数 1,参数 2,…)

功能:求各参数的平均值。参数可以是数值或含有数值的单元格引用。

(3) 求最大值函数:MAX()

格式:MAX(参数 1,参数 2,…)

功能:求各参数中的最大值。

(4) 求最小值函数:MIN()

格式:MIN(参数 1,参数 2,…)

功能:求各参数中的最小值。

(5) 计数函数:COUNT()

格式:COUNT(参数 1,参数 2,…)

功能:求各参数中数值型参数和包含数值的单元格个数。参数类型不限。

例如,"=COUNT(99,C5:C8,"Oracle")",若 C5:C8 中存放的全是数值,则函数的结果是 5(C5:C8 中有 4 个数值,加上"99"这个参数 1 个数值,共 5 个)。若 C5:C8 中只有一个单元格存放的是数值,则结果为 2。

(6) 条件判断函数:IF()

格式:IF(条件表达式,值 1,值 2)

功能:如果条件表达式为真,则结果取值 1,否则,结果取值 2。

(7) 条件计数函数:COUNTIF()

格式:COUNTIF(单元格区域,条件式)

功能:计算单元格区域内满足条件的单元格的个数。

(8) 排名次函数:RANK()

格式:RANK(待排序的数据,数据区域,升降序)

功能:计算某数据在数据区域内相对其他数据的大小排位。

说明:升降序参数用 0 或忽略表示降序,非 0 值表示升序。

（9）取整函数：INT（）

格式：INT（数值参数）

功能：取不大于数值参数的最大整数。如 INT（14.78）＝14，INT（－14.78）＝－15。

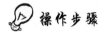 操作步骤

本次任务是在任务二的基础上对成绩表进行一些数据统计工作，制作出如图 3-3-1 所示的效果来。其操作步骤如下。

（1）打开任务二里所制作的成绩表，执行 Excel 菜单命令【文件】→【另存为】，将其文件名改为"任务三公式与函数"后保存。

（2）对学生成绩表添加列并进行相应格式设置。

① 添加列：在 H2 单元格输入"等级"，并加相应边框。

② 将成绩表标题"301 班学生成绩表"的合并区域由 A1:H1 扩充至 A1:I1，其方法如下：先选中 A1:H1 单元格区域，再单击格式工具栏上【合并后居中】按钮两次即可（单击第一次撤消原来的合并，再单击一次进行重新合并）。

（3）计算每个学生各科课程总分：在 F3 单元格输入公式：＝sum（B3:E3），按回车，这时 Excel 将自动计算出公式的结果为 386，并将 386 显示在 F3 单元格里。再单击选中 F3 单元格，将鼠标移到填充柄上（位于单元格的右下角），当鼠标指针变成黑色十字形时，按住鼠标左键拖曳至 F10 单元格，将 F3 里的公式复制到填充区域里的其他单元格（注意：公式复制填充到其他单元格时，相对地址引用发生了变化）。如图 3-3-4 所示。

| | J8 | | | $f_x$ | | | | |
|---|---|---|---|---|---|---|---|---|
| | A | B | C | D | E | F | G | H |
| 1 | | | | 301班学生成绩表 | | | | |
| 2 | 科目＼姓名 | 高数 | 计算机基础 | 英语 | 体育 | 总分 | 排名 | 等级 |
| 3 | 张佳 | 95 | 69 | 127 | 95 | 386 | | |
| 4 | 王惠 | 69 | 78 | 87 | 88 | 322 | | |
| 5 | 李明 | 57 | 73 | 125 | 95 | 350 | | |
| 6 | 万国 | 48 | 62 | 128 | 65 | 303 | | |
| 7 | 张民 | 79 | 65 | 132 | 84 | 360 | | |
| 8 | 杨梅 | 83 | 59 | 116 | 91 | 349 | | |
| 9 | 周莹 | 93 | 73 | 114 | 87 | 367 | | |
| 10 | 钱立 | 94 | 72 | 105 | 84 | 355 | | |
| 11 | | | | | | | | |

图 3-3-4　编辑中的学生成绩表

（4）计算排名操作如下。

① 选中 G3 单元格，单击编辑栏左边"插入函数"按钮，将弹出插入函数对话框，在"选择类别"下拉列表框里选择"统计"，然后在"选择函数"列表框里选择 RANK 函数。单击"确定"按钮，将弹出"函数参数"对话框，因为 RANK 函数有三个参数，所以该对话框中显示有三个文本框，分别在 Number 文本框输入"F3"（或当 Number 文本框获得光标时，直接单击 F3 单元格），选中 Ref 文本框在单元格上 F3 按下左键不放一直拖曳到 F10 松开在 Ref 文本框输入了"总分"序列，在 Order 文本框中输入"0"，如图 3-3-5 所示。单击"确定"按钮关闭对话框，这时 Excel 自动计算出函数值为 1，并将 1 显示在 G3 单元格。

② 再单击选中 G3 单元格，将鼠标移到填充柄上（位于单元格的右下角），当鼠标指针变成黑色十字形时，按住鼠标左键拖曳至 G10 单元格，将 G3 里的公式复制到填充区域里的其他单

元格(注意:公式复制填充到其他单元格时,相对地址引用发生了变化,而绝对地址引用并未发生变化)。如图 3-3-6 所示。

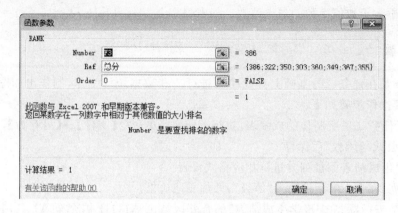

图 3-3-5 "函数参数"对话框

## 301班学生成绩表

| 科目 姓名 | 高数 | 计算机基础 | 英语 | 体育 | 总分 | 排名 | 等级 |
|---|---|---|---|---|---|---|---|
| 张佳 | 95 | 69 | 127 | 95 | 386 | 1 | |
| 王惠 | 69 | 78 | 87 | 88 | 322 | 7 | |
| 李明 | 57 | 73 | 125 | 95 | 350 | 5 | |
| 万国 | 48 | 62 | 128 | 65 | 303 | 8 | |
| 张民 | 79 | 65 | 132 | 84 | 360 | 3 | |
| 杨梅 | 83 | 59 | 116 | 91 | 349 | 6 | |
| 周莹 | 93 | 73 | 114 | 87 | 367 | 2 | |
| 钱立 | 94 | 72 | 105 | 84 | 355 | 4 | |

图 3-3-6 编辑中的学生成绩表

(5)计算是否合格操作如下。

在 H3 单元格输入公式:=IF(G3>320,"合格","不合格"),按回车键,这时 Excel 将自动计算出公式的结果为合格,并将合格显示在 H3 单元格里。再单击选中 H3 单元格,用鼠标左键拖曳法,将 H3 单元格里的公式复制填充到 H4:H10 的其他单元格。如图 3-3-7 所示。也可直接单击编辑栏左边"插入函数"按钮,然后在"选择函数"列表框里选择 IF 函数。

| H3 | | =IF(F3)=320,"合格","不合格") | | | | | |
|---|---|---|---|---|---|---|---|

## 301班学生成绩表

| 科目 姓名 | 高数 | 计算机基础 | 英语 | 体育 | 总分 | 排名 | 等级 |
|---|---|---|---|---|---|---|---|
| 张佳 | 95 | 69 | 127 | 95 | 386 | 1 | 合格 |
| 王惠 | 69 | 78 | 87 | 88 | 322 | 7 | 合格 |
| 李明 | 57 | 73 | 125 | 95 | 350 | 5 | 合格 |
| 万国 | 48 | 62 | 128 | 65 | 303 | 8 | 不合格 |
| 张民 | 79 | 65 | 132 | 84 | 360 | 3 | 合格 |
| 杨梅 | 83 | 59 | 116 | 91 | 349 | 6 | 合格 |
| 周莹 | 93 | 73 | 114 | 87 | 367 | 2 | 合格 |
| 钱立 | 94 | 72 | 105 | 84 | 355 | 4 | 合格 |

图 3-3-7 编辑中的学生成绩表

（6）单击常用工具栏上的【保存】按钮将成绩表保存。至此，本次任务所有格式化操作完成，其界面如图 3-3-1 所示。

# 3.4 任务四　使用图表

## 任务目标

通过本节内容的学习，完成如图 3-4-1 所示的图表的制作。

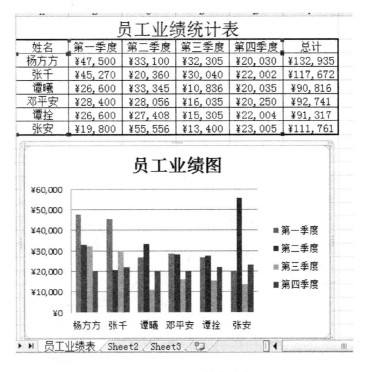

图 3-4-1　员工业绩统计表

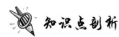

## 任务知识点

- 认识图表
- 图表的创建方法
- 图表的编辑及格式化

## 知识点剖析

如果将工作表中的数据以图表的形式展示出来，将使得数据显示更加直观，加深人们的记忆，同时也会使数据更易于让人理解和接受。Excel 2010 能十分方便地将工作表数据转换为图表形式，并且由于系统自带了许多图表类型，用户在进行相应的选择创建图表后，还可以设置图表布局。

### 3.4.1 认识图表

一般情况下,显示在 Excel 工作表上的图表主要包括图表区,而图表区又由图表标题、绘图区、图例、分类轴、分类轴标题、数值轴、数值轴标题、数值轴主要网格线等部分组成。当鼠标指针移至图表的各个不同组成部分时,系统就会自动地弹出与该部分对应的名称。如图 3-4-2 所示。

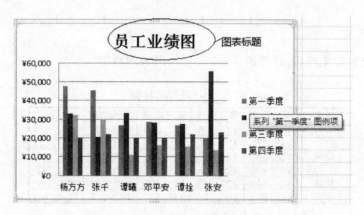

图 3-4-2 图表的各组成部分

### 3.4.2 创建图表

执行 Excel 菜单命令【插入】→【图表】选择所需要的图,选择柱形图,如图 3-4-3 所示。

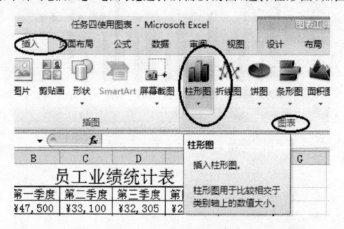

图 3-4-3 插入柱形图

### 3.4.3 图表的编辑

图表建立好之后,用户还可以对它进行修改,如图表的大小、类型或数据系列。值得注意的是,图表与建立它的工作表数据之间建立了动态链接关系。当改变工作表中数据时,图表会随之更新;反之,当拖动图表上的结点而改变图表时,工作表中的数据也会动态发生变化。

**1. 更改图表类型**

若对在图表向导的第一步所选择的图表类型不满意,还可以进行修改,右击,在下拉菜单里选择"更改系列图表类型",在弹出的更改图表类型对话框中选择所需的合适类型,如

图 3-4-4 所示。

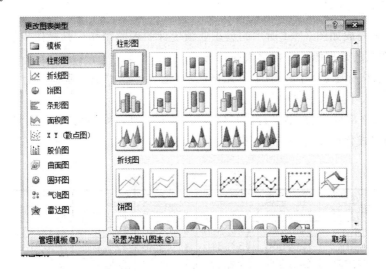

图 3-4-4 "更改图表类型"对话框

**2. 更改图表数据**

因为图表与建立它的工作表数据之间有动态链接关系,所以绝大多数情况下是通过直接更改工作表数据来更新图表数据的。

**3. 更改图表位置**

选中要调整大小的图表,调整图表上的 8 个控制点可改变图表的大小,或在图表上按下左键不放可进行图表的移动。

**4. 图表的格式化**

图表的格式化是指对图表对象进行格式设置,包括字体、字号、图案、颜色等设置。

设置图表对象的格式为,双击待格式化的对象,在弹出的对话框"设置图表区格式"里进行相应设置,如图 3-4-5 所示。

图 3-4-5 "设置图表区格式"对话框

本次任务是完成如图 3-4-1 所示的员工业绩统计图表的制作。其操作步骤如下。

**1. 制作图表的数据源——数据表格部分**

(1) 制作表格标题:合并 A1:F1 单元格区域,输入标题:"员工业绩统计表",字体设置为"宋体","18 号"大小,"水平居中"。

(2) 制作表格部分:先在第二行做好列标头,共有 6 列,然后再到其他行输入相应数据,最后进行适当的格式化操作。如图 3-4-6 所示。

### 员工业绩统计表

| 姓名 | 第一季度 | 第二季度 | 第三季度 | 第四季度 | 总计 |
|---|---|---|---|---|---|
| 杨方方 | ¥47,500 | ¥33,100 | ¥32,305 | ¥20,030 | ¥132,935 |
| 张千 | ¥45,270 | ¥20,360 | ¥30,040 | ¥22,002 | ¥117,672 |
| 谭曦 | ¥26,600 | ¥33,345 | ¥10,836 | ¥20,035 | ¥90,816 |
| 邓平安 | ¥28,400 | ¥28,056 | ¥16,035 | ¥20,250 | ¥92,741 |
| 谭拴 | ¥26,600 | ¥27,408 | ¥15,305 | ¥22,004 | ¥91,317 |
| 张安 | ¥19,800 | ¥55,556 | ¥13,400 | ¥23,005 | ¥111,761 |

图 3-4-6　图表的数据源——数据表格部分

**2. 制作图表**

(1) 选中 A2:E8 单元格执行 Excel 菜单命令【插入】→【图表】,选择柱形图中的二维柱形图,如图 3-4-7 所示。

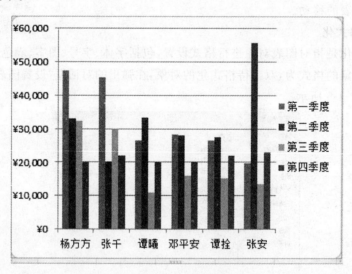

图 3-4-7　二维柱形图

(2) 为图表加上标题。

选中生成的柱形图,在【图表工具】→【图表布局】选择布局 1,如图 3-4-8 所示。

在出现的图表标题的文本框中双击,输入"员工业绩图"的标题,如图 3-4-9 所示。

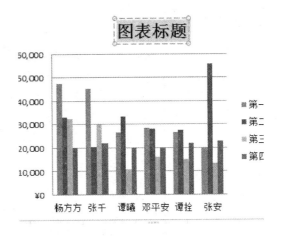

图 3-4-8　为图表加标题　　　　　　　　图 3-4-9　输入标题

（3）单击常用工具栏上【保存】按钮将工作簿保存。至此,本次任务所有操作完成,其界面如图 3-4-1 所示。

# 3.5 任务五　数据管理与分析

 **任务目标**

通过本节内容的学习,完成如下操作任务。

（1）制作出一个学生公共选修课成绩表,按"专业"字段进行排序,并设置数据筛选,如图 3-5-1 所示。

| 学生公共选修课成绩表 | | | | |
|---|---|---|---|---|
| 姓名 | 专业 | 课程 | 分数 | 是否及格 |
| 李兴 | 电子商务 | 网页设计与制作 | 94 | 合格 |
| 祝新建 | 电子商务 | 摄影基础 | 95 | 合格 |
| 万国惠 | 电子商务 | 网页设计与制作 | 78 | 合格 |
| 王惠 | 电子商务 | 图形图像处理 | 67 | 合格 |
| 李明慧 | 广告设计 | flash动画设计与制作 | 69 | 合格 |
| 马大可 | 广告设计 | 网页设计与制作 | 39 | 不合格 |
| 张可心 | 广告设计 | 图形图像处理 | 84 | 合格 |
| 周莹 | 会计电算化 | 摄影基础 | 57 | 不合格 |
| 张金宝 | 会计电算化 | 网页设计与制作 | 91 | 合格 |
| 赵建民 | 会计电算化 | 摄影基础 | 88 | 合格 |
| 郭亮 | 会计电算化 | 网页设计与制作 | 76 | 合格 |
| 喜晶 | 机电一体化 | 摄影基础 | 73 | 合格 |
| 张志奎 | 机电一体化 | 图形图像处理 | 95 | 合格 |
| 张学民 | 机电一体化 | 图形图像处理 | 73 | 合格 |
| 杨梅 | 机电一体化 | flash动画设计与制作 | 48 | 不合格 |
| 张大全 | 机电一体化 | flash动画设计与制作 | 46 | 不合格 |
| 张佳 | 商务英语 | 图形图像处理 | 84 | 合格 |
| 钱屹立 | 商务英语 | flash动画设计与制作 | 52 | 不合格 |
| 郭亮 | 商务英语 | flash动画设计与制作 | 65 | 合格 |
| 黄东 | 商务英语 | flash动画设计与制作 | 89 | 合格 |

注：每个学生限选1门选修课程

图 3-5-1　学生公共选修课成绩表

（2）复制学生公共选修课成绩表，并按"课程"进行分类汇总（平均分数），如图 3-5-2 所示。

| 1 | | | 学生公共选修课成绩表 | | |
|---|---|---|---|---|---|
| 2 | 姓名 ▼ | 专业 ▼ | 课程 ▼ | 分数 ▼ | 是否及格 ▼ |
| 3 | 李明慧 | 广告设计 | flash动画设计与制作 | 69 | 合格 |
| 4 | 杨梅 | 机电一体化 | flash动画设计与制作 | 48 | 不合格 |
| 5 | 张大全 | 机电一体化 | flash动画设计与制作 | 46 | 不合格 |
| 6 | 钱屹立 | 商务英语 | flash动画设计与制作 | 52 | 不合格 |
| 7 | 郭亮 | 商务英语 | flash动画设计与制作 | 65 | 合格 |
| 8 | 黄东 | 商务英语 | flash动画设计与制作 | 89 | 合格 |
| 9 | | | flash动画设计与制作 | 61.5 | |
| 10 | 祝新建 | 电子商务 | 摄影基础 | 95 | 合格 |
| 11 | 周莹 | 会计电算化 | 摄影基础 | 57 | 不合格 |
| 12 | 赵建民 | 会计电算化 | 摄影基础 | 88 | 合格 |
| 13 | 喜晶 | 机电一体化 | 摄影基础 | 73 | 合格 |
| 14 | | | 摄影基础 平均值 | 78.25 | |
| 15 | 王惠 | 电子商务 | 图形图像处理 | 67 | 合格 |
| 16 | 张可心 | 广告设计 | 图形图像处理 | 84 | 合格 |
| 17 | 张志奎 | 机电一体化 | 图形图像处理 | 95 | 合格 |
| 18 | 张学民 | 机电一体化 | 图形图像处理 | 73 | 合格 |
| 19 | 张佳 | 商务英语 | 图形图像处理 | 84 | 合格 |
| 20 | | | 图形图像处理 平均值 | 80.6 | |
| 21 | 李兴 | 电子商务 | 网页设计与制作 | 94 | 合格 |
| 22 | 万国惠 | 电子商务 | 网页设计与制作 | 78 | 合格 |
| 23 | 马大可 | 广告设计 | 网页设计与制作 | 39 | 不合格 |
| 24 | 张金宝 | 会计电算化 | 网页设计与制作 | 91 | 合格 |
| 25 | 郭亮 | 会计电算化 | 网页设计与制作 | 76 | 合格 |
| 26 | | | 网页设计与制作 平均值 | 75.6 | |
| 27 | | | 总计平均值 | 73.15 | |
| 28 | 注：每个学生限选1门选修课程 | | | | |

图 3-5-2　按"课程"分类汇总的学生公共选修课成绩表

（3）制作出学生成绩明细表，如图 3-5-3 所示。

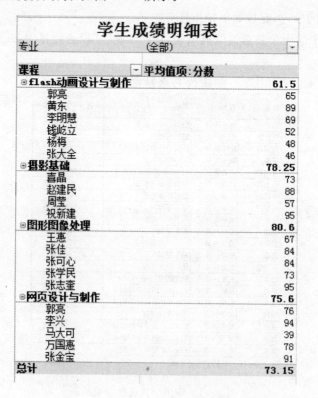

图 3-5-3　学生公共选修课成绩明细表

任务知识点

- 数据清单的概念
- 数据排序
- 数据筛选
- 分类汇总
- 数据透视表

知识点剖析

数据管理与分析是指对 Excel 工作表中的数据分析、加工和应用的相关操作。主要有排序、筛选、分类汇总、查询等功能。

### 3.5.1　数据清单的概念

在 Excel 中，数据库是作为一个数据清单来看待的。我们可以理解数据清单就是数据库。在一个数据库中，信息是按记录存储的，每个记录中包括信息内容的各项，称为字段。例如，图 3-5-4 所示的就是一个典型的数据清单，每个学生信息就是一个记录，它由字段组成，其中包含了姓名、专业、课程等字段，第 1 行是字段行，第 1 行下面的各行是数据行，也称为记录。

| 姓名 | 专业 | 课程 | 分数 | 是否及格 |
| --- | --- | --- | --- | --- |
| 李兴 | 电子商务 | 网页设计与制作 | 94 | 合格 |
| 祝新建 | 电子商务 | 摄影基础 | 95 | 合格 |
| 万国惠 | 电子商务 | 网页设计与制作 | 78 | 合格 |
| 王惠 | 电子商务 | 图形图像处理 | 67 | 合格 |
| 李明慧 | 广告设计 | flash动画设计与制作 | 69 | 合格 |
| 马大可 | 广告设计 | 网页设计与制作 | 39 | 不合格 |
| 张可心 | 广告设计 | 图形图像处理 | 84 | 合格 |
| 周莹 | 会计电算化 | 摄影基础 | 57 | 不合格 |
| 张金宝 | 会计电算化 | 网页设计与制作 | 91 | 合格 |

图 3-5-4　学生公选课成绩数据清单

### 3.5.2　数据排序

在数据清单中，针对某些列的数据，可以用数据菜单中排序命令来重新组织行的顺序。可以选择数据和选择排序次序，或建立和使用一个自定义排序次序。排序所依据的字段称为"关键字"，最多可以有 3 个"关键字"，依次称为"主要关键字""次要关键字""第三关键字"。

先根据主要关键字进行排序，若遇到某些行其主要关键字的值相同而无法区分它们的顺序时，再根据次要关键字的值进行区分，若还相同，则根据第三关键字区分。三个关键字都相同时就只好按其行号大小进行区别了。

当关键字的值是文本型时，对于英文字母、数字、英文标点即所谓的"ASCII 字符"，按其 ASCII 码的值区分大小，即：标点符号<0<1<2<…<A<…<Z<…<a<…<z；对于汉字，则按其在字典中的顺序，一般为其拼音的字母顺序，也可以按其笔画顺序进行排序。对于日期

型数据,越早的日期越小。

选择整个数据清单的单元格区域,执行 Excel 菜单命令【数据】→【排序】,打开"排序"对话框,在该对话框中设置关键字字段和升降序,即可实现对数据清单的排序。如图 3-5-5 所示。

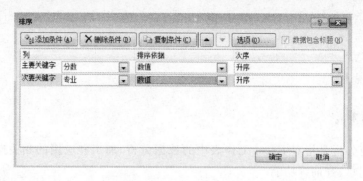

图 3-5-5 "排序"对话框

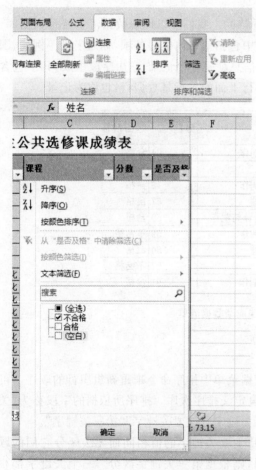

图 3-5-6 "自动筛选"对话框

### 3.5.3 数据筛选

可以利用"数据"菜单中的"筛选"命令对清单中的指定数据进行查找和其他工作。一个经筛选的清单仅显示那些包含了某一特定值或符合一组条件的和,暂时隐藏其他行。Excel 中有"自动筛选""自定义筛选"和"高级筛选"。这里介绍最常用的"自动筛选"和"自定义筛选"。

#### 1. 自动筛选

自动筛选提供了快速访问数据的功能,通过简单的操作,用户就可以筛选出那些满足条件的数据记录。

例如,对于前面例子中的学生成绩数据清单(图 3-5-4),如果只想筛选出商务英语专业的学生成绩记录,或只筛选出分数最高的前面 10 个学生成绩记录,可以使用自动筛选功能,其操作如下。

选择整个数据清单的单元格区域,执行 Excel 菜单命令【数据】→【筛选】,数据清单的字段行的每个单元格右下角出现黑色小三角按钮,单击它即可出现下拉菜单,如图 3-5-6 所示。

若单击"是否及格"字段的小三角按钮,在下拉菜单中选择"不合格",即可在数据清单中筛选出不合格的记录。

#### 2. 自定义筛选

上面介绍的自动筛选方法功能十分有限。在自动筛选中还可以自定义筛选条件,这样就扩展了筛选的范围。下面介绍自定义筛选的操作方法。例如,筛选出分数在 65 至 80 之间的成绩记录,操作如下。

(1) 选择整个数据清单的单元格区域,执行 Excel 菜单命令【数据】→【筛选】。

(2) 单击"分数"字段的小三角按钮,在下拉菜单中选择"数字筛选",打开如图 3-5-7 所示的对话框,在该对话框里设置条件,一个条件是大于 90,如图 3-5-8 所示。

图 3-5-7　"数字筛选"对话框

图 3-5-8　"自定义自动筛选方式"对话框

### 3.5.4　分类汇总

分类汇总是对数据清单中指定的字段进行分类,然后统计同一类记录的相关信息。使用分类汇总不但可以统计同一类记录条数,还可以对一系列数据进行求和,求平均值等。

"分类汇总"的操作步骤如下。

(1) 先对数据清单里的记录按分类字段进行排序,排序后相同的记录被排在一起,即进行了"分类"。

(2) 选择整个数据清单的单元格区域,执行 Excel 菜单命令【数据】→【分类汇总】。

(3) 在弹出的"分类汇总"对话框里进行相应设置。

例如,图 3-5-9 所示的是把学生成绩数据清单的记录按"课程"字段进行分类后对分数进行求平均的汇总操作。操作完毕后,数据清单如图 3-5-2 所示。

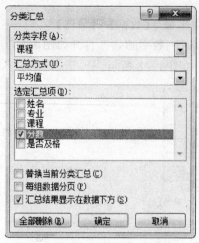

图 3-5-9　"分类汇总"对话框

"分类汇总"对话框里有三个复选框和"全部删除"按钮,其含义如下。

(1)"全部删除"按钮:将已经做好的分类汇总全部除去。

(2)"替换当前分类汇总"复选框:如果之前已进行分类汇总,选择它则可用当前汇总替换它,否则会保存原有的分类汇总,这样每汇总一次,其新结果均显示在工作表中,利用这点,可在工作表中同时体现多种汇总结果。

(3)"每组数据分页"复选框:若选择它,则每一类(组)占据一页,在打印时每组数据单独印在一页,便于装订与发放。

(4)"汇总结果显示在数据下方"复选框:若不选它,则汇总结果显示在数据的上方,与习惯不符。

### 3.5.5　数据透视表

数据透视表是用于快速汇总大量数据和建立交叉列表的交互式表格,将数据转化成有意义的信息。用户可以调整其行或列以查看对源数据的不同汇总,还可以通过显示不同的页来筛选数据。

例如,针对如下问题:

统计出指定的任意专业的任意课程的平均分。

该问题可以用数据透视表来解决,图 3-5-3 所示的透视表就统计出了广告设计、会计电算化、机电一体化、商务英语四个专业的学生所有选修课程的平均分,以交叉视图的形式显示。

透视表需要设置数据源、页字段、行字段、列字段、数据项。在此例中,透视表的数据源是前面例子中的学生公选课成绩数据清单,页字段是"专业",行字段是"课程",列字段是"姓名"。其详细操作步骤请参见本节"操作步骤"部分,建立的透视表如图 3-5-3 所示。

 操作步骤

本次任务是制作出一个有关管理学生选修课成绩的 Excel 工作簿文件,该文件里有三个工作表,分别是"学生公选课成绩表""学生公选课成绩表(按年级分类汇总)""透视表",如图 3-5-1、3-5-2、3-5-3 所示。

新建空白工作簿,将"Sheet1""Sheet2"工作表分别重命名为"学生公选课成绩表""学生公选课成绩表(按年级分类汇总)"。

**1. 制作"学生公选课成绩表"**

(1)合并 A1:G1 单元格区域,输入:"学生公共选修课成绩表",字体设为"楷体_GB2312",字号大小为"16","加粗"显示。

(2)在第 2 行输入数据清单字段行,字号大小设为"10","加粗",单元格设置为灰色底纹,所有框线。如图 3-5-10 所示。

| 学生公共选修课成绩表 | | | | |
| --- | --- | --- | --- | --- |
| 姓名 | 专业 | 课程 | 分数 | 是否及格 |

图 3-5-10 成绩表标题和字段行

（3）在第 3 行到第 22 行依次输入 20 条记录。A3:G22 单元格区域（即数据记录所占用区域）格式设为：字号大小为"10"，所有框线。

（4）设置排序：选择数据清单区域（A2:G22），执行 Excel 菜单命令【数据】→【排序】，打开"排序对话框"，在该对话框中设置主要关键字为"分数"，次要关键字为"专业"，如图 3-5-11 所示。

图 3-5-11 按"分数""专业"排序

（5）设置自动筛选：选择整个数据清单的单元格区域，执行 Excel 菜单命令【数据】→【筛选】。至此，表格如图 3-5-2 所示。

（6）合并 A23:G23，输入"注：每个学生限选 1 门选修课程"，设置右对齐。如图 3-5-1 所示。

**2. 制作"学生公选课成绩表（按课程分类汇总）"**

（1）复制操作：将"学生公选课成绩表"工作表里的表格内容全部复制到"学生公选课成绩表（按年级分类汇总）"工作表中，适当调整部分列的宽度。

（2）分类汇总：选择数据清单区域（A2:G22），因为此时数据清单已经按"课程"字段进行排序了，所以直接执行菜单命令【数据】→【分类汇总】，在"分类汇总"对话框里，将分类字段设为"课程"，汇总方式设为"平均值"，选定汇总项设为"分数"，单击"确定"按钮。此操作后表格如图 3-5-9 所示。

**3. 制作"透视表"**

（1）单击"学生公选课成绩表"工作表标签回到第一工作表，执行菜单命令【插入】→【数据透视表】，如图 3-5-12 所示。

（2）用鼠标拖曳选定"学生公选课成绩表"工作表的 A2:G22 区域（即数据清单区），则在"选择一个表或区域"文本框中自动生成区域引用"学生公选课成绩表！＄A＄2:＄G＄22"。

（3）在"数据透视表字段列表"对话框中设置透视表的页字段、行字段、列字段和数据项，如图 3-5-13 所示。

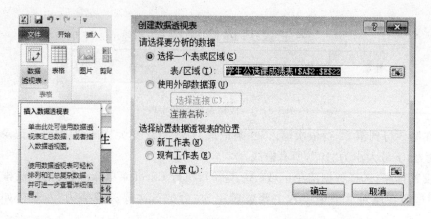

图 3-5-12　"创建数据透视表"对话框

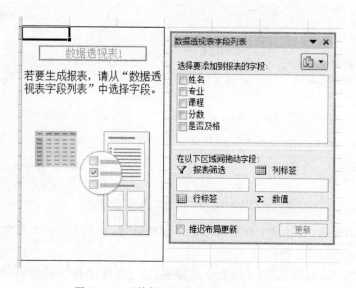

图 3-5-13　"数据透视表字段列表"对话框

（4）选择"课程"，然后右击，在弹出的菜单中选择"添加到行标签"。同样，设置"姓名"为行标签。再选择"分数"，然后右击，在弹出的菜单中选择"添加到值"，并在"数值"中选择"平均值"，如图 3-5-14 所示。

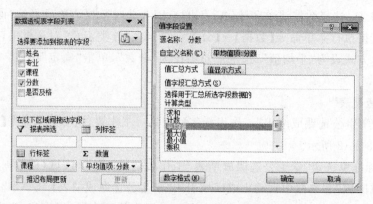

图 3-5-14　"值字段设置"对话框

（5）选中"专业"字段，然后右击，在弹出的菜单中选择"添加到报表筛选"，如图 3-5-15 所示，建立了页标签。关闭"数据透视表字段列表"对话框，完成布局。

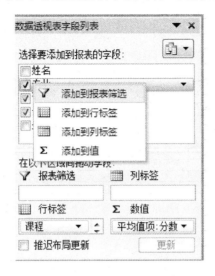

图 3-5-15　"数据透视表字段列表"对话框

（6）另外，可以选择"数据透视表工具"中的"设计"透视表进行外观的修改，如图 3-5-16。

图 3-5-16　数据透视表外观修改

（7）单击常用工具栏上【保存】按钮将工作簿保存。至此，本次任务所有操作完成，三个工作表的界面如图 3-5-1、图 3-5-2、图 3-5-3 所示。

# 3.6 任务六　页面设置与打印

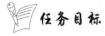 任务目标

通过本节内容的学习，在 3.3 任务三所完成的学生成绩表的基础上对工作表进行相关的页面设置操作，使最后打印出来的效果如图 3-6-1 所示。

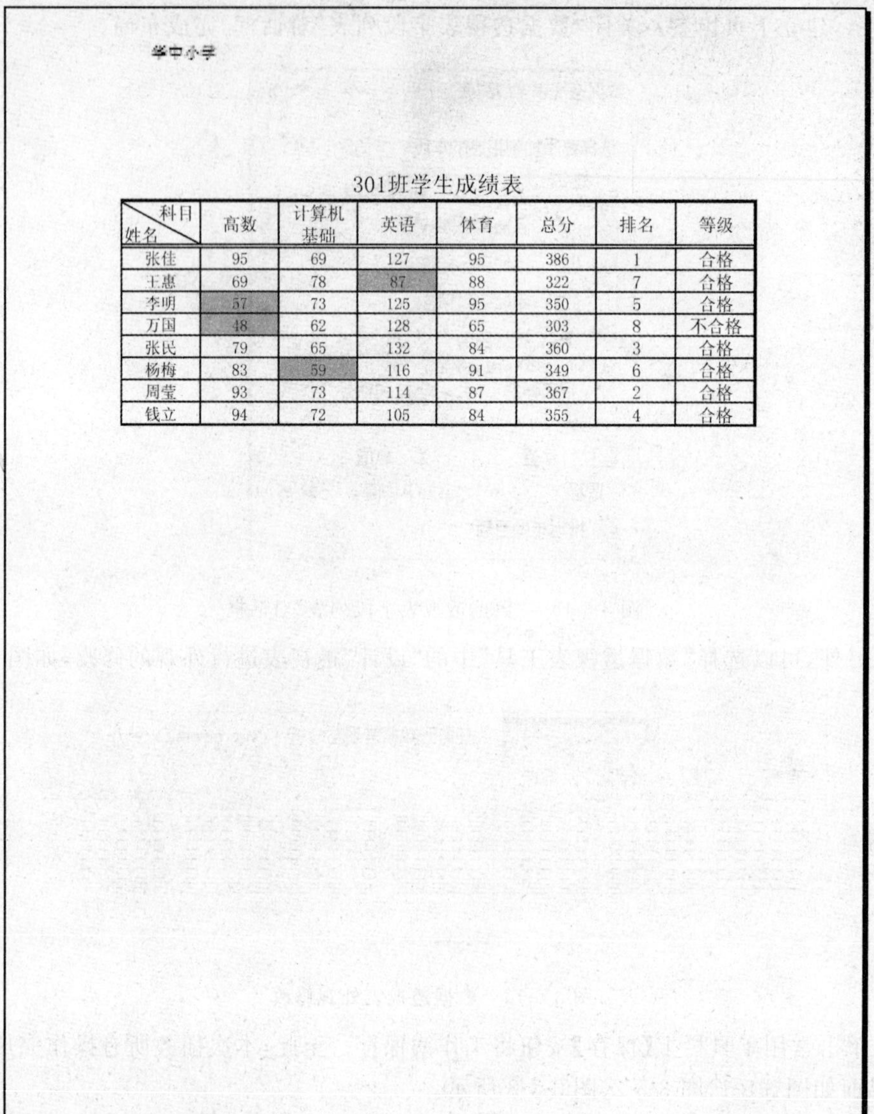

华中小学

### 301班学生成绩表

| 科目\姓名 | 高数 | 计算机基础 | 英语 | 体育 | 总分 | 排名 | 等级 |
|---|---|---|---|---|---|---|---|
| 张佳 | 95 | 69 | 127 | 95 | 386 | 1 | 合格 |
| 王惠 | 69 | 78 | 87 | 88 | 322 | 7 | 合格 |
| 李明 | 57 | 73 | 125 | 95 | 350 | 5 | 合格 |
| 万国 | 48 | 62 | 128 | 65 | 303 | 8 | 不合格 |
| 张民 | 79 | 65 | 132 | 84 | 360 | 3 | 合格 |
| 杨梅 | 83 | 59 | 116 | 91 | 349 | 6 | 合格 |
| 周莹 | 93 | 73 | 114 | 87 | 367 | 2 | 合格 |
| 钱立 | 94 | 72 | 105 | 84 | 355 | 4 | 合格 |

张三                          2015/4/4                          1

图 3-6-1 "学生成绩表"最终打印效果

## 任务知识点

- 页面设置
- 人工分页
- 打印预览
- 打印

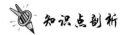

### 3.6.1　页面设置

要将工作簿里的内容通过打印机打印出来，首先要进行页面设置，然后再进行预览。如果预览效果不满意，再进行页面设置，直到满意后，再进行实际打印操作。

执行菜单命令【页面布局】，弹出"页面设置"对话框。"页面设置"对话框共有 4 个选项卡，分别是"页面""页边距""页眉/页脚""工作表"，各选项卡中的内容如图 3-6-2、图 3-6-3、图 3-6-4、图 3-6-5 所示。

图 3-6-2　"页面设置"对话框的"页面"选项卡

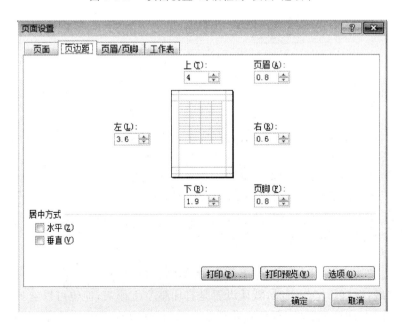

图 3-6-3　"页面设置"对话框的"页边距"选项卡

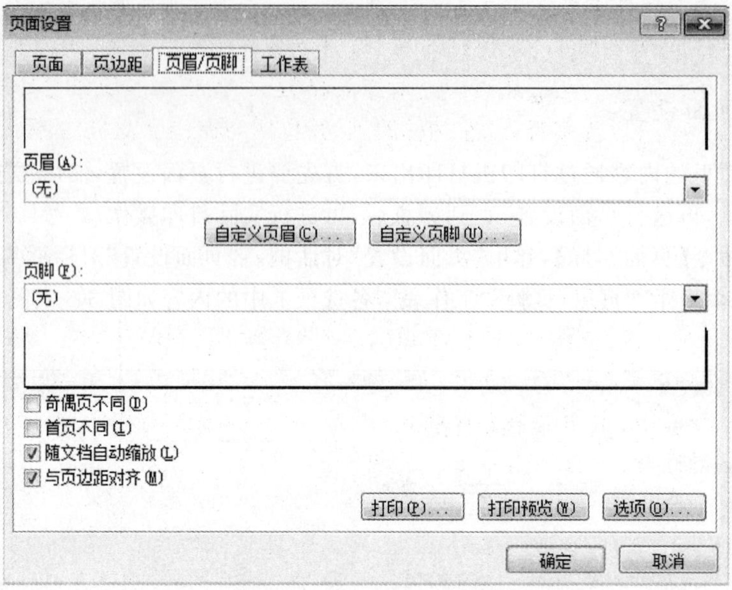

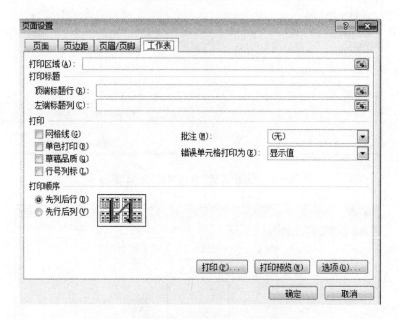

图 3-6-4　"页面设置"对话框的"页眉/页脚"选项卡

图 3-6-5　"页面设置"对话框的"工作表"选项卡

(1)"页面"选项卡:在该选项卡上可以设置纸张方向、大小、缩放等属性。

(2)"页边距"选项卡:用于设置打印内容与纸张边界大小之间的距离。"水平居中"和"垂直居中"可以让工作表打印在纸张的中间。

(3)"页眉/页脚"选项卡:用于设置打印页面的页眉和页脚的内容,并提供了十几种预设的页眉和页脚的格式。

(4)"工作表"选项卡:用于对工作表的打印选项进行设置。

① 打印区域:在打印工作表时,默认设置是打印整个工作表,但也可以选择其中的一部分进行打印。单击"打印区域"文本框使它获得焦点,鼠标拖曳选择要打印的区域,则在该文本框

内自动生成打印区域的引用。

② 打印标题："顶端标题行"是指打印在"每页纸的顶端作为标题的行"的内容,例如此处输入"＄1：＄1",表示第 1 行为标题行。这对于表格较大、需要用多页纸打印时才有用。作为"顶端标题行"的内容可以为多行。"左端标题列"其作用与操作设置"顶端标题行"相类似。

### 3.6.2　人工分页

Excel 2010 能根据工作表内容和纸张大小、边距等进行自动分页,当前页如果不能放置后面的内容时,Excel 2010 会自动给出新的一页。当然,也可以人工进行分页。执行菜单命令【页面布局】→【分隔符】→【插入分页符】,分页符被插入到工作表中,工作表中会在插入分页符的地方显示虚线条,用以指示分页。如图 3-6-6 所示。

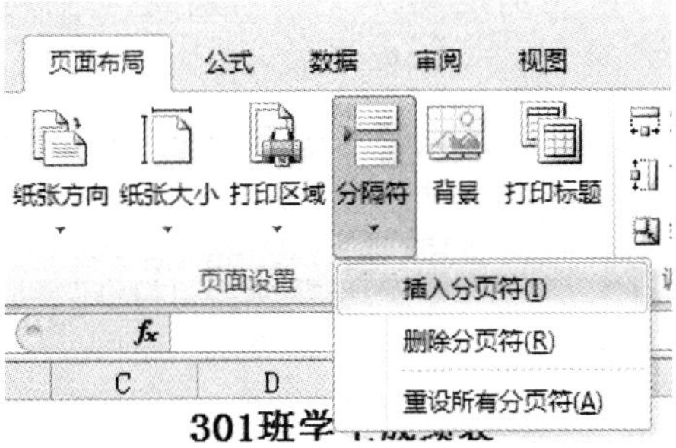

### 3.6.3　打印预览

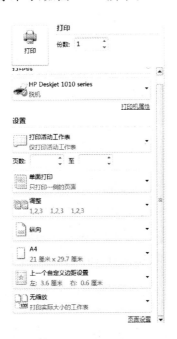

图 3-6-6　人工分页

对要打印的工作表进行页面设置之后,可以通过"打印预览"观察打印效果。执行菜单命令【文件】→【打印】,在右边窗口会显示打印的效果。

### 3.6.4　打印

执行菜单命令【文件】→【打印】,在打印的下拉菜单中可以对打印的纸张、方向、份数等进行设置,设置好后单击"打印"图标即可,如图 3-6-7 所示。

图 3-6-7　打印设置

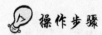 操作步骤

本次任务是对工作表进行相关的页面设置操作,制作出如图 3-6-1 所示的效果来。其操作步骤如下。

(1) 制作的学生成绩表,如图 3-6-1 所示。

(2) 执行菜单命令【页面布局】,弹出"页面设置"对话框。在"页边距"选项卡中设置上、下、左、右边距,如图 3-6-3 所示。

(3) "页面设置"对话框切换到"页眉/页脚"选项卡,单击"自定义页眉"按钮,弹出"页眉"对话框,在"左"文本框里输入"华中小学",如图 3-6-8 所示。

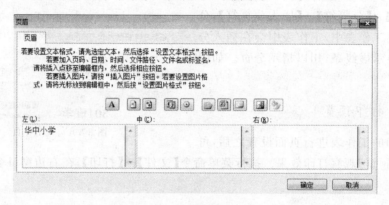

图 3-6-8 "页眉"对话框

(5) 回到"页眉/页脚"选项卡,单击"自定义"页脚,在"左"文本框里输入"制作人:张三",在"中"文本框里插入当前日期(直接单击上面相关按钮),在"右"文本框里插入当前页码(直接单击上面相关按钮),单击"确定"按钮。如图 3-6-9 所示。

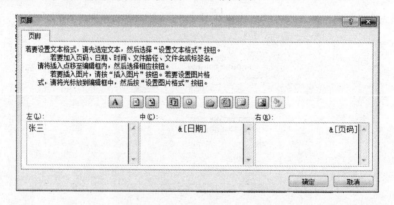

图 3-6-9 "页脚"对话框

(6) 单击"确定"按钮回到"打印预览"视图。至此,本次任务所有操作完成,"打印预览"效果如图 3-6-1 所示。

# 模块二：Excel 2010综合应用案例

## 3.7 综合实训一　制作公司的业绩奖金表

### 3.7.1　应用背景

公司的管理者通常在每月会对本公司人员的奖金情况进行分析统计，利用 Excel 强大的表格处理功能可以很好地利用计算机为公司管理者方便地计算与统计这些数据。图 3-7-1 所示的是一家公司的 4 月份职员的业绩奖金表，现在就来学习如何利用公式与函数制作该表格，最后效果如图 3-7-2 所示。

图 3-7-1　公司业绩奖金表

图 3-7-2　公司业绩奖金汇总表

### 3.7.2　重要知识点

- Excel 的基本操作
- Excel 单元格的合并、底纹的设置
- Excel 公式与函数的运用

- Excel 数据汇总

### 3.7.3 操作步骤

制作思路:首先输入基本数据,制作公司 4 月份职员的业绩奖金表格,再利用公式对表格数据求提成率、奖金和排名,并进行分类汇总。

**1. 输入表格基本数据**

新建一个 Excel 空白工作簿,将 sheet1 工作表重命名为"4 月份奖金表",然后在该工作表中输入如图 3-7-3 所示的基本数据。

| 业绩奖金表 | | | | | | | | |
|---|---|---|---|---|---|---|---|---|
| 编号 | 姓名 | 店名 | 计划金额 | 实际完成 | 超额 | 提成率 | 奖金 | 排名 |
| 1 | 李明 | 1号店 | 5000 | 7200 | | | | |
| 2 | 王凤 | 1号店 | 5000 | 6700 | | | | |
| 3 | 张云 | 2号店 | 5000 | 10100 | | | | |
| 4 | 孙玉 | 2号店 | 5000 | 12000 | | | | |
| 5 | 李晴 | 2号店 | 5000 | 8000 | | | | |
| 6 | 孙宝 | 2号店 | 5000 | 6000 | | | | |
| 7 | 陈文 | 3号店 | 5000 | 11000 | | | | |
| 8 | 徐磊 | 3号店 | 5000 | 21000 | | | | |
| 9 | 王华 | 3号店 | 5000 | 9600 | | | | |
| 10 | 张招 | 3号店 | 5000 | 8800 | | | | |

图 3-7-3 输入基本数据

**2. 计算超额、提成率、奖金和排名**

(1) 计算超额:在 F3 单元格中输入公式: $=E3-D3$ 。

(2) 计算提成率:在 G3 单元格中输入公式: $=IF(F3>=10000,10\%,IF(F3>=5000,5\%,2\%))$ 。

(3) 在 H3 单元格中输入公式: $=1000+F3*G3$ 。

(4) 在 I3 单元格中输入公式: $=RANK(H3,\$H\$3:\$H\$12,0)$ 。

(5) 同时选中 F3、G3、H3 和 I3 单元格,用鼠标移动填充柄上,按住不放向下填充至第 12 行。如图 3-7-4 所示。

| 业绩奖金表 | | | | | | | | |
|---|---|---|---|---|---|---|---|---|
| 编号 | 姓名 | 店名 | 计划金额 | 实际完成 | 超额 | 提成率 | 奖金 | 排名 |
| 1 | 李明 | 1号店 | 5000 | 7200 | 2200 | 0.02 | 1044 | 8 |
| 2 | 王凤 | 1号店 | 5000 | 6700 | 1700 | 0.02 | 1034 | 9 |
| 3 | 张云 | 2号店 | 5000 | 10100 | 5100 | 0.05 | 1255 | 4 |
| 4 | 孙玉 | 2号店 | 5000 | 12000 | 7000 | 0.05 | 1350 | 2 |
| 5 | 李晴 | 2号店 | 5000 | 8000 | 3000 | 0.02 | 1060 | 7 |
| 6 | 孙宝 | 2号店 | 5000 | 6000 | 1000 | 0.02 | 1020 | 10 |
| 7 | 陈文 | 3号店 | 5000 | 11000 | 6000 | 0.05 | 1300 | 3 |
| 8 | 徐磊 | 3号店 | 5000 | 21000 | 16000 | 0.1 | 2600 | 1 |
| 9 | 王华 | 3号店 | 5000 | 9600 | 4600 | 0.02 | 1092 | 5 |
| 10 | 张招 | 3号店 | 5000 | 8800 | 3800 | 0.02 | 1076 | 6 |

图 3-7-4 正在编辑中的"公司年度利润表"

**3. 对表格进行格式化**

(1) 将表格标题文字格式改为"宋体""22 号""加粗""跨列居中"。

(2) 对第二行单元格区域添加黄色底纹,调整行高。

(3) 对所有单元格选择居中,对 D、E、F 和 H 列加人民币符号,对 G 列加 %。

(4) 对表格加边框。

最终效果如图 3-7-1 所示。

**4. 按店名对业绩表进行分类汇总**

选中 A2:H12 单元格区域,执行菜单命令【数据】→【分类汇总】,在弹出的对话框里进行如下设置:分类字段为“店名”,汇总方式为“求和”,选定汇总项为“计划金额”“实际完成”“超额”和“奖金”。单击“确定”按钮后表格如图 3-7-2 所示。

单击工具栏上【保存】按钮将工作簿保存后退出。

# 3.8 综合实训二　制作公司年度利润表

## 3.8.1　应用背景

公司的管理者通常在年终时会对本公司的财务情况进行分析统计,而统计公司各子部门的利润情况是整个财务统计里最为核心的一块。怎样很好地利用计算机为公司管理者方便地统计这些利润数据呢?可以利用 Excel 强大的表格处理功能。图 3-8-1 和图 3-8-2 所示的是一家公司的 Excel 年度利润表和统计图表,现在就来学习如何制作这些统计表格和图表。

§3.9综合实训三:制作公司年度利润表.xls

A公司年度利润表

| 部门 | 车间 | 第一季度 | 第二季度 | 第三季度 | 第四季度 | 总和 | 等级 |
|---|---|---|---|---|---|---|---|
| A部门 | 一车间 | ¥100.00 | ¥150.00 | ¥200.00 | ¥180.00 | ¥630.00 | 一般 |
| | 二车间 | ¥300.00 | ¥320.00 | ¥180.00 | ¥350.00 | ¥1,150.00 | 优秀 |
| | 三车间 | ¥450.00 | ¥160.00 | ¥180.00 | ¥300.00 | ¥1,090.00 | 优秀 |
| | 四车间 | ¥230.00 | ¥240.00 | ¥230.00 | ¥430.00 | ¥1,130.00 | 优秀 |
| A部门 | 汇总 | ¥1,080.00 | ¥870.00 | ¥790.00 | ¥1,260.00 | ¥4,000.00 | |
| B部门 | 一车间 | ¥100.00 | ¥150.00 | ¥200.00 | ¥180.00 | ¥630.00 | 一般 |
| | 二车间 | ¥300.00 | ¥430.00 | ¥230.00 | ¥320.00 | ¥1,280.00 | 优秀 |
| | 三车间 | ¥180.00 | ¥190.00 | ¥220.00 | ¥420.00 | ¥1,010.00 | 优秀 |
| | 四车间 | ¥270.00 | ¥240.00 | ¥230.00 | ¥430.00 | ¥1,170.00 | 优秀 |
| B部门 | 汇总 | ¥850.00 | ¥1,010.00 | ¥880.00 | ¥1,350.00 | ¥4,090.00 | |
| C部门 | 一车间 | ¥100.00 | ¥360.00 | ¥200.00 | ¥180.00 | ¥840.00 | 一般 |
| | 二车间 | ¥240.00 | ¥310.00 | ¥190.00 | ¥250.00 | ¥990.00 | 一般 |
| | 三车间 | ¥310.00 | ¥290.00 | ¥270.00 | ¥320.00 | ¥1,190.00 | 优秀 |
| | 四车间 | ¥320.00 | ¥230.00 | ¥190.00 | ¥240.00 | ¥980.00 | 一般 |
| C部门 | 汇总 | ¥970.00 | ¥1,190.00 | ¥360.00 | ¥240.00 | ¥2,760.00 | |
| D部门 | 一车间 | ¥250.00 | ¥140.00 | ¥220.00 | ¥250.00 | ¥860.00 | 一般 |
| | 二车间 | ¥260.00 | ¥300.00 | ¥210.00 | ¥350.00 | ¥1,120.00 | 优秀 |
| | 三车间 | ¥450.00 | ¥160.00 | ¥180.00 | ¥300.00 | ¥1,090.00 | 优秀 |
| | 四车间 | ¥230.00 | ¥300.00 | ¥280.00 | ¥400.00 | ¥1,210.00 | 优秀 |
| D部门 | 汇总 | ¥1,190.00 | ¥900.00 | ¥890.00 | ¥1,300.00 | ¥4,280.00 | |
| 总计 | | ¥4,090.00 | ¥3,970.00 | ¥3,770.00 | ¥5,140.00 | ¥16,970.00 | |

A公司年度利润表 / A公司年度利润图表 / Sheet3

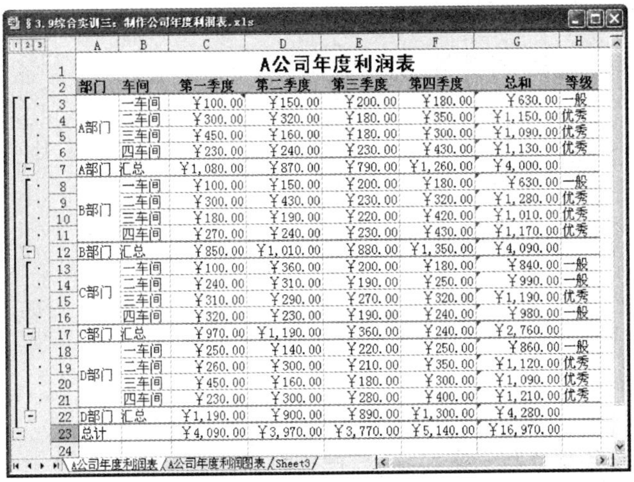

图 3-8-1　A 公司年度利润表

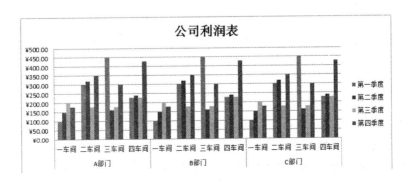

图 3-8-2　A 公司年度利润图表

### 3.8.2　重要知识点

- Excel 的基本操作
- Excel 自动套用格式
- Excel 单元格的合并、底纹的设置
- Excel 常用公式的运用
- Excel 图表的制作

### 3.8.3　操作步骤

制作思路:首先输入基本数据,制作 A 公司年度利润表格,再利用公式对利润表格进行各季度求和统计、计算等级并进行分类汇总、自动套用格式,最后根据源表制作柱形图表。

**1. 输入表格基本数据**

新建一个 Excel 空白工作簿,将 sheet1 工作表重命名为"A 公司年度利润表",然后在该工作表中输入如图 3-8-3 所示的基本数据。

| | A | B | C | D | E | F |
|---|---|---|---|---|---|---|
| 1 | 公司年度利润表 | | | | | |
| 2 | 部门 | 车间 | 第一季度 | 第二季度 | 第三季度 | 第四季度 |
| 3 | A部门 | 一车间 | 100 | 150 | 200 | 180 |
| 4 | A部门 | 二车间 | 300 | 320 | 180 | 350 |
| 5 | A部门 | 三车间 | 450 | 160 | 180 | 300 |
| 6 | A部门 | 四车间 | 230 | 240 | 230 | 430 |
| 7 | B部门 | 一车间 | 100 | 150 | 200 | 180 |
| 8 | B部门 | 二车间 | 300 | 320 | 180 | 350 |
| 9 | B部门 | 三车间 | 450 | 160 | 180 | 300 |
| 10 | B部门 | 四车间 | 230 | 240 | 230 | 430 |
| 11 | C部门 | 一车间 | 100 | 150 | 200 | 180 |
| 12 | C部门 | 二车间 | 300 | 320 | 180 | 350 |
| 13 | C部门 | 三车间 | 450 | 160 | 180 | 300 |
| 14 | C部门 | 四车间 | 230 | 240 | 230 | 430 |
| 15 | D部门 | 一车间 | 250 | 140 | 220 | 250 |
| 16 | D部门 | 二车间 | 260 | 300 | 210 | 350 |
| 17 | D部门 | 三车间 | 450 | 160 | 180 | 300 |
| 18 | D部门 | 四车间 | 230 | 300 | 280 | 400 |
| 19 | | | | | | |

图 3-8-3　输入基本数据

**2. 对各车间进行各季度利润求和统计、按总利润计算等级**

(1) 在 G2 和 H2 列分别输入"总和""等级"。

(2) 在 G3 单元格中输入公式: $=SUM(C3:F3)$ ;

(3) 在 H3 单元格中输入公式: $=IF(G3>1000,"优秀","一般")$ 。

(4) 同时选中 G3 和 H3 单元格,用鼠标移动填充柄,按住不放向下填充至第 14 行。如图 3-8-4 所示。

**3. 按部门对利润表进行分类汇总**

选中 A2:H18 单元格区域,执行菜单命令【数据】→【分类汇总】,在弹出的对话框里进行如下设置:分类字段为"部门",汇总方式为"求和",选定汇总项为"第一季度""第二季度""第三季度""第四季度"和"总和"。单击"确定"按钮后表格如图 3-8-5 所示。

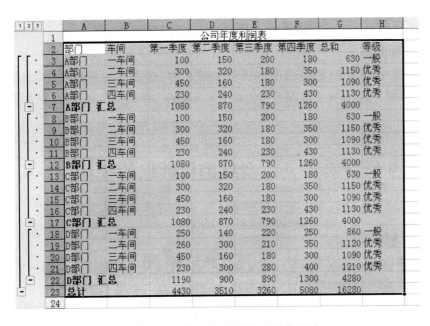

图 3-8-4　正在编辑中的"公司年度利润表"

| | A | B | C | D | E | F | G | H |
|---|---|---|---|---|---|---|---|---|
| 1 | | | | 公司年度利润表 | | | | |
| 2 | 部门 | 车间 | 第一季度 | 第二季度 | 第三季度 | 第四季度 | 总和 | 等级 |
| 3 | A部门 | 一车间 | 100 | 150 | 200 | 180 | 630 | 一般 |
| 4 | A部门 | 二车间 | 300 | 320 | 180 | 350 | 1150 | 优秀 |
| 5 | A部门 | 三车间 | 450 | 160 | 180 | 300 | 1090 | 优秀 |
| 6 | A部门 | 四车间 | 230 | 240 | 230 | 430 | 1130 | 优秀 |
| 7 | A部门 汇总 | | 1080 | 870 | 790 | 1260 | 4000 | |
| 8 | B部门 | 一车间 | 100 | 150 | 200 | 180 | 630 | 一般 |
| 9 | B部门 | 二车间 | 300 | 320 | 180 | 350 | 1150 | 优秀 |
| 10 | B部门 | 三车间 | 450 | 160 | 180 | 300 | 1090 | 优秀 |
| 11 | B部门 | 四车间 | 230 | 240 | 230 | 430 | 1130 | 优秀 |
| 12 | B部门 汇总 | | 1080 | 870 | 790 | 1260 | 4000 | |
| 13 | C部门 | 一车间 | 100 | 150 | 200 | 180 | 630 | 一般 |
| 14 | C部门 | 二车间 | 300 | 320 | 180 | 350 | 1150 | 优秀 |
| 15 | C部门 | 三车间 | 450 | 160 | 180 | 300 | 1090 | 优秀 |
| 16 | C部门 | 四车间 | 230 | 240 | 230 | 430 | 1130 | 优秀 |
| 17 | C部门 汇总 | | 1080 | 870 | 790 | 1260 | 4000 | |
| 18 | D部门 | 一车间 | 250 | 140 | 220 | 250 | 860 | 一般 |
| 19 | D部门 | 二车间 | 260 | 300 | 210 | 350 | 1120 | 优秀 |
| 20 | D部门 | 三车间 | 450 | 160 | 180 | 300 | 1090 | 优秀 |
| 21 | D部门 | 四车间 | 230 | 300 | 280 | 400 | 1210 | 优秀 |
| 22 | D部门 汇总 | | 1190 | 900 | 890 | 1300 | 4280 | |
| 23 | 总计 | | 4430 | 3510 | 3260 | 5080 | 16280 | |
| 24 | | | | | | | | |

图 3-8-5　对"公司年度利润表"分类汇总

**4. 对表格进行格式化**

（1）自动套用格式：选定 A1：H23 单元格区域，执行菜单命令【开始】→【样式】→【套用表格格式】，选择合适的格式后表格如图 3-8-6 所示。

（2）手动对表格进行局部格式化。

① 将表格标题文字格式改为"黑体""18 号""加粗"。

② 对 A2：H2 单元格区域添加灰色底纹。

③ 合并 A3：A6 等单元格区域，并适当调整 A 列列宽。

④ 选中 C3：G3 单元格区域，设置单元格数据类型为货币型。

其效果如图 3-8-1 所示。

| | 1 2 3 | | A | B | C | D | E | F | G | H |
|---|---|---|---|---|---|---|---|---|---|---|
| | | 1 | | | | 公司年度利润表 | | | | |
| | | 2 | 部门 | 车间 | 第一季度 | 第二季度 | 第三季度 | 第四季度 | 总和 | 等级 |
| | | 3 | A部门 | 一车间 | 100 | 150 | 200 | 180 | 630 | 一般 |
| | | 4 | A部门 | 二车间 | 300 | 320 | 180 | 350 | 1150 | 优秀 |
| | | 5 | A部门 | 三车间 | 450 | 160 | 180 | 300 | 1090 | 优秀 |
| | | 6 | A部门 | 四车间 | 230 | 240 | 230 | 430 | 1130 | 优秀 |
| | | 7 | A部门 汇总 | | 1080 | 870 | 790 | 1260 | 4000 | |
| | | 8 | B部门 | 一车间 | 100 | 150 | 200 | 180 | 630 | 一般 |
| | | 9 | B部门 | 二车间 | 300 | 320 | 180 | 350 | 1150 | 优秀 |
| | | 10 | B部门 | 三车间 | 450 | 160 | 180 | 300 | 1090 | 优秀 |
| | | 11 | B部门 | 四车间 | 230 | 240 | 230 | 430 | 1130 | 优秀 |
| | | 12 | B部门 汇总 | | 1080 | 870 | 790 | 1260 | 4000 | |
| | | 13 | C部门 | 一车间 | 100 | 150 | 200 | 180 | 630 | 一般 |
| | | 14 | C部门 | 二车间 | 300 | 320 | 180 | 350 | 1150 | 优秀 |
| | | 15 | C部门 | 三车间 | 450 | 160 | 180 | 300 | 1090 | 优秀 |
| | | 16 | C部门 | 四车间 | 230 | 240 | 230 | 430 | 1130 | 优秀 |
| | | 17 | C部门 汇总 | | 1080 | 870 | 790 | 1260 | 4000 | |
| | | 18 | D部门 | 一车间 | 250 | 140 | 220 | 250 | 860 | 一般 |
| | | 19 | D部门 | 二车间 | 260 | 300 | 210 | 350 | 1120 | 优秀 |
| | | 20 | D部门 | 三车间 | 450 | 160 | 180 | 300 | 1090 | 优秀 |
| | | 21 | D部门 | 四车间 | 230 | 300 | 280 | 400 | 1210 | 优秀 |
| | | 22 | D部门 汇总 | | 1190 | 900 | 890 | 1300 | 4280 | |
| | | 23 | 总计 | | 4430 | 3510 | 3260 | 5080 | 16280 | |
| | | 24 | | | | | | | | |

图 3-8-6　对利润表进行"分类汇总"

**5. 制作柱形图表**

执行菜单命令【插入】→【图表】;选柱形图,选【图表工具】→【布局】→【图表标题】,至此,整个"公司年度利润表"制作完成。其效果如图 3-8-2 所示。单击工具栏上的【保存】按钮将工作簿保存后退出。

# 3.9 综合实训三　商品销售数据的统计与分析

## 3.9.1　应用背景

商场经营者经常要处理一些枯燥而又庞大的商品数据,例如,需要根据每种商品的进价和售价,以及各商品的销售情况,计算出商场的毛利润,并进行相关的数据统计。如果利用手工进行计算,则效率非常低下,而且容易出错,此时,若利用 Excel 电子表格进行数据分析计算则可大大提高效率。图 3-9-1、图 3-9-2、图 3-9-3、图 3-9-4 和图 3-9-5 所示的是一家珠宝商店的 Excel 格式的商品销售数据(一个工作簿里有 5 张工作表)。

图 3-9-1 所示的是珠宝店各商品进价售价明细表,表格进行了简单的格式化操作。

| | A | B | C | D |
|---|---|---|---|---|
| 1 | 各商品进价售价明细表 | | | |
| 2 | 商品名称 | 单位 | 进价 | 售价 |
| 3 | 水晶 | 颗 | 1000 | 1350 |
| 4 | 红宝石 | 颗 | 2000 | 2400 |
| 5 | 蓝宝石 | 颗 | 2850 | 3200 |
| 6 | 钻石 | 颗 | 3000 | 3680 |
| 7 | 珍珠 | 粒 | 2500 | 2800 |
| 8 | | | | |

图 3-9-1　各商品进价售价明细表

图 3-9-2 所示的是员工销售记录表，该表中的“单位”“进价”和“售价”列的数据通过 VLOOKUP 函数从“各商品进价售价明细表”工作表中查找获得，“销售额”“毛利润”和“毛利率”列的数据通过数学公式计算得到。

**员工销售记录表**

| 销售日期 | 员工编号 | 职员姓名 | 商品名称 | 销售量 | 单位 | 进价 | 售价 | 销售额 | 毛利润 | 毛利率 |
|---|---|---|---|---|---|---|---|---|---|---|
| 2月1日 | ID050103 | 林啸序 | 水晶 | 2 | 颗 | 1000 | 1350 | 2700 | 700 | 26% |
| 2月1日 | ID050107 | 刘笔畅 | 红宝石 | 5 | 颗 | 2000 | 2400 | 12000 | 2000 | 17% |
| 2月1日 | ID050104 | 萧遥 | 水晶 | 1 | 颗 | 1000 | 1350 | 1350 | 350 | 26% |
| 2月2日 | ID050108 | 曹惠阳 | 蓝宝石 | 4 | 颗 | 2850 | 3200 | 12800 | 1400 | 11% |
| 2月2日 | ID050101 | 高天 | 钻石 | 3 | 颗 | 3000 | 3680 | 11040 | 2040 | 18% |
| 2月3日 | ID050103 | 林啸序 | 红宝石 | 3 | 颗 | 2000 | 2400 | 7200 | 1200 | 17% |
| 2月3日 | ID050106 | 蔡清 | 珍珠 | 2 | 粒 | 2500 | 2800 | 5600 | 600 | 11% |
| 2月4日 | ID050106 | 蔡清 | 珍珠 | 3 | 粒 | 2500 | 2800 | 8400 | 900 | 11% |
| 2月4日 | ID050101 | 高天 | 蓝宝石 | 5 | 颗 | 2850 | 3200 | 16000 | 1750 | 11% |
| 2月5日 | ID050111 | 陈晓晓 | 蓝宝石 | 1 | 颗 | 2850 | 3200 | 3200 | 350 | 11% |
| 2月6日 | ID050108 | 曹惠阳 | 水晶 | 2 | 颗 | 1000 | 1350 | 2700 | 700 | 26% |
| 2月6日 | ID050110 | 李木子 | 珍珠 | 4 | 粒 | 2500 | 2800 | 11200 | 1200 | 11% |
| 2月6日 | ID050107 | 刘笔畅 | 水晶 | 4 | 颗 | 1000 | 1350 | 5400 | 1400 | 26% |
| 2月7日 | ID050111 | 陈晓晓 | 珍珠 | 3 | 粒 | 2500 | 2800 | 8400 | 900 | 11% |
| 2月7日 | ID050112 | 安飞 | 红宝石 | 3 | 颗 | 2000 | 2400 | 7200 | 1200 | 17% |
| 2月8日 | ID050104 | 萧遥 | 红宝石 | 2 | 颗 | 2000 | 2400 | 4800 | 800 | 17% |
| 2月8日 | ID050112 | 安飞 | 蓝宝石 | 1 | 颗 | 2850 | 3200 | 3200 | 350 | 11% |
| 2月9日 | ID050110 | 李木子 | 水晶 | 5 | 颗 | 1000 | 1350 | 6750 | 1750 | 26% |

图 3-9-2　员工销售记录表

图 3-9-3 所示的是按销售日期汇总的员工销售记录表。

| | A | B | C | D | E | F | G | H | I | J | K |
|---|---|---|---|---|---|---|---|---|---|---|---|
| 1 | | | | | 员工销售记录表 | | | | | | |
| 2 | 销售日期 | 员工编号 | 职员姓名 | 商品名称 | 销售量 | 单位 | 进价 | 售价 | 销售额 | 毛利润 | 毛利率 |
| 3 | 2月1日 | ID050103 | 林啸序 | 水晶 | 2 | 颗 | 1000 | 1350 | 2700 | 700 | 26% |
| 4 | 2月1日 | ID050107 | 刘笔畅 | 红宝石 | 5 | 颗 | 2000 | 2400 | 12000 | 2000 | 17% |
| 5 | 2月1日 | ID050104 | 萧遥 | 水晶 | 1 | 颗 | 1000 | 1350 | 1350 | 350 | 26% |
| 6 | 2月1日 汇总 | | | | | | | | 16050 | 3050 | |
| 7 | 2月2日 | ID050108 | 曹惠阳 | 蓝宝石 | 4 | 颗 | 2850 | 3200 | 12800 | 1400 | 11% |
| 8 | 2月2日 | ID050101 | 高天 | 钻石 | 3 | 颗 | 3000 | 3680 | 11040 | 2040 | 18% |
| 9 | 2月2日 汇总 | | | | | | | | 23840 | 3440 | |
| 10 | 2月3日 | ID050103 | 林啸序 | 红宝石 | 3 | 颗 | 2000 | 2400 | 7200 | 1200 | 17% |
| 11 | 2月3日 | ID050106 | 蔡清 | 珍珠 | 2 | 粒 | 2500 | 2800 | 5600 | 600 | 11% |
| 12 | 2月3日 汇总 | | | | | | | | 12800 | 1800 | |
| 13 | 2月4日 | ID050106 | 蔡清 | 珍珠 | 3 | 粒 | 2500 | 2800 | 8400 | 900 | 11% |
| 14 | 2月4日 | ID050101 | 高天 | 蓝宝石 | 5 | 颗 | 2850 | 3200 | 16000 | 1750 | 11% |
| 15 | 2月4日 汇总 | | | | | | | | 24400 | 2650 | |
| 16 | 2月5日 | ID050111 | 陈晓晓 | 蓝宝石 | 1 | 颗 | 2850 | 3200 | 3200 | 350 | 11% |
| 17 | 2月5日 汇总 | | | | | | | | 3200 | 350 | |
| 18 | 2月6日 | ID050108 | 曹惠阳 | 水晶 | 2 | 颗 | 1000 | 1350 | 2700 | 700 | 26% |
| 19 | 2月6日 | ID050110 | 李木子 | 珍珠 | 4 | 粒 | 2500 | 2800 | 11200 | 1200 | 11% |
| 20 | 2月6日 | ID050107 | 刘笔畅 | 水晶 | 4 | 颗 | 1000 | 1350 | 5400 | 1400 | 26% |
| 21 | 2月6日 汇总 | | | | | | | | 19300 | 3300 | |
| 22 | 2月7日 | ID050111 | 陈晓晓 | 珍珠 | 3 | 粒 | 2500 | 2800 | 8400 | 900 | 11% |
| 23 | 2月7日 | ID050112 | 安飞 | 红宝石 | 3 | 颗 | 2000 | 2400 | 7200 | 1200 | 17% |
| 24 | 2月7日 汇总 | | | | | | | | 15600 | 2100 | |
| 25 | 2月8日 | ID050104 | 萧遥 | 红宝石 | 2 | 颗 | 2000 | 2400 | 4800 | 800 | 17% |
| 26 | 2月8日 | ID050112 | 安飞 | 蓝宝石 | 1 | 颗 | 2850 | 3200 | 3200 | 350 | 11% |
| 27 | 2月8日 汇总 | | | | | | | | 8000 | 1150 | |
| 28 | 2月9日 | ID050110 | 李木子 | 水晶 | 5 | 颗 | 1000 | 1350 | 6750 | 1750 | 26% |
| 29 | 2月9日 汇总 | | | | | | | | 6750 | 1750 | |
| 30 | 总计 | | | | | | | | [illegible] | [illegible] | |

图 3-9-3　员工销售记录(按销售日期汇总)

图 3-9-4 所示的是按商品名汇总的员工销售记录表。

图 3-9-5 所示的是员工销售记录的透视表，页字段为“销售日期”，行字段为“职员姓名”，列字段为“商品名称”，数据项(求和)为“销售额”。

现在就以此实例来学习如何利用 Excel 进行商品销售数据的统计与分析。

| 销售日期 | 员工编号 | 职员姓名 | 商品名称 | 销售量 | 单位 | 进价 | 售价 | 销售额 | 毛利润 | 毛利率 |
|---|---|---|---|---|---|---|---|---|---|---|
| | | | 员工销售记录表 | | | | | | | |
| 2月1日 | ID050107 | 刘笔畅 | 红宝石 | 5 | 颗 | 2000 | 2400 | 12000 | 2000 | 17% |
| 2月3日 | ID050103 | 林啸序 | 红宝石 | 3 | 颗 | 2000 | 2400 | 7200 | 1200 | 17% |
| 2月7日 | ID050112 | 安飞 | 红宝石 | 3 | 颗 | 2000 | 2400 | 7200 | 1200 | 17% |
| 2月8日 | ID050104 | 萧遥 | 红宝石 | 2 | 颗 | 2000 | 2400 | 4800 | 800 | 17% |
| | | | 红宝石 汇总 | | | | | 31200 | 5200 | |
| 2月2日 | ID050108 | 曹惠阳 | 蓝宝石 | 4 | 颗 | 2850 | 3200 | 12800 | 1400 | 11% |
| 2月4日 | ID050101 | 高天 | 蓝宝石 | 5 | 颗 | 2850 | 3200 | 16000 | 1750 | 11% |
| 2月5日 | ID050111 | 陈晓晓 | 蓝宝石 | 1 | 颗 | 2850 | 3200 | 3200 | 350 | 11% |
| 2月8日 | ID050112 | 安飞 | 蓝宝石 | 1 | 颗 | 2850 | 3200 | 3200 | 350 | 11% |
| | | | 蓝宝石 汇总 | | | | | 35200 | 3850 | |
| 2月1日 | ID050103 | 林啸序 | 水晶 | 2 | 颗 | 1000 | 1350 | 2700 | 700 | 26% |
| 2月1日 | ID050104 | 萧遥 | 水晶 | 1 | 颗 | 1000 | 1350 | 1350 | 350 | 26% |
| 2月6日 | ID050108 | 曹惠阳 | 水晶 | 2 | 颗 | 1000 | 1350 | 2700 | 700 | 26% |
| 2月6日 | ID050107 | 刘笔畅 | 水晶 | 4 | 颗 | 1000 | 1350 | 5400 | 1400 | 26% |
| 2月9日 | ID050110 | 李木子 | 水晶 | 5 | 颗 | 1000 | 1350 | 6750 | 1750 | 26% |
| | | | 水晶 汇总 | | | | | 18900 | 4900 | |
| 2月3日 | ID050106 | 蔡清 | 珍珠 | 2 | 粒 | 2500 | 2800 | 5600 | 600 | 11% |
| 2月4日 | ID050106 | 蔡清 | 珍珠 | 3 | 粒 | 2500 | 2800 | 8400 | 900 | 11% |
| 2月6日 | ID050110 | 李木子 | 珍珠 | 4 | 粒 | 2500 | 2800 | 11200 | 1200 | 11% |
| 2月7日 | ID050111 | 陈晓晓 | 珍珠 | 3 | 粒 | 2500 | 2800 | 8400 | 900 | 11% |
| | | | 珍珠 汇总 | | | | | 33600 | 3600 | |
| 2月2日 | ID050101 | 高天 | 钻石 | 3 | 颗 | 3000 | 3680 | 11040 | 2040 | 18% |
| | | | 钻石 汇总 | | | | | 11040 | 2040 | |
| | | | 总计 | | | | | 129940 | 19590 | |

图 3-9-4　员工销售记录(按商品名汇总)

| 销售日期 | (全部) | | | | | |
|---|---|---|---|---|---|---|
| 求和项:销售额 | 商品名称 | | | | | |
| 职员姓名 | 红宝石 | 蓝宝石 | 水晶 | 珍珠 | 钻石 | 总计 |
| 安飞 | 7200 | 3200 | | | | 10400 |
| 蔡清 | | | | 14000 | | 14000 |
| 曹惠阳 | | 12800 | 2700 | | | 15500 |
| 陈晓晓 | | 3200 | | 8400 | | 11600 |
| 高天 | | 16000 | | | 11040 | 27040 |
| 李木子 | | | 6750 | 11200 | | 17950 |
| 林啸序 | 7200 | | 2700 | | | 9900 |
| 刘笔畅 | 12000 | | 5400 | | | 17400 |
| 萧遥 | 4800 | | 1350 | | | 6150 |
| 总计 | 31200 | 35200 | 18900 | 33600 | 11040 | 129940 |

图 3-9-5　透视表

### 3.9.2　重要知识点

- Excel 的基本操作
- Excel 表格的格式化
- Excel 公式、函数(SUM, VLOOKUP)的运用
- Excel 排序与分类汇总
- Excel 透视表

### 3.9.3　操作步骤

**1. 制作"各商品进价售价明细表"工作表**

(1) 新建一个空白工作簿,将"Sheet1"工作表重命名为"各商品进价售价明细表"。

（2）表格标题：合并 A1:D1 单元格区域，输入表格标题"各商品进价售价明细表"，水平居中，字体加粗，12 号大小。

（3）表格部分：先在第 2 行输入列标题："商品名称""单价""进价""售价"，字体加粗，10 号大小，水平居中；然后再根据商品进售价的实际情况，逐行输入数据，数据行字体 10 号大小，水平居中；最后为表格添加内外所有框线。如图 3-9-1 所示。

**2. 制作"员工销售记录表"工作表**

（1）将"Sheet2"工作表重命名为"员工销售记录表"。

（2）根据员工销售的实际情况，制作如图 3-9-2 所示结构的表格。

（3）在 F3 单元格（位于"单位"列）输入公式：＝VLOOKUP(D3,各商品进价售价明细表!$A$2:$D$7,2,FALSE)。

提示：上面公式里的 VLOOKUP 函数表示 F3 单元格里的数据是这样计算得来的：首先算出 D3 单元格的数值为"水晶"，然后再到"各商品进价售价明细表"工作表的 $A$2:$D$7 区域里查找第一列字段值为"水晶"的数据行，查找到了是第 3 行，最后返回该行的第 2 个字段值为"颗"。

（4）在 G3 单元格（位于"进价"列）输入公式：＝VLOOKUP(D3,各商品进价售价明细表!$A$2:$D$7,3,FALSE)。

（5）在 H3 单元格（位于"售价"列）输入公式：＝VLOOKUP(D3,各商品进价售价明细表!$A$2:$D$7,4,FALSE)。

（6）在 I3 单元格（位于"销售额"列）输入公式：＝H3＊E3

（7）在 J3 单元格（位于"行利润"列）输入公式：＝I3－G3＊E3

（8）在 K3 单元格（位于"毛利率"列）输入公式：＝J3/I3

（9）选中 F3:K3 单元格区域，鼠标按住填充柄向下填充至第 20 行。

**3. 制作"员工销售记录（按销售日期汇总）"工作表**

（1）将"Sheet3"工作表重命名为"员工销售记录（按销售日期汇总）"。

（2）将"员工销售记录表"工作表里的所有内容复制到"员工销售记录（按销售日期汇总）"工作表中。

（3）选择 A2:K20 单元格区域，执行 Excel 菜单命令【数据】→【分类汇总】，弹出"分类汇总"对话框，其设置如下：分类字段为"销售日期"，汇总方式为"求和"，选定汇总项为"销售额"和"毛利润"。

**4. 制作"员工销售记录（按商品名汇总）"工作表**

（1）新建一张工作表，命名为"员工销售记录（按商品名汇总）"。

（2）将"员工销售记录表"工作表里的所有内容复制到"员工销售记录（按商品名汇总）"工作表中。

（3）按"商品名称"列进行排序：选择 A2:K20 区域，执行 Excel 菜单命令【数据】→【排序】，弹出"排序"对话框，在"主要关键字"下拉列表框里选择"商品名称"。

（4）按"商品名称"汇总：该操作与步骤 3 的制作"员工销售记录（按销售日期汇总）"工作表相似，这里不再赘述。

提示：按"销售日期"汇总前，并没有进行排序操作，是因为原表已经是按"销售日期"进行排序的。

**5．制作"透视表"工作表**

(1) 单击选择"员工销售记录表"工作表。

(2) 执行 Excel 菜单命令【插入】→【数据透视表】，按图 3-9-6 设置各字段。

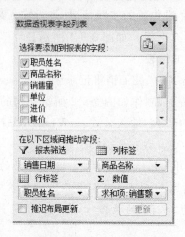

图 3-9-6　创建员工销售记录的"透视表"各字段设置

(3) 重命名为"透视表"。该透视表如图 3-9-5 所示。

(4) 单击常用工具栏上【保存】按钮，对工作簿进行保存。至此，商品销售数据的统计与分析工作簿制作完成。

# 习　　题

## 第一部分　基础知识习题

**一、选择题**

1. 在 Excel 中，给当前单元格输入数值型数据时，默认为(　　　)。

    A. 居中　　　　　　　　　　　B. 左对齐

    C. 右对齐　　　　　　　　　　D. 随机

2. 在 Excel 工作表单元格中，输入下列表达式(　　　)是错误的。

    A. ＝(15－A1)/3　　　　　　　B. ＝A2/C1

    C. SUM(A2：A4)/2　　　　　　D. ＝A2＋A3＋D4

3. 在 Excel 工作表中，不正确的单元格地址是(　　　)。

    A. C＄66　　　　　　　　　　B. ＄C 66

    C. C6＄6　　　　　　　　　　D. ＄C＄66

4. Excel 工作表中可以进行智能填充时，鼠标的形状为(　　　)。

    A.空心粗十字　　　　　　　　B. 向左上方箭头

    C. 实心细十字　　　　　　　　D. 向右上方箭头

5. 在 Excel 工作簿中，有关移动和复制工作表的说法，正确的是(　　　)。

    A. 工作表只能在所在工作簿内移动，不能复制

B. 工作表只能在所在工作簿内复制,不能移动

C. 工作表可以移动到其他工作簿内,不能复制到其他工作簿内

D. 工作表可以移动到其他工作簿内,也可以复制到其他工作簿内

6. 在 Excel 工作表中,单元格区域 D2:E4 所包含的单元格个数是(　　　)。

　　A. 5　　　　　　　　　　　　B. 6

　　C. 7　　　　　　　　　　　　D. 8

7. 在 Excel 中,关于工作表及为其建立的嵌入式图表的说法,正确的是(　　　)。

　　A. 删除工作表中的数据,图表中的数据系列不会删除

　　B. 增加工作表中的数据,图表中的数据系列不会增加

　　C. 修改工作表中的数据,图表中的数据系列不会修改

　　D. 以上三项均不正确

8. 若在数值单元格中出现一连串的"＃＃＃"符号,希望正常显示则需要(　　　)。

　　A. 重新输入数据　　　　　　　B. 调整单元格的宽度

　　C. 删除这些符号　　　　　　　D. 删除该单元格

9. 一个单元格内容的最大长度为(　　　)个字符。

　　A. 64　　　　　　　　　　　　B. 128

　　C. 225　　　　　　　　　　　　D. 256

10. 执行【插入】→【工作表】菜单命令时,每次可以插入(　　　)个工作表。

　　A. 1　　　　　　　　　　　　B. 2

　　C. 3　　　　　　　　　　　　D. 4

11. 为了区别"数字"与"数字字符串"数据,Excel 要求在输入项前添加(　　　)符号来确认。

　　A. "　　　　　　　　　　　　B. '

　　C. ＃　　　　　　　　　　　　D. @

12. 自定义序列可以通过(　　　)来建立。

　　A. 执行【格式】→【自动套用格式】菜单命令

　　B. 执行【数据】→【排序】菜单命令

　　C. 执行【工具】→【选项】菜单命令

　　D. 执行【编辑】→【填充】菜单命令

13. 准备在一个单元格内输入一个公式,应先键入(　　　)先导符号。

　　A. $　　　　　　　　　　　　B. >

　　C. <　　　　　　　　　　　　D. =

14. 利用鼠标拖放移动数据时,若出现"是否替换目标单元格内容?"的提示框,则说明(　　　)。

　　A. 目标区域尚为空白

　　B. 不能用鼠标拖放进行数据移动

　　C. 目标区域已经有数据存在

　　D. 数据不能移动

15. 设置单元格中数据居中对齐方式的简便操作方法是(　　　)。

    A. 单击格式工具栏"跨列居中"按钮

    B. 选定单元格区域,单击格式工具栏"跨列居中"按钮

    C. 选定单元格区域,单击格式工具栏"居中"按钮

    D. 单击格式工具栏"居中"按钮

## 二、填空题

1. 在 Excel 中,如果要在同一行或同一列的连续单元格使用相同的计算公式,可以先在第一单元格中输入公式,然后用鼠标拖动单元格的_____来实现公式复制。

2. 在单元格中输入公式时,编辑栏上的"√"按钮表示_____操作。

3. 在 Excel 操作中,某公式中引用了一组单元格,它们是(C3:D7,A1:F1),该公式引用的单元格总数为_____。

4. 需要_____而变化的情况下,必须引用绝对地址。

5. Excel 中有多个常用的简单函数,其中函数 AVERAGE(区域)的功能是_____。

6. 设在 B1 单元格存储一公式为 A＄5,将其复制到 D1 后,公式变为_____。

7. Excel 工作表中,每个单元格都有其固定的地址,如"A5"表示_____。

8. Excel 工作表是一个很大的表格,其左上角的单元是_____。

9. Excel 的主要功能包括_____。

10. 在 Excel 中,如果没有预先设定整个工作表的对齐方式,则数字自动以_____方式存放。

## 第二部分　实训练习

1. 建立员工薪水表,要求如下。

(1) 建立工作簿文件"员工薪水表". xlsx

① 启动 Excel 2010,在 Sheet1 工作表 A1 中输入表标题"华通科技公司员工薪水表"。

② 输入表格中各字段的名称:"序号""姓名""部门""分公司""出生日期""工作时数""小时报酬"等。

③ 分别输入各条数据记录,保存为工作簿文件"员工薪水表". xlsx,如图 1 所示。

(2) 编辑与数据计算

① 在 H2 单元格内输入字段名"薪水",在 A17 和 A18 单元格内分别输入数据"总数""平均"。

② 在单元格 H3 中利用公式"＝F3＊G3"求出相应的值,然后利用复制填充功能在单元格区域 H4:H16 中分别求出各单元格相应的值。

③ 分别利用函数 SUM( )在 F17 单元格内对单元格区域 F3:F16 求和,在 H17 单元格内对单元格区域 H3:H16 求和。

④ 分别利用函数 AVERAGE( )在 F18 单元格内对单元格区域 F3:F16 求平均值,在 G18 单元格内对单元格区域 G3:G16 求平均值,在 H18 单元格内对单元格区域 H3:H16 求平均值。效果如图 2 所示。

(3) 格式化表格

① 设置第 1 行行高为"26",第 2、17、18 行行高为"16",A 列列宽为"5",D 列列宽为"6",合并及居中单元格区域 A1:H1、A17:E17、A18:E18。

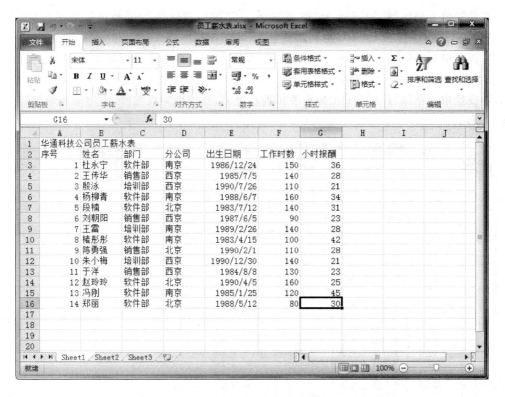

图 1　编制中的员工薪水表

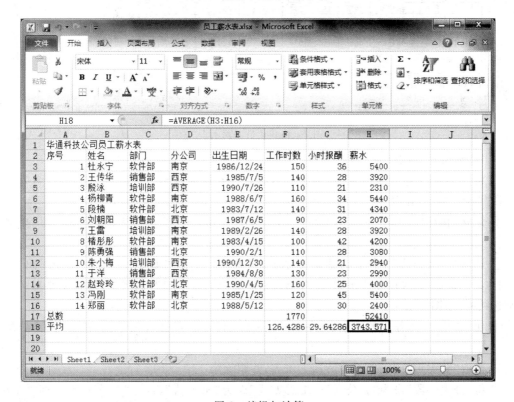

图 2　编辑与计算

② 设置单元格区域 A1:H1 为"隶书""18 号""加粗""红色",单元格区域 A2:H2、A17:E17、A18:E18 为"仿宋""12 号""加粗""蓝色"。

③ 设置单元格区域 E3:E16 为日期格式"2001 年 3 月",单元格区域 F3:F18 为保留 1 位小数的数值,单元格区域 G3:H18 为保留 2 位小数的货币,并加货币符号"¥"。

④ 设置单元格区域 A2:H18 为水平和垂直居中,外边框为双细线,内边框为单细线,效果如图 3 所示。

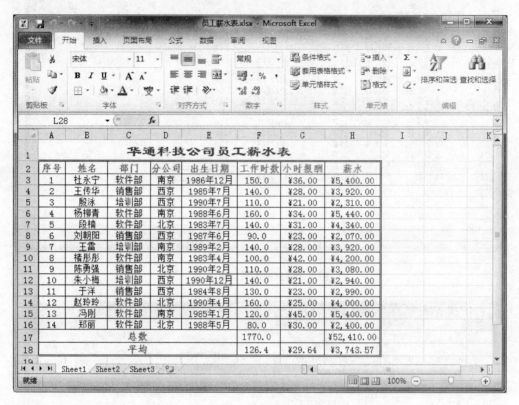

图 3　格式化员工薪水表

(4)数据分析与统计

① 将 Sheet1 工作表重命名为"排序",然后对单元格区域 A2:H16 以"分公司"为第一关键字段"降序"排序,并以"薪水"为第二关键字段"升序"排序,如图 4 所示。

② 建立"排序"工作表的副本"排序(2)",并插入到 Sheet2 工作表前,重命名为"高级筛选"。

③ 选取"高级筛选"工作表为活动工作表,以条件:"工作时数>=120 的软件部职员"或者"薪水>=2500 的西京分公司职员"对单元格区域 A2:H16 进行高级筛选,并在原有区域显示筛选结果,如图 5 所示。

④ 建立"排序"工作表的副本"排序(2)",并插入到 Sheet2 工作表之前,重命名为"分类汇总"。

⑤ 选取"分类汇总"工作表为活动工作表,并删除第 17 行和 18 行。

⑥ 将"分类字段"设为"分公司","汇总方式"设为"平均值",选定"工作时数""小时报酬"和"薪水"为"汇总项",对数据清单进行分类汇总,如图 6 所示。

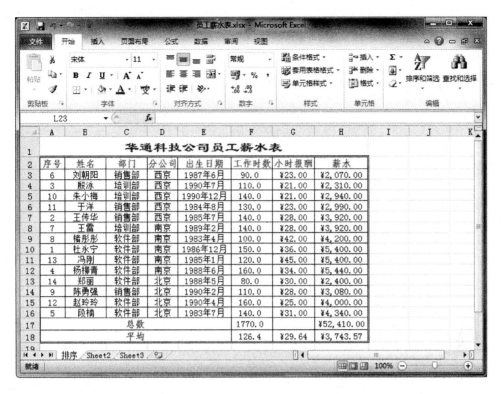

图 4 排序结果

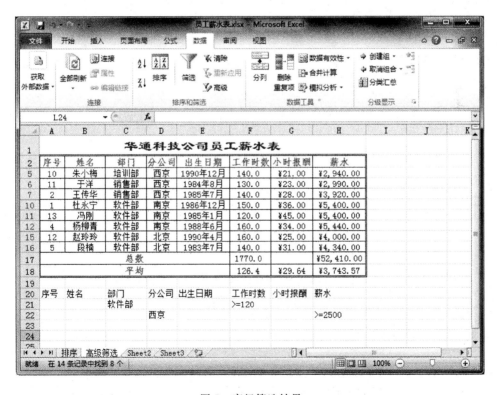

图 5 高级筛选结果

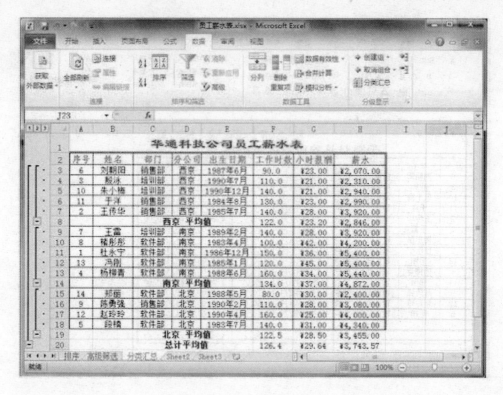

图 6  汇总结果

2. 建立学生成绩表,要求如下。

(1) 输入数据。

| 学号 | 姓名 | 性别 | 语文 | 数学 | 英语 | 平均分 |
|------|------|------|------|------|------|--------|
| 107 | 陈壹 | 男 | 74 | 92 | 92 | |
| 109 | 陈贰 | 男 | 88 | 80 | 104 | |
| 111 | 陈叁 | 男 | 92 | 86 | 108 | |
| 113 | 林坚 | 男 | 79 | 78 | 82 | |
| 128 | 陈晓立 | 女 | 116 | 106 | 78 | |
| 134 | 黄小丽 | 女 | 102 | 88 | 120 | |

(2) 按性别进行分类汇总,统计不同性别的语文、数学、英语平均分。

(3) 按数学成绩从低分到高分排序。

(4) 利用 Excel 的筛选功能,筛选出所有语文成绩大于 80,数学成绩大于等于 80 的姓陈的学生。

(5) 为表格 A1:G7 区域加上内、外边框线。

(6) 表格中所有数据水平居中显示,并统计各人平均分。

# 第 4 章 PowerPoint 2010 应用基础与综合案例

PowerPoint和Word、Excel等应用软件一样，均为Microsoft公司推出的Office系列产品。

随着办公自动化在企业中的普及，作为Microsoft Office重要组件之一的PowerPoint得到越来越广泛的使用。PowerPoint是制作和演示幻灯片的软件，能够制作出集文字、图形、图像、声音以及视频剪辑等多媒体元素于一体的演示文稿。可以把自己所要表达的信息组织在一组图文并茂的画面中，用于介绍公司的产品、展示自己的学术成果等。

用户不仅可以在投影仪或者计算机上进行文稿演示，也可以将演示文稿打印出来，制作成胶片，以便应用到更广泛的领域中。利用PowerPoint不仅可以创建演示文稿，还可以在互联网上召开面对面会议、远程会议或在网上给观众展示演示文稿。

模块一：PowerPoint 2010 基础知识讲解

模块二：PowerPoint 2010 综合应用案例

## 模块一：PowerPoint 2010基础知识讲解

# 4.1 任务一　PowerPoint 2010 的基本操作

 任务目标

通过本节内容的学习，完成一个简单会议幻灯片的制作，其最终效果如图 4-1-1 所示。

| | |
|---|---|
| **工作总结会议工作**<br><br>会议主持：廖主任<br>会议记录：郑秘书<br><br>1 | **会议主题**<br>●由系部老师自己汇报四月的工作情况<br>●由系主任对四月的工作做总结报告<br>●由辅导员对各个班级的工作汇报<br>●由学工主任对学生工作的汇报<br>●由学生代表对四月的工作进行汇报<br>●学生反馈信息的总结<br>●学习学校的通知文件<br><br>2 |
| **会议议程**<br>• 13:00—14:30　由系部老师发言<br>• 14:30—15:00　由系主任发言<br>• 15:00—16:30　由辅导员和学生发言<br>• 16:30—17:00　学习学校文件通知<br><br>3 | **注意事项**<br>1. 会议过程中所有老师不得任意退场，否则论旷工一天处理。<br>2. 会议期间请关闭手机铃玲，转为震动模式。<br>3. 会议过程中不得大声喧哗、吵闹。<br>4. 所有老师都要准备总结文档，会后交给秘书存档。<br>5. 会后清洁由当天值班老师负责。<br><br>4 |

图 4-1-1　简单会议幻灯片效果图

任务知识点

- PowerPoint 2010 的启动
- PowerPoint 2010 的操作环境
- 演示文稿创建、打开、保存、关闭与管理
- 输入文本
- 剪切、复制和粘贴
- 删除、撤消和恢复
- 幻灯片操作
- 文本的格式设置

![知识点剖析]

本次任务的主要目的是掌握 PowerPoint 2010 的基本操作,因其基本操作中很大一部分与前面所学的 Word、Excel 一模一样,所以在教学过程中不再赘述,只针对 PowerPoint 2010 专属的操作进行详细说明。

### 4.1.1 启动和退出 PowerPoint 2010 的方法

作为 Windows 系统下的应用程序,PowerPoint 2010 必须工作在 Windows 系统环境中。Windows 系统可以是 Windows XP 、Windows 7 或者 Windows 8 等。

**1. 启动 PowerPoint 2010**

在启动 Windows 系统以后,可以采用以下几种方法来启动 PowerPoint 2010。

(1) 单击【开始】按钮,从【程序】菜单的子菜单中选择【Microsoft Office】选项,然后再选择其中的【Microsoft Office PowerPoint 2010】命令即可。

(2) 双击桌面图标启动。如果已经在"桌面"上设置了 PowerPoint 2010 图标,直接双击图标即可。

(3) 双击 PowerPoint 文档运行。选择任意一个 PowerPoint 演示文稿,双击后系统就会自动启动 PowerPoint 2010 作为该演示文档的编辑软件,并在 PowerPoint 中自动打开演示文稿。

通过以上方法启动 PowerPoint 2010,便会弹出如图 4-1-2 所示的启动 LOGO(图标)。

图 4-1-2   PowerPoint 的启动 LOGO

**2. 退出 PowerPoint 2010**

如要退出 PowerPoint 2010,可以选择下述方法之一。

(1) 选择【文件】选项卡中的【退出】命令 ⊠ 退出 。

(2) 单击应用程序右上角的【关闭】按钮 ×。

(3) 双击标题栏左侧的 P 图标。

(4) 按下键盘上的"Alt+F4"键。

## 4.1.2　PowerPoint 2010 的操作环境

### 1. PowerPoint 2010 的软件界面

　　PowerPoint 2010 的窗口界面，与其他的 Office 2010 组件的窗口基本相同，新增了许多改进特性，使初学者和原有用户都能够快速制作出大量的作品。窗口主要包括了一些基本操作工具，如标题栏、选项卡和功能区、快速访问工具栏、工作区域、状态栏等。此外，窗口中还包括了 PowerPoint 所独有的部分，如大纲/幻灯片视图窗格、备注窗格、视图转换按钮等。图 4-1-3 所示即为 PowerPoint 2010 的软件界面。

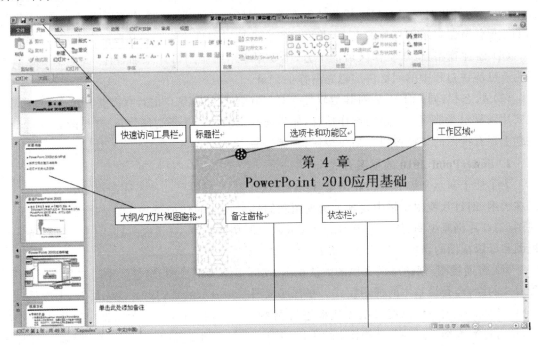

图 4-1-3　PowerPoint 2010 的软件界面

　　(1) 标题栏：位于窗口的顶部，显示正在编辑的演示文稿的文件名以及软件名称 Microsoft PowerPoint。

　　(2) 快速访问工具栏：一般包含保存、撤消和恢复三个按钮。

　　(3) 选项卡和功能区：即 Office 2003 和更早版本的菜单和工具栏，旨在帮助用户快速找到某任务所需的命令按钮。选项卡和功能区包含的常用选项卡和命令介绍如下。

　　【文件】选项卡可创建新文件，打开或保存现有文件和打印演示文稿。

　　【开始】选项卡提供了【剪贴板】、【幻灯片】、【字体】、【段落】、【绘图】和【编辑】功能区。在每一个功能区的右下角有一个按钮，可以打开相应的设置对话框。

　　【插入】选项卡可以在演示文稿中插入图表、形状、页眉和页脚。

　　【设计】选项卡主要是用来自定义演示文稿的背景、主题设计和颜色等。

　　【切换】选项卡用来设置幻灯片的切换效果，包括切换方式和持续时间的设置。

　　【动画】选项卡可对幻灯片上的对象应用、更改和删除动画。选择要设置动画的对象，单击【添加动画】按钮，选择某一动画即可。单机【高级动画】功能区中的【动画窗格】可在窗口右边打开动画任务窗格。【计时】功能区主要用来设置动画开始的方式，持续和延迟时间。

【幻灯片放映】选项卡可开始幻灯片的放映,自定义幻灯片放映的设置,录制幻灯片演示,排练计时和隐藏单个幻灯片。

【审阅】选项卡主要是做校对和批注、检查拼写、更改演示文稿中的语言或比较当前演示文稿同其他演示文稿的差异,还可以做中文的繁简转换。

【视图】选项卡可以进行视图的切换和显示比例的设置,同状态栏的视图切换按钮和缩放按钮配合使用。标尺、网格线和参考线的打开或关闭也在选项卡设置。

(4)工作区域:即幻灯片编辑窗格,在此区域进行幻灯片的制作。

(5)大纲/幻灯片视图窗格:位于幻灯片编辑窗格的左侧,包括大纲和幻灯片视图两个选项卡,其中幻灯片的视图的主要任务是负责整张幻灯片的插入、复制、删除和移动操作,大纲视图的主要任务是显示幻灯片的文本,并可以很方便地对幻灯片的标题和段落文本进行编辑。

(6)备注窗格:位于工作区域的下方,主要用于给每张幻灯片添加备注,备注主要是演讲者为自己演讲过程中的回忆讲演思路所作的记录。

(7)状态栏:同 Office 系列其他软件一样,PowerPoint 2010 也有状态栏,位于窗口底端,主要用来显示当前演示文稿的操作信息,如当前选定的是第几张幻灯片,幻灯片的总数等。状态栏上还有视图的切换按钮和缩放按钮 ▣ 器 ▦ ▽ 84% ⊖ ──▽────── ⊕ ⊡

### 2. PowerPoint 2010 的视图方式

为了便于演示文稿的编辑和浏览,PowerPoint 2010 提供了 6 种不同的视图方式。用户可以在大纲/幻灯片视图窗格中找到大纲视图和幻灯片视图的切换选项卡。在状态栏找到普通视图、幻灯片浏览视图、阅读视图和幻灯片放映视图切换按钮。在【视图】选项卡中进行备注页视图和母版视图的切换。下面逐一介绍这六种视图。

(1)普通视图:创建演示文稿的默认视图,实际上是大纲视图、幻灯片视图和备注页视图 3 种模式的综合,是最基本的视图模式。在普通视图左侧显示的是幻灯片的缩略图,下方是备注窗格,各部分的大小可以通过拖动边框进行调整。在大纲/幻灯片视图窗格中选择大纲选项卡,即可进入大纲模式的普通视图,如图 4-1-4 所示;在大纲/幻灯片视图窗格中选择幻灯片选项卡,即可进入幻灯片模式的普通视图,如图 4-1-5 所示。

图 4-1-4 大纲模式下的普通视图

图 4-1-5 幻灯片模式下的普通视图

(2)幻灯片浏览视图:可以看到演示文稿包含的所有幻灯片,如图 4-1-6 所示。在此视图中,可以从整体上对幻灯片进行浏览,并对幻灯片的背景、配色方案经行调整,还可以同时对多个幻灯片进行移动、复制、删除等操作。如果需要对幻灯片的内容进行修改,需要双击该幻灯片切换到普通视图下进行修改。另外,还可以在幻灯片浏览视图中添加节,并按不同的类别或节对幻灯片进行排序。

（3）幻灯片放映视图：演示文稿将占据整个计算机屏幕，显示放映效果，是制作演示文稿的最终目的。在此视图中可以看到设置的幻灯片切换效果，添加的动画效果和插入的声音、视频效果。

（4）阅读视图：如果不想在整个屏幕观看演示文稿，可以使用阅读视图。在阅读视图中，用户可以非常方便地审阅演示文稿，可方便地切换到其他视图。

（5）备注页视图：在幻灯片编辑窗格中将生成一个备注窗格的占位符，可以直接单击为每张幻灯片添加备注，如图 4-1-7 所示。

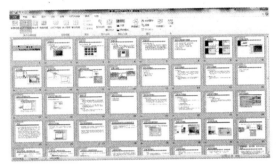

图 4-1-6　幻灯片浏览视图　　　　　　　图 4-1-7　备注页视图

（6）母板视图：包括幻灯片母板视图、讲义母板视图和备注母板视图。对母板进行设置，可以对于演示文稿关联的每个幻灯片、备注页或讲义的样式进行全局更改。

### 4.1.3　演示文稿的创建、保存与打开

制作任何漂亮的演示文稿都必须先要创建演示文稿，所谓演示文稿就是指 PowerPoint 的文件，它默认的后缀名是".PPTX"。在认识了各种图示模式，并对各种图示模式的特点了解之后，就可以开始学习如何制作演示文稿了。

**1. 创建演示文稿**

启动 PowerPoint 2010 后，该软件会自动新建一个空白演示文稿，该文稿不包含任何内容，用户可以直接利用此空白演示文稿进行工作，也可以自行新建。具体操作如下。

（1）创建空白演示文稿

当需要创建一个新的演示文稿时，可以单击【文件】选项卡，在下拉菜单中选择【新建】命令，可以看到【可用的模板和主题】界面，如图 4-1-8 所示。在【可用的模板和主题】界面下选择【空白演示文稿】，再单击【创建】按钮，即可创建一个空白的演示文稿，如图 4-1-9 所示。

（2）利用模板创建演示文稿

① 利用已有模板创建演示文稿

在【可用的模板和主题】界面下选择【样本模板】或【主题】或【我的模板】可以应用已有模板。此时，开始编辑的演示文稿就会按照模板里设定好的背景、字体等规则进行显示，如图 4-1-10 所示。

② 从 Office Online 下载模板

如果没有合适的模板可以使用，可以单击【开始】选项卡，在下拉菜单中选择【新建】命令，可以看到【可用的模板和主题】界面，选择【Office.com 模板】下的模板类型，如图 4-1-11 所示，

进行下载。

图 4-1-8　可用的模板和主题界面

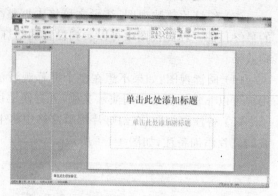

图 4-1-9　新建的空白演示文稿

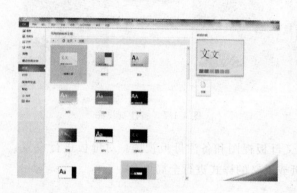

图 4-1-10　样本模板界面

图 4-1-11　下载模板

③ 保存"我的模板"

当遇到喜欢的演示文稿时,希望将其模板保存下来以备下次使用,可以利用【另存为】命令,弹出"另存为"对话框,在【保存类型】中选择【PowerPoint 模板】类型(后缀名为.potx),保存在默认路径下。以后可以在【可用的模板和主题】界面中的【我的模板】里找到该模板。

**2. 演示文稿的保存与打开**

文件的保存和打开对于用户来说是使用频率很高的操作。对于已经制作完成的演示文稿,应及时把文稿保存在硬盘中;对于已经存在的演示文稿用户每次编辑、使用时都需要将其打开。文件保存和打开的方法如下。

(1)保存演示文稿

① 保存新建的演示文稿

如果是保存当前新建的演示文稿,可以按照下述步骤进行操作。

步骤1:选择【文件】选项卡中的【保存】命令,或直接单击快速访问工具栏中的【保存】按钮,此时会弹出"另存为"对话框。在默认的情况下,在"保存位置"框中显示的是"文档"文件夹。

步骤2:如果想要将文件保存到不同的文件夹中,请从"保存位置"下拉列表中选择磁盘位置。

步骤3:在"文件名"文本框中输入保存文件名称。

步骤4:在"保存类型"下拉列表中可以选择不同的文件格式,可把当前的演示文稿保存为不同类型的文件,在默认的情况下,保存类型文件为"演示文稿",可以不作任何修改。

步骤 5:设置完毕后,单击【保存】按钮,即可对当前新建的演示文稿进行保存。

② 保存已有的演示文稿

如果用户编辑的是一个已有的演示文稿,则单击快速访问工具栏中的【保存】按钮或者选择【文件】选项卡中的【保存】命令时,将不再弹出"另存为"对话框,而是直接用新的内容来覆盖原演示文稿的内容。稍等片刻之后,系统就会完成保存的操作,用户可以继续进行工作。

当然,用户还可以使用【文件】选项卡中的【另存为】命令,再次打开"另存为"对话框,在"文件名"文本框中输入一个新的名称,此时就为该演示文稿保存一个副本。

③ 演示文稿的自动保存

为了防止由于意外情况造成死机、软件自动退出使数据丢失的情况发生,可以使用 PowerPoint 提供的"自动保存"功能,使计算机在指定的时间间隔内自动保存正在打开的演示文稿。设置自动保存功能的具体操作步骤如下。

步骤 1:选择【文件】选项卡中的【选项】命令,弹出"PowerPoint 选项"对话框。单击"保存"标签,如图 4-1-12 所示。

图 4-1-12　自动保存选项

步骤 2:选中【保存自动恢复信息时间间隔】复选框,并在【分钟】的输入框中设置自动保存的时间间隔,这里需要注意的是,并不是设置的时间间隔越短越好,过短的时间间隔会使 PowerPoint 频繁地进行保存,PowerPoint 将占据过多的系统资源,使系统变慢,反而不利于用户的操作。一般选取 5 分钟为宜。

步骤 3:单击【确定】按钮,文件的自动保存设置便完成了。

当用户在 PowerPoint 2010 中编辑演示文稿时,一旦遇到意外错误或是停止响应,正在处理的演示文稿可以恢复,这样可以最大可能地减少数据损失。下一次启动 PowerPoint 时,该文档将显示在"文档恢复"任务窗中,用户可以将自动恢复的演示文稿用其他的名称进行保存。

④ 设置演示文稿密码

密码保护是一个十分重要的功能,在 PowerPoint 2010 中可以将演示文稿设置使用密码打开,并指定该文稿的只读和可读写的访问权限,如此就可以很好地保护该文稿的内容。

设置演示文稿密码的具体操作步骤如下。

步骤 1:选择【文件】选项卡中的【另存为】命令,在出现的"另存为"对话框中单击【工具】按钮,此时会弹出一个"工具"下拉菜单,选择其中的【常规选项】命令。如图 4-1-13 所示。

步骤 2:进入"常规选项"对话框,在"打开权限密码"或者"修改权限密码"文本框中输入密码,这样,只有知道打开权限密码的人才可以打开演示文稿,但如果要对演示文稿的内容进行修改,则要知道修改权限密码。此时要注意输入密码时区分英文字母的大小写。如图 4-1-14 所示。

步骤 3:返回"另存为"对话框后,单击【保存】按钮。

图 4-1-13 "另存为"对话框中的工具按钮

图 4-1-14 对演示文稿进行密码设置

(2) 打开演示文稿

① 打开最近使用过的演示文稿

单击【文件】选项卡中【最近所用文件】命令,列出了最近使用过的演示文稿,只需单击其中的某个文件名,即可打开相应的演示文稿。

② 使用【打开】命令

若【文件】选项卡中没有列出要打开的文件,则可以只用【打开】命令来打开演示文稿。可以按照下述步骤进行操作。

步骤 1:单击【文件】选项卡中的【打开】命令,弹出"打开"对话框。

步骤 2:选择演示文稿所在的位置。

步骤 3:双击找到的文件,即可打开该演示文稿。

如果要打开其他类型的文件,可以从"文件类型"下拉列表中选择相应的文件类型。

如果打开的演示文稿设置了密码,则会弹出一个密码输入框,只有输入了正确的密码才可以打开该演示文稿。

### 4.1.4 演示文稿的录入与编辑

演示文稿中可插入的内容极其丰富,包括图片、图表、声音以及视频等,但文本仍然是最基本的元素。PowerPoint 2010 在幻灯片中添加文本有 4 种方式:版式设置区文本、文本框、自选图形文本以及艺术字。本任务先学习前两种最主要的方法。

**1. 输入文本**

文本是演示文稿中不可缺少的基本内容,没有文本,演示文稿就无法将准确的含义传达给观众。创建一个空白演示文稿之后,第一步就应该向演示文稿中输入文本。

(1) 在占位符内输入文本

在创建一个新的演示文稿之后,系统会自动插入一张幻灯片,在该幻灯片中,共有两个虚线框,这两个虚线框称为占位符,占位符中显示【单击此处添加标题】和【单击此处添加副本标题】的字体。单击标题占位符,插入点会出现在占位符中,此时可以输入标题的内容。要对副标题添加时,只需单击副标题占位符,即可在副标题占位符中输入内容。

(2) 使用文本框输入文本

如果要在占位符之外的其他位置输入文本,可以在幻灯片中插入文本框。

如果要添加不自动换行的文本,可以单击【插入】选项卡【文本】功能区中的【文本框】按钮或者【开始】选项卡【绘图】中的【文本框】按钮,然后将鼠标移动到要添加文本框的位置,按住鼠标左键拖动一个区域大小,再在这个文本框内输入内容,这时的文本框宽度不变,当文本输入到文本框的右界面会自动换行。

**2. 选定文本**

在 PowerPoint 中,文本选定是一个非常重要的概念,用户可以对文本进行各种操作,如复制、移动和删除,也可以改变字体等。在这一切操作之前,首先需要选定文本。

(1) 选取整个文本框

如果改变文本框的位置,或是给文本框添加边框,可以选定整个文本框,首先选取占位符或文本框,单击虚线边框,表示此时已经选取了整个文本框。文本框周围会出现 8 个控制点,此时可以调整控制点来改变文本框位置、大小及文本框属性等。

(2) 选取部分文本

如果要选定文本框中的部分文本,可以按照下述步骤进行操作。

步骤 1:单击文本框,此时在文本框中出现插入点。

步骤 2:将鼠标指针移动到要选定文本的开始处,按住鼠标左键开始拖动。

步骤 3:拖动至要选定文本的最后一个字符上,释放鼠标左键,此时被选定的文本呈反白的显示。

**3. 删除文本**

如果要删除整个文本框的内容,首先要把整个文本框选中,然后按下键盘上的"Delete"键,即可把整个文本框内容删除。

如果要删除部分文本,则需要把删除的文本部分选中,然后按下键盘上的"Delete"键即可。

**4. 移动和复制文本**

(1) 移动文本框

首先在想要移动文本的位置处单击,显示出文本框。然后将鼠标移至文本框的边框上,此时鼠标变为十字箭头形状,按住鼠标左键,拖动至一个新的位置,释放鼠标左键,即可完成对文本框的移动。

(2) 移动部分文本

首先选取要移动的文本部分,将光标移动到被选取的文本上,按下鼠标左键拖动,拖动时会出现一个虚线插入点,拖动至新位置后释放鼠标左键完成移动操作。如图 4-1-15 所示。

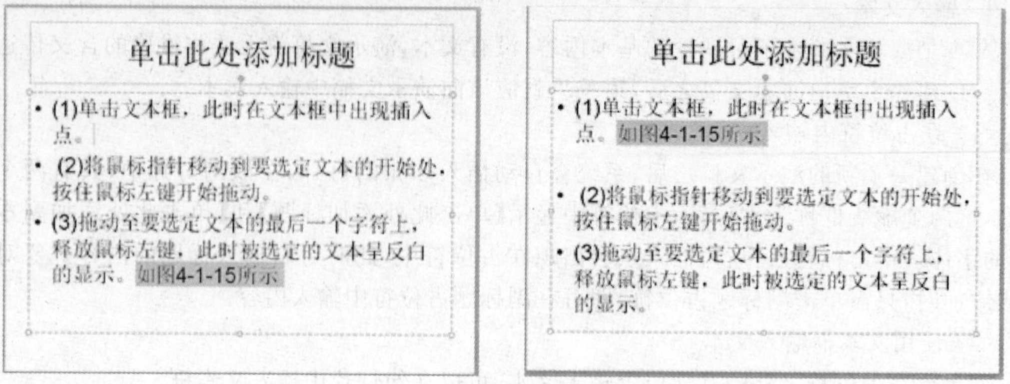

图 4-1-15　移动部分文本

(3) 复制文本

复制文本及撤消和恢复的操作同前面讲到的 Word 的基本操作相同,这里不再一一重复。

### 4.1.5　幻灯片的操作

用户在编辑幻灯片的过程中可对幻灯片进行多项操作,如添加幻灯片、删除幻灯片、复制与粘贴幻灯片等。

**1. 添加幻灯片**

用户在制作演示文稿时,如要添加一个新的幻灯片,可以单击【开始】选项卡【幻灯片】功能区中的【新建幻灯片】按钮或是在左边导航里面空处右击,在弹出的快捷菜单中单击【新建幻灯片】命令。

**2. 删除幻灯片**

如要删除一个幻灯片,可选中需要删除的幻灯片,并右击,然后在弹出的快捷菜单中单击【删除幻灯片】命令。

**3. 复制与粘贴幻灯片**

当用户需要插入相同的格式或相同内容的幻灯片时,可以直接复制幻灯片,可极大地节约用户时间。

选择需要复制的幻灯片并右击,在弹出的快捷菜单中选择【复制幻灯片】命令,选中需要粘贴幻灯片的前一张幻灯片,再次右击,在弹出的快捷菜单中选择【粘贴选项】命令。

**4. 调整幻灯片顺序**

用户在制作演示文稿中,有时需要对幻灯片的顺序进行调整,此时只需选中需要调整的幻灯片,并将其拖动到需要调整的位置即可。

**5. 设置文本格式**

不同格式的文字会带来不同的视觉效果,使演示文稿更加吸引观众的注意。改变文本格式的操作方法如下。

(1) 选中要改变格式的文字。

(2) 单击【开始】选项卡【字体】功能区中命令,可以对文本的字体、字形、字号和颜色等进行设置,使幻灯片中的文字更加美观。如图 4-1-16 所示。

图 4-1-16　字体、段落功能区

**6. 设置段落格式**

在 PowerPoint 2010 中,用户不仅可以设置幻灯片中文本的格式,也可以为段落设置格式,如设置文本段落缩进、行间距和段间距、项目符号和编号等。

(1) 设置文本对齐方式

在演示文稿中输入的文本均有文本框,设置文本的对齐主要是用来调整文本在文本框中的排列方式。文本的对齐方式有"文本左对齐""居中""文本右对齐""两端对齐"和"分散对齐"。如果要设置段落的对齐方式,可以按照下述步骤进行操作。

① 选定要设置对齐方式的段落,或者将插入点置于段落中的任何位置。

② 单击【开始】选项卡【文本左对齐】、【居中】、【文本右对齐】、【两端对齐】、【分散对齐】按钮。效果如图 4-1-17 所示。

(2) 设置文本段落缩进

设置段落缩进是指将段落以某一端缩进,如

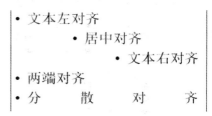

图 4-1-17　不同对齐方式的最终效果

将段落以首行缩进等方式进行设置,使其达到段落层次分层的效果,具体的操作步骤如下。

① 选定要设置段落缩进的文本,或者将插入点置于段落中的任何位置。

② 利用【开始】选项卡【段落】功能区中的 或 命令来调整缩进,但此种方式和 Word 的效果相同,每次只能左缩进或右缩进一个字符。

(3) 设置行间距和段落间距

行间距指的是段落中各行文字之间的垂直间距。段落间距分段前间距和段后间距,段前间距指当前段落与前一段落之间的间距;段后间距指的是当前段落与下一段落之间的间距。调整行间距和段落间距的具体操作如下。

① 选定要设置的文本,或者将插入点置于段落中的任何位置。

② 单击【开始】选项卡【段落】功能区右下角的按钮即可打开【段落】对话框,如图 4-1-18 所示,在这里可以设置段落的间距和行距。

(4) 设置项目符号与编号

项目符号和编号的设置是通过选择【开始】选项卡【段落】功能区中的【项目符号】和【编号】命令实现。如图 4-1-19 所示。

**7. 利用智能标记让文本编辑更轻松**

在编辑正文内容的时候,如果文本长度超过了占位符的长度,那么文本字号会自动缩小。此时在占位符的左下角会出现 按钮,单击按钮,会出现如图 4-1-20 所示的菜单。选择【停止根据此占位符调整文本】可以将文本还原回原大小,超出可视区域的部分可以利用图 4-1-20

中的【将文本拆分到两个幻灯片】等命令放到多页幻灯片上。

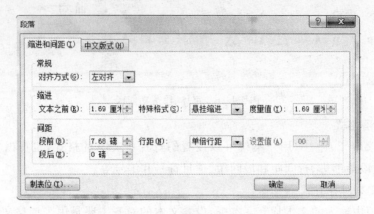

图 4-1-18 【段落】设置对话框

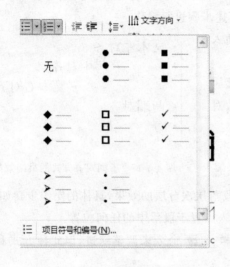

图 4-1-19 【项目符号】命令的下拉菜单

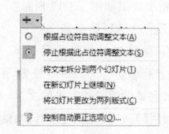

图 4-1-20 自动调整选项菜单

## 操作步骤

初步了解 PowerPoint 2010 之后,下面就以制作一个简单的会议简报为案例,对前面所讲内容作一个总结。

(1) 首先,打开 PowerPoint 2010,此时系统会自动新建一个空白演示文稿,或者也可以使用前述其他方法新建一个空白演示文稿。

(2) 此时的第 1 张幻灯片如图 4-1-21 所示,在"主标题"占位符中输入文字内容,同时在"副标题"占位符中输入文字内容。

(3) 完成第 1 张幻灯片的制作后,再开始制作后面的幻灯片内容,单击【开始】选项卡【幻灯片】功能区中【新建幻灯片】命令,弹出下拉菜单,选择一个新的版式,或者右击左边导航里面空处,弹出的快捷菜单中单击【新建幻灯片】命令,插入一个新的幻灯片,并输入相应的文字内容。如图 4-1-22 所示。

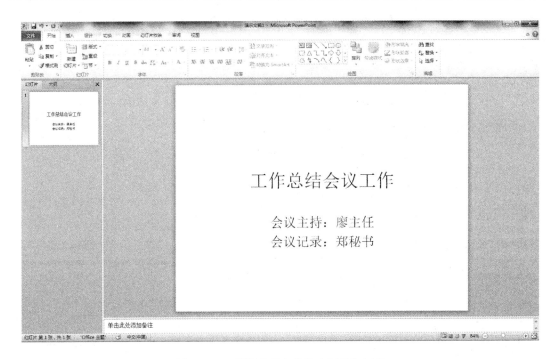

图 4-1-21　制作演示文稿的主标题幻灯片

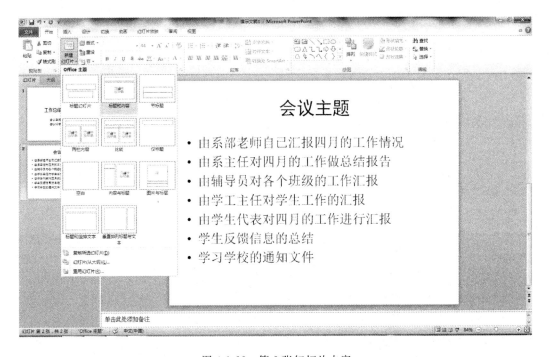

图 4-1-22　第 2 张幻灯片内容

　　(4) 用同样的方法,再新建一个幻灯片,版式可以不换,并输入相应的文字内容。如图 4-1-23 所示。

　　(5) 最后,插入最后一张幻灯片,格式不变,输入文字内容。如图 4-1-24 所示。

　　(6) 演示文稿的所有内容输入完毕后,再对文字的格式进行简单的排版。首先对所有幻灯片的主标题的文字格式进行设置。单击第 1 张幻灯片,单击主标题占位符,显示出文本框,鼠标选中文本框,然后执行【开始】选项卡【字体】功能区中的命令,对文本的字体设置为"黑体",字形设置为"加粗",效果如图 4-1-25 所示,对后面的几张幻灯片进行相同的操作。

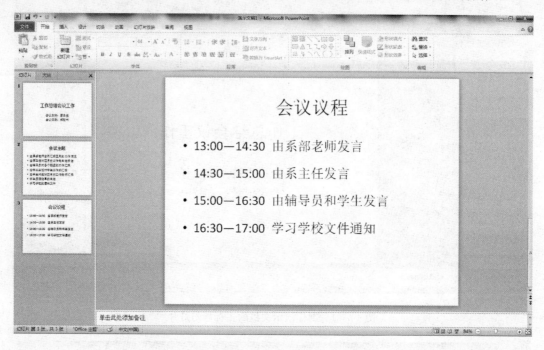

图 4-1-23　第 3 张幻灯片内容

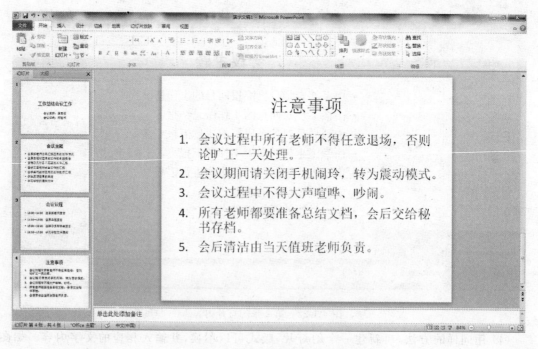

图 4-1-24　第 4 张幻灯片内容

(7) 完成字体的设置之后,选择第 2 张幻灯片,用鼠标选中如图 4-1-26 所示文本框,再执行【开始】选项卡【段落】功能区【项目符号和编号】命令,在弹出的对话框中选择一个新的项目符号,让会议主题变得层次清晰。

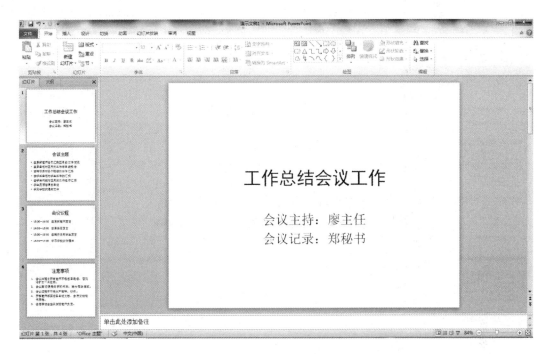

图 4-1-25　对所有幻灯片中的标题进行文字设置

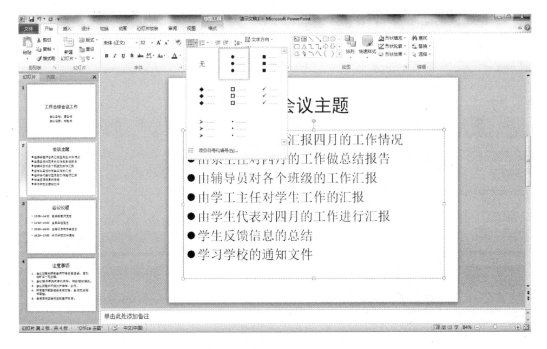

图 4-1-26　设置第 2 张幻灯片项目符号

（8）再选择第 3 张幻灯片，用鼠标选中如图 4-1-27 所示文本框，执行【开始】选项卡【段落】功能区右下角的按钮即可打开【段落】对话框，在弹出的【段落】对话框中设置行间距和段间距的数值，使文字的行距拉开，让较少的文字也能排列得醒目美观。

（9）对最后一张幻灯片中的注意事项使用数字编号，操作方法这里也不再重述。如图 4-1-28 所示。

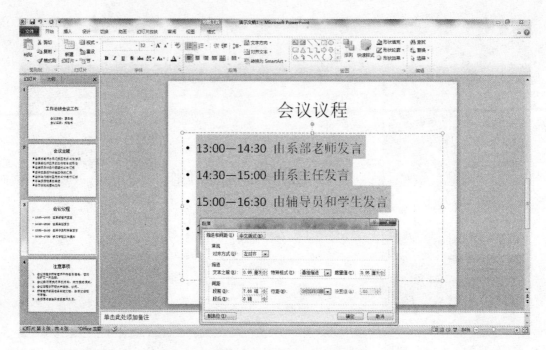

图 4-1-27　设置第 3 张幻灯片的行距

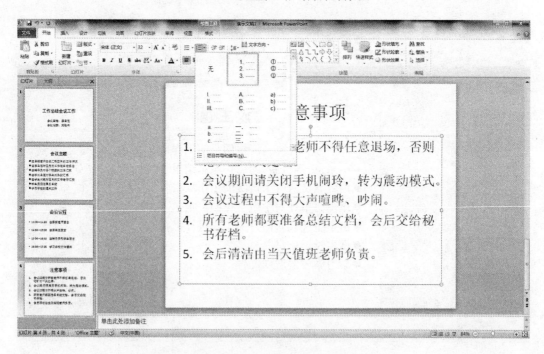

图 4-1-28　设置第 4 张幻灯片编号

（10）选择【幻灯片放映】选项卡【从头开始】命令或是按 F5 键,进行幻灯片的放映查看,效果无误后,单击【快速访问工具栏】中【保存】命令,对当前的演示文稿进行保存,保存位置和文件名可自行设置,如可以保存到"文档"文件夹中,并起名为"会议简报"。

如果不希望其他人私自修改该演示文稿,可以对该演示文稿进行密码保护。至此,一个简单的演示文稿便制作完成了,希望读者能举一反三,尝试制作其他类型的演示文稿,以掌握

PowerPoint 2010 的基本操作。

# 4.2 任务二　美化演示文稿

 **任务目标**

　　一个成功的演示文稿，不仅内容要吸引人，外观也要吸引人。本次任务，将要学习如何美化演示文稿。任务目标是将本章任务一中制作的演示文稿进行美化，让它在外观上更加富有吸引力，最终效果如图 4-2-1 所示。

图 4-2-1　美化后的演示文稿效果

**任务知识点**

- 使用文本框美化外观
- 使用母版控制演示文稿的外观
- 使用设计模板美化演示文稿外观
- 使用颜色方案控制演示文稿颜色
- 设置幻灯片背景颜色
- 插入对象操作
- 设置图片格式

• 绘制自选图形

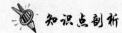 知识点剖析

上一任务的讲解使读者掌握了 PowerPoint 2010 的基本操作。本次任务将向大家介绍美化演示文稿的一些操作方法,使制作出来的演示文稿不仅美观,还可以在演示文稿中插入图片及图表等多种元素。

### 4.2.1 美化文本框

文本框的操作在上一任务中已作初步介绍,下面介绍如何修改文本框的背景颜色等,让文本框变得更加富有动感。

为文本框添加颜色,具体的操作步骤如下。

选择要设置格式的文本框,在文本框边缘上右击,弹出快捷菜单,选择"设置形状格式",可以设置"填充""线条颜色""线型"等。

### 4.2.2 母版的运用

想要统一改变演示文稿中所有文字的字体、字号等,如果仍然使用上面所介绍的方法就会显得非常烦琐,这时可使用母版来控制演示文稿的外观。

幻灯片母版是最常用的美化演示文稿的一种技术,通过母版将使演示文稿中的所有幻灯片都有一个统一的外观。所谓母版,实际是一张特殊的幻灯片,可以被看成是一个用于构建幻灯片的框架。在演示文稿中,所有的幻灯片都会基于该幻灯片母版而创建。如果更改了幻灯片母版,会影响所有基于母版的演示文稿幻灯片。例如,制作一个商业演示文稿时,如果想要每张幻灯片都包含有公司标志,就可以直接将这个标志放在母版中,这时所有的幻灯片都会出现母版中所包含的标志。

母版分为 3 种:"幻灯片母版""讲义母版"和"备注母版"。在 PowerPoint 2010 中,选择【视图】选项卡进入【母版视图】功能区,可以选择任意一种母版进行编辑。

幻灯片母版:使整个幻灯片风格统一,是最常用的母版。

讲义母版:用来控制讲义的打印格式。

备注母版:为演示者演示文稿时的提示和参考,也可以单独打印。

幻灯片母版是最常用的母版,在这里主要针对该母版进行介绍,另外两个母版的使用方法与它相同,不再作重复叙述。

**1. 编辑幻灯片母版**

如果要进入母版视图,选择【视图】选项卡【母版视图】功能区中【幻灯片母版】命令。如图4-2-2 所示。

在幻灯片母版视图中,包括 5 个虚线框标注的区域,分别是"标题区""对象区""日期区""页脚区"和"数字区",即前面所说的占位符。这些占位符中的提示文字并不会真正地显示,用户只需要在占位符中进行编辑,如设置文字的格式等,以便在幻灯片中输入文字时采用该格式。

**2. 更改标题格式**

幻灯片母版通常含有一个标题占位符,其余部分根据选择版式的不同,可以是文本占位

符、图表占位符或者图片占位符。

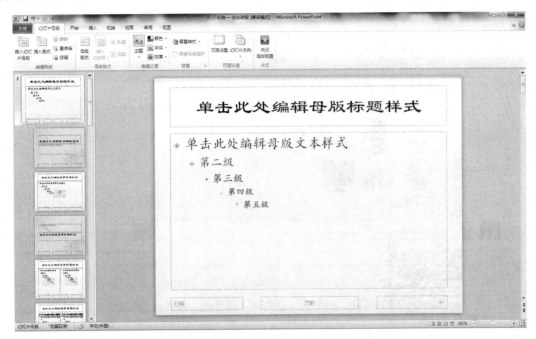

图 4-2-2　幻灯片母版视图

在标题区单击标题占位符，即可激活标题区，选定其中的提示文字，并可改变其格式，如可将它的文本格式改为黑体、加粗、带下划线格式。

单击【幻灯片母版】选项卡上的【关闭母版视图】按钮，返回到普通视图中，此时会看到每张幻灯片的标题格式均发生了改变。也可以对母版中占位符的边框和填充颜色进行设置，同样也会应用到每张幻灯片中。

**3．更改层次文本的项目符号**

演示文稿中不同层次的文本需选择不同的项目符号，即便于区分不同层次的文本，也可以美化演示文稿。如果要改变层次文本的项目符号，具体的操作步骤如下。

（1）在幻灯片母版中，选择要改变项目符号的层次的文本。

（2）选择【开始】选项卡中【段落】功能区中【项目符号和编号】命令。

（3）在下拉菜单中选择所需的符号、字号以及颜色等，单击【确定】按钮。

（4）重复上面的步骤，更改其他层次的项目符号。

**4．向幻灯片母版中插入对象**

用户可以在幻灯片中加入任何对象（如图片或图形等），使每张幻灯片中都自动出现该对象。如果要向幻灯片母版中插入图片，可以按照下述步骤进行操作。

（1）在母版中，单击【插入】选项卡【图像】功能区【图片】命令，此时会弹出【插入图片】对话框，如图 4-2-3 所示。

（2）在【插入图片】对话框中选择所需的图片，单击【插入】按钮，然后对图片的大小和位置进行调整。

（3）关闭母版视图，返回到普通视图中，此时每张幻灯片都出现插入的图片。在母版中加入对象后，虽然可以在每张幻灯片中看到它，但是不能针对某一张幻灯片来修改它，必须进入到幻灯片母版视图中进行编辑。

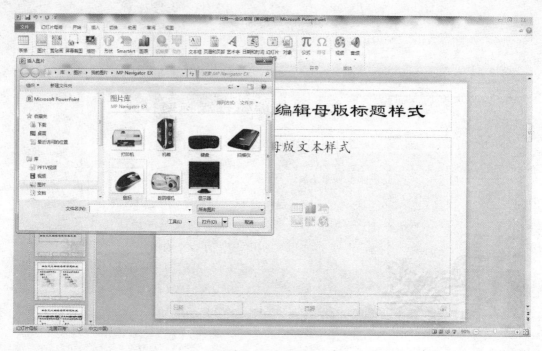

图 4-2-3　插入图片

**5. 设置页眉和页脚**

页眉和页脚包含文本、幻灯片号码以及日期,它们出现在幻灯片的顶端或底端,在 Power-
Point 的母版中,只能定义页眉和页脚的位置和格式,并不能添加页眉和页脚。具体的操作如下。

(1)选择【插入】选项卡【文本】功能区中【页眉和页脚】命令,在打开的对话框中单击【幻灯
片】标签,如图 4-2-4 所示。

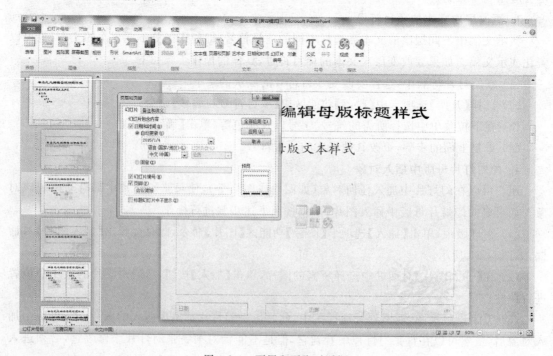

图 4-2-4　页眉和页脚对话框

（2）要添加日期和时间，请选中"日期和时间"复选框，然后选中【自动更新】或【固定】单选按钮。若选中【自动更新】单选按钮，则在幻灯片中所包含的日期和时间信息将会按照演示的时间自动更新；若选中【固定】按钮，并在下方的文本框中输入日期和时间，则将在幻灯片中直接插入该时间。

（3）要为幻灯片编号，则选中【幻灯片编号】复选框。

（4）如果要更改页眉和页脚的位置，可以进入相应的母版中，然后将页眉和页脚占位符拖到新的位置即可。

（5）单击【全部应用】应用到所有幻灯片或者【应用】应用到相同版式的幻灯片。

### 4.2.3　使用设计模板调整演示文稿外观

使用设计模板是控制演示文稿统一外观最有力、最快捷的一种方法，它包含了预定义的格式和配色方案，PowerPoint 提供的设计模板是专业人员精心设计的，用户可以在不改动幻灯片内容的前提下，使用设计模板来改变幻灯片的外观，具体操作如下。

（1）打开要应用设计模板的演示文稿，然后选择【设计】选项卡【主题】功能区中一款设计方案。

（2）将鼠标指针指向需要应用的设计模板，右击，弹出快捷菜单，若选择【应用于选定幻灯片】选项，则应用于所选的幻灯片；若选择【应用于所有幻灯片】选项，则演示文稿中所有的幻灯片都将套用选定的设计模板。如图 4-2-5 所示。

图 4-2-5　利用"设计模板"改变幻灯片外观

### 4.2.4　使用颜色方案控制演示文稿颜色

上一节中学习了设计模板的应用，在同一张幻灯片上可以随意更换设计模板，但在更换设计模板时，大家会发现，除了背景的更换，标题的文字颜色、文本内容的颜色都会进行更换，这是因为每种设计模板中都自带配色方案。

如果要为演示文稿或幻灯片设置配色方案,可以按照以下步骤进行操作。

(1) 打开一个演示文稿,然后选择【设计】选项卡【主题】功能区右侧【颜色】、【字体】、【效果】命令。

(2) 将指针指向颜色上,在颜色文字的图标右侧出现一个向下的箭头。

(3) 在出现的下拉列表中,在需要设置的颜色上右击,若选择【应用于选定幻灯片】选项,则只对选定的一个幻灯片应用所选的颜色方案;若选择【应用于所有幻灯片】选项,则对整个演示文稿中的幻灯片都应用选定的配色方案。

(4) 如果对现有颜色方案不满意,也可以创建自己的颜色方案,在【颜色】下拉列表下面,单击【新建主题颜色】按钮,打开其对话框。如图 4-2-6 所示。

(5)【字体】、【效果】的设置与【颜色】的设置方式一样,这里不作过多的描述。

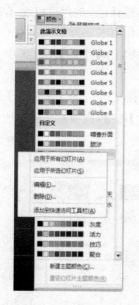

图 4-2-6　编辑颜色方案

### 4.2.5　设置幻灯片背景

为了使幻灯片的背景更加美观,除了使用单一的颜色外,还可以使用渐变色或是图片作为幻灯片的背景。在上节中使用设计模板设置了不同的模板,演示文稿的背景也会随着改变。本节将要介绍如何单独设置幻灯片的背景。设置幻灯片背景的具体操作如下。

**1. 设定背景颜色**

(1) 打开一个演示文稿,单击【设计】选项卡【背景】功能区中【背景样式】命令,弹出【背景样式】下拉菜单。如图 4-2-7 所示。

(2) 在下拉列表中会弹出相应的颜色和选项,可以选择自己所需的颜色作为幻灯片的背景颜色。列出的颜色如果不喜欢,可单击【设置背景格式】按钮,在弹出的【设置背景格式】对话框中自定义所需的背景颜色。即可对当前选择的幻灯片的背景颜色进行更改。如果单击【全部应用】按钮,则可对整个演示文稿中的所有幻灯片背景颜色进行设定。如图 4-2-8 所示。

还可以对【设置背景格式】对话框中【填充】命令设置更加丰富的效果,有 4 种不同的填充效果可以进行设置。分别是:"纯色填充""渐变填充""图片或纹理填充"和"图案填充"。

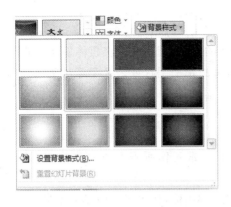

图 4-2-7　设置幻灯片背景

图 4-2-8　自定义背景

**2. 渐变填充**

(1) 单击【设计】选项卡【背景】功能区中【背景样式】命令,在弹出的【设置背景格式】对话框中选择"渐变填充"标签,如图 4-2-9 所示。

图 4-2-9　颜色渐变方式

(2) 在"颜色"方框中选择所需的方式,"渐变光圈"中可以设定所需的颜色,"透明度"中可以设定颜色的透明度。"类型""方向"和"角度"选择框中可以设定渐变颜色的渐变类型、渐变方向和渐变角度的效果。所有的最终效果都会直接改变选定的幻灯片,非常直观,完成渐变颜色的设定。

(3) 如果单击【全部应用】按钮,则可对整个演示文稿中的所有幻灯片背景进行渐变填充。

**3. 其他几种填充方式**

"图案填充"相对简单,其中的选项也很少,此处不再详述。

其中"图片或纹理填充"具体的操作方法和下面要讲到的插入图片的方法相似,此处不再过多介绍。

### 4.2.6 在演示文稿中插入对象操作

上一节中介绍了如何在幻灯片中加入所要表达的文字,但在当今多媒体发达的时代,文字过多显得过于枯燥,如果适当地加入各种与主题有关的精美图片或艺术字等对象,会使演示文稿生动有趣且更富有吸引力。

在 PowerPoint 2010 中,插入对象的方法有很多。

**1. 插入剪贴画**

PowerPoint 2010 中提供了大量的图片,能满足日常工作所需。插入剪贴画的具体操作步骤如下。

在有内容占位符的幻灯片中,单击其中的【剪贴画】图标,如图 4-2-10 所示。将在工作区域的右侧打开【剪贴画】任务窗格,如图 4-2-11 所示,选择【插入】选项卡【图像】功能区的【剪贴画】也可以打开【剪贴画】任务窗格。在任务窗格中双击选中的剪贴画或单击剪贴画右侧的按钮,在打开的菜单中选择【插入】即可将剪贴画插入到内容占位符中,如果需要插入的剪贴画不在任务窗格中显示,则可使用搜索功能。在图 4-2-11 的搜索文字下方输入相关文字,在搜索类型中选择搜索的范围(插图、照片、音频和视频),然后单击【搜索】即可出现符合条件的剪贴画,选择所需插入即可。

插入的剪贴画可以对其进行编辑,如改变大小、位置和复制等,操作与 Word 类似。

图 4-2-10 【剪贴画】占位符　　　　　　图 4-2-11 【剪贴画】任务窗格

**2. 插入图片**

除了可以插入剪贴画外,用户还可以插入文集中的图片,使幻灯片更加美观和吸引观众,具体的操作步骤如下。

(1)在幻灯片的内容占位符中单击【插入来自文件的图片】即可打开【插入图片】对话框,

打开图片所在的路径插入图片,或选择【插入】选项卡【图像】功能区中的【图片】命令,也可以打开【插入图片】对话框。另外,PowerPoint 2010 新增的制作电子相册功能,单击【图像】功能区中的【相册】命令,可以将来自文件的一组图片制作成多张幻灯片的相册,如图 4-2-12 所示。

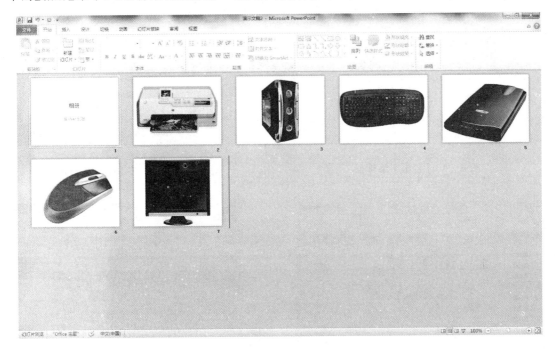

图 4-2-12　电子相册

（2）可以对所插入的图片大小、位置进行进一步的调整。

### 3. 插入艺术字

艺术字是 PowerPoint 2010 中自带样式效果的文本对象,使用艺术字可以将文本创建成更加绚丽的效果,在幻灯片中插入艺术字的具体步骤如下。

（1）打开一个演示文稿,选择其中的一张幻灯片,然后选择【插入】选项卡【文本】功能区的【艺术字】命令,弹出【艺术字库】下拉列表。单击选中的艺术字。在幻灯片编辑区中出现【请在此放置您的文字】艺术字编辑框,如图 4-2-13 所示。更改输入要编辑的艺术字文本内容,可以在幻灯片上看到文本的艺术效果。选中艺术字后,选择【格式】选项卡可以进一步编辑艺术字。右击艺术字,可以选择设置艺术字的形状格式,如图 4-2-14 所示。

（2）像插入图片一样,也可以对所插入的艺术字的大小和位置进行调整。

### 4. 插入图表

形象直观的图表与文字数据相比更容易让人理解,在幻灯片中插入图表会显示更加清晰的效果。PowerPoint 2010 可直接利用【图表生成器】提供的各种图表类型和图表向导,创建具有复杂功能和丰富界面的各种图表,增强演示文稿的演示效果。

在幻灯片中插入所需的图表,通常是通过在系统提供的样本数据表中输入自己的数据,由系统自动修改与数据相对应的样本的图表而得到的。插入图表一般有两种情况。在有内容占位符的幻灯片中单击【插入图表】,或是选择【插入】选项卡【插图】功能区中的【图表】,都可以打开【插入图表】对话框,如图 4-2-15 所示,选择需要的图表类型,即可打开 Excel,如图 4-2-16 所示,可以在其中修改相应的系列数据,完成图表的插入。

图 4-2-13　艺术字编辑框

图 4-2-14　艺术字形状格式设置

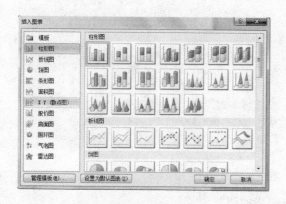

图 4-2-15　【插入图表】对话框

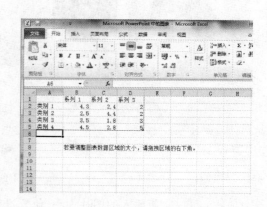

图 4-2-16　修改图表的系列数据

**5. 插入表格**

在幻灯片的内容占位符中单击【插入表格】即可打开【插入表格】对话框,在其中输入行数和列数,或选择【插入】选项卡【表格】功能区中的【表格】按钮,在其中选择行数和列数也可插入表格。

### 4.2.7　设置图片格式

在幻灯片中加入图片之后,常常要对其进行设置,使其更适合演示文稿。一般插入剪贴画或图片后,【格式】选项卡中包括多个操作命令,可以很方便地对插入的图片进行常用的操作。

**1. 裁剪图片**

裁剪是通过删除图片的边缘改变图片的大小,常用于隐藏或修剪图片的某一部分,目的是突出主要部分,删除不需要的部分,裁剪图片的具体操作如下。

(1) 打开或新建一个演示文稿,并插入一张图片,选中插入的图片,在【格式】选项卡【大小】功能区中单击【裁剪】命令。

(2) 这时图片的四周出现了 8 个裁剪控制点,拖动需要裁剪部分所对应的控制点,此时裁剪的部分消失,调整一个合适的裁剪大小即可。

**2. 调整图片的大小和位置**

直接插入到幻灯片中的图片往往保持了原有大小并处于幻灯片的中央位置,这时需要对图片的大小和位置进行调整,具体操作如下。

(1) 打开或新建一个演示文稿,并插入一张图片。

(2) 选中插入的图片,此时图片的四周出现 8 个控制点,拖动控制点就能对图片的大小进行调整。

(3) 如果认为这种调整不够精确,可以在【格式】选项卡【大小】功能区中,在"高度"和"宽度"中输入数值,可对图片的大小进行精确调整。

(4) 图片大小调整好后,选中图片进行拖动就可对图片的位置进行移动,可以右击,在弹出的快捷菜单中选择【大小和位置】,在对话框的"位置"标签中输入精确的位置进行移动。

**3. 旋转图片**

用户如果对插入图片的角度不满意,可以旋转图片的角度进行调整。具体的操作步骤如下。

(1) 打开或新建一个演示文稿,并插入一张图片,选中插入的图片。

(2) 此时,图片的顶端出现一个绿色的控制点,此标记为旋转标记,单击并拖动该标记到需要的方向,图片四周出现的虚线边框为旋转后图片的位置。

(3) 如果对这种调整的精确度不满意,也可以像上面调整图片大小那样,在【格式】选项卡【排列】功能区中【旋转】命令中输入相应的角度数值,也可以对图片的角度进行调整。

除了这些常用的图片格式操作外,还可以对图片进行如改为灰度图、压缩图片、加边框等常用操作,可自行练习。

### 4.2.8　绘制自选图形

在制作一些特殊的演示文稿时,如带有流程图的演示文稿,用户可以在制作的幻灯片中插入自己绘制的图形,Power-Point 2010 中的自选图形非常丰富,包括"基本图形""流程图""标注""星与旗帜"等。

**1. 绘制基本图形**

(1) 打开或新建一个演示文稿。单击【插入】选项卡【插图】功能区【形状】命令或者【开始】选项卡【绘图】功能区中的图形,弹出【形状】下拉菜单。如图 4-2-17 所示。

(2) 单击【形状】下拉菜单中任意一个想要绘制的图形,然后放置在幻灯片中需要的位置上,拖动鼠标进行绘制即可。

(3) 如果需要多个图形,重复上面的步骤,可以在幻灯片中绘制多个不同的图形。

注意:线条是一个特殊的图形,主要是来连接对象,并表示对象之间的关系,只需要拖动线条到两个图形之上,就能使两个图形连接起来。

**2. 自选图形的颜色、大小、位置与角度的调整**

【形状】虽然是 PowerPoint 2010 内置的图形,但是对它的一些调整与插入图片的操作方法相同,如对图形的颜色、位置与旋转角度的设置。如果对绘制的【形状】的颜色和位置不满意,可以用指针选中图形,右击会弹出【设置形状格式】对话框或者单击【格式】选项卡中命令,如图 4-2-18 所示。此对话框的标

图 4-2-17　绘制形状图形

签选项和【设置图片格式】对话框完全相同,具体操作请参考上节中对图片的颜色、位置与角度调整的相关介绍。

图 4-2-18　设置形状格式

### 3. 形状的组合、改变顺序、对齐与分布的操作

在幻灯片中插入自选图形后,用户还可以设置【形状】的格式,例如,几个【形状】的组合、调整顺序、对齐与分布图形等。对于这些常用的操作可以使用【格式】选项卡中的各项命令来执行。如图 4-2-19 所示。

图 4-2-19　【格式】选项卡相关命令

(1)组合。将选中的多个图形进行组合,这是一个很有用的操作,有时需要绘制一些复杂的图形,并需要统一移动时,可以将这些图形进行组合操作后,使之成为一个整体,同理也可以使用取消组合使各个图形还原。

(2)叠放次序。改变图形在幻灯片中的叠放层次。当绘制多个图形时,图形之间会有层次关系。使用叠放次序可以改变图形在幻灯片中的叠放层次。

(3)对齐与分布。设置图形的分布与对齐方式。当绘制的多个图形需要对齐时,就需要用到对齐工具;当需要几个对齐的图形之间的间隔相同,就需要用到分布工具。

### 4. 为图形添加阴影和三维效果

图形最吸引人的地方就是还可以对其添加各种效果,如添加阴影和三维效果。这些效果的操作在【设置形状格式】中通过执行各项命令来完成。具体的操作和前面所讲内容相似,这里不作过多重述。

**操作步骤**

本节内容的任务目标是在上一任务实例的基础上对演示文稿进行美化，其操作步骤如下。

（1）打开上一个任务中制作的"会议简报"演示文稿，对上次制作的演示文稿进行一些美化操作。

（2）选择【设计】选项卡【主题】功能区的模板，选择一个合适的设计模板，使当前的演示文稿应用此模板。如图 4-2-20 所示。

图 4-2-20　选择设计模板

（3）选择【插入】选项卡【文本】功能区【页眉和页脚】命令，在打开的对话框中单击"幻灯片"标签，如图 4-2-21 所示，进行设置，然后单击【全部应用】按钮，使整个演示文稿中都出现日期、页脚和幻灯片编号。

图 4-2-21　设置页眉和页脚

（4）若演示文稿中标题和内容的文本字体过大，可以使用"幻灯片母版"对整个演示文稿中的字体大小进行统一调整。

（5）选择【视图】选项卡【母版视图】功能区【幻灯片母版】命令，进入到幻灯片母版视图，如图 4-2-22 所示。

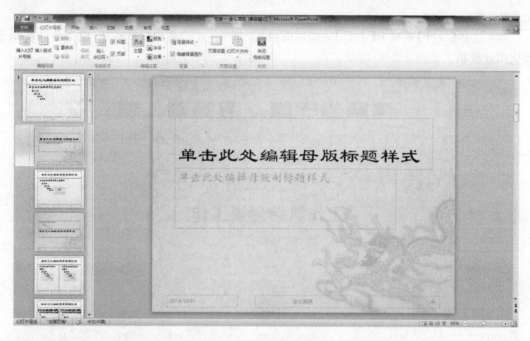

图 4-2-22　编辑幻灯片母版

（6）将"母版标题样式"的占位符选中，框中其中的提示文字，在【开始】选项卡【字体】功能区中将它的字体设置为"隶书"、大小设置为"48"，如图 4-2-23 所示。

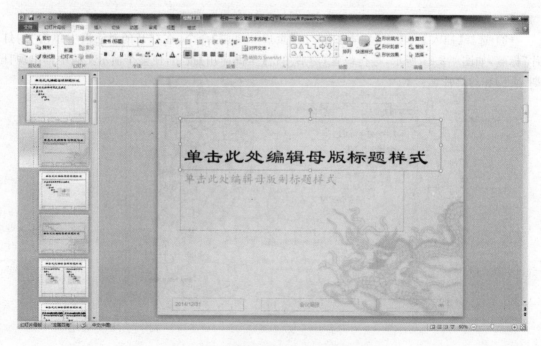

图 4-2-23　设置标题占位符的文字格式

（7）然后再将"编辑母版文本样式"占位符选中，将它的字体设置为"华文楷体"、大小设置为"32"，如果演示文稿中有二级或三级的文本内容，可对下面的"二级""三级"等内容的字体大小进行设置。如图 4-2-24 所示。

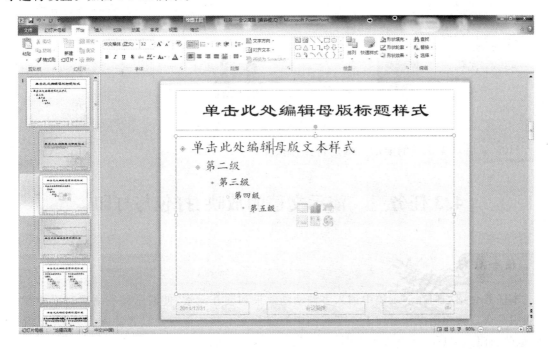

图 4-2-24　设置文本样式的文字格式

（8）母版编辑完成后，单击【幻灯片母版】选项卡中的【关闭母版视图】按钮，退回到普通视图中，此时整个演示文稿的所有文字都改变了大小。如图 4-2-25 所示。

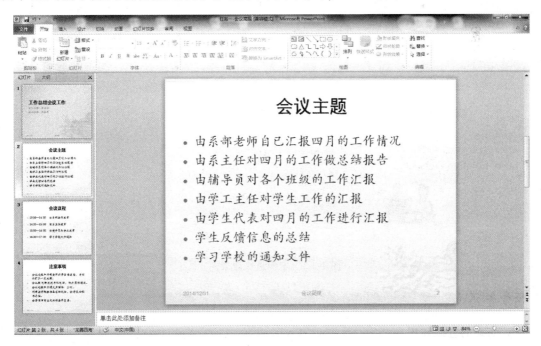

图 4-2-25　设置母版后的效果

（9）在每张幻灯片中插入与主题相关的剪贴画或图片，如图 4-2-26 所示。

图 4-2-26　插入了剪贴画的幻灯片

（10）最后对美化后的演示文稿进行保存操作。

# 4.3 任务三　演示文稿的放映、打包与打印

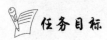任务目标

本任务介绍如何在演示稿中加入多种动画效果和交互元素，使演示稿在播放时更加绚丽并吸引观众。其实例操作是对上一节实例中的部分文本和其他对象设置动画方案，并设置切换、放映、打包及打印，最终效果如图 4-3-1 所示。

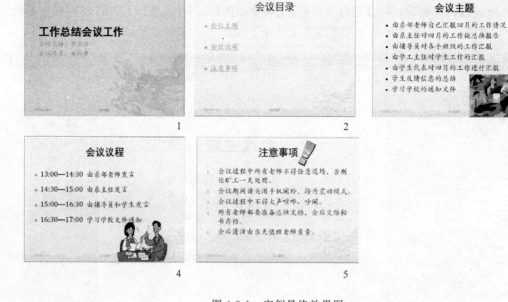

图 4-3-1　实例最终效果图

任务知识点

- 动画的基础知识
- 在幻灯片中添加多媒体对象

- 创建交互式演示文稿
- 编辑超级链接
- 演示文稿放映
- 打印演示文稿

 知识点剖析

### 4.3.1　动画的基础知识

最基本的幻灯片放映方式是一张接一张地放映,但显得单调,PowerPoint 2010 中提供了不同的切换方式,从而增强了幻灯片的表现效果。动画主要分为两大类:自定义动画和页面切换动画,具体包括进入动画、强调动画、退出动画、页面切换动画、组合动画和路径动画。

**1. 进入动画**

幻灯片的对象(文本、图形、表格等)的动画效果设置步骤:选择【动画】选项卡【高级动画】功能区【添加动画】命令,如图 4-3-2 所示,选择【进入】中的动画效果即可。若选择【更多进入效果】命令,将打开【添加进入效果】对话框,如图 4-3-3 所示,有"基本型""细微型""温和型""华丽型"四种特色动画效果。

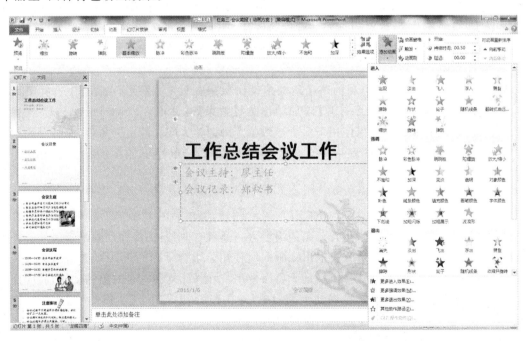

图 4-3-2　【添加动画】效果

**2. 强调动画**

在放映过程中引起观众注意的一类动画,通常在进入动画完成时或与进入、退出、路径动画同时使用。强调动画包括形状、颜色的变化,设置方法与上述一致,只要在【强调】中选择动画效果即可。若选择【更多强调效果】命令,将打开【添加强调效果】对话框,如图 4-3-4 所示,有"基本型""细微型""温和型""华丽型"四种特色动画效果。

图 4-3-3 【添加进入效果】对话框    图 4-3-4 【添加强调效果】对话框

### 3. 退出动画

退出动画与进入动画完全对应,操作方法相同,只要在【退出】中选择动画效果即可。有两点需要注意:①注意与该对象的进入动画保持呼应,一般怎样进入的,按照相反的顺序退出。②注意与下一页或下一个动画的过渡,能够与接下来的动画保持连贯。

### 4. 路径动画

路径动画是让对象按照绘制的路径运动的动画效果。只要在【动作路径】中选择动画效果,或选择【其他动作路径】命令打开【添加动作路径效果】对话框。PowerPoint 2010 提供了较为丰富的路径动画效果,如果使用不慎会导致整个画面让人眼花缭乱。另外,路径动画起始符号含义如下:绿色三角形的底边中点作为动作的起始点,红色三角形的顶点作为动作结束点。

### 5. 组合动画

以上四种自定义动画,可以单独使用任何一种动画,但单一的动画都不够自然,其实真正的动画效果是需要组合进行的,组合动画的组合方式通常有两种:①路径动画配合另外三种动画同时使用,②强调动画配合进入或退出动画同时使用。组合动画的设计关键是创意以及时间和速度的设置。另外,幻灯片自定义动画可以使用"动画刷"复制一个对象的动画,并应用到其他对象。操作方法是:单击有设置动画的对象,双击【动画】选项卡【高级动画】功能区中的【动画刷】命令,当鼠标变成刷子形状的时候,单击需要设置相同自定义动画的对象即可。还可以通过在【动画】选项卡的【计时】功能区中的相关命令设置动画时间和动画激活方式。

### 6. 页面切换动画

页面切换动画主要是为了缓解幻灯片页面之间切换时的单调感而设计的,在【切换】选项卡【切换到此幻灯片】功能区中对幻灯片的切换效果进行设置,如图 4-3-5 所示,单击【切换】选项卡中幻灯片切换效果缩略图右侧的下拉按钮,可在切换效果库中选择想要的效果,在该切换效果库中包含"细微型""华丽型"不同类型。

另外,还可以为切换加上声音。在【切换】选项卡的【计时】功能区中,从【声音】下拉菜单中可以选择所需的幻灯片切换声音。幻灯片的切换速度也可以进行设置。选择【切换】选项卡的【计时】功能区,在【持续时间】中设置切换速度。注意在【计时】功能区中,换片方式指的是本页幻灯片切换到下一页幻灯片的方式。幻灯片的切换方式有两种:①单击鼠标左键、滚动鼠标滑轮、按键盘上的上下方向键等,进行幻灯片切换;②设置自动换片时间:指画面在本页幻灯片停留时间,单位为"秒"。若同时选中【单击鼠标时】和【设置自动换片时间】复选框,可使幻灯片按指定的时间间隔进行切换,在此间隔内单击鼠标则可直接进行切换,从而达到手工切换和自动切换相结合的目的。

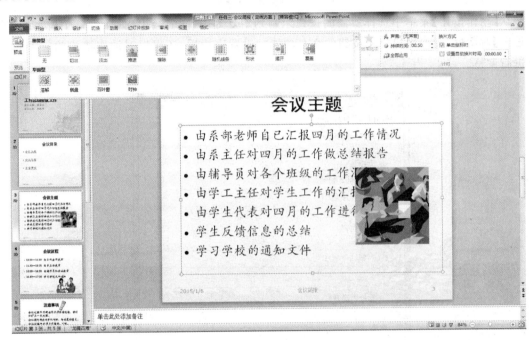

图 4-3-5　幻灯片切换效果库

### 4.3.2　在幻灯片中添加多媒体对象

声音对象在演示文稿中使用频率较高,也是最常用的多媒体对象,下面主要介绍如何在演示文稿中添加声音对象,具体操作步骤如下。

打开演示文稿,选择【插入】选项卡【媒体】功能区【音频】下拉菜单中的【文件中的音频】命令,此时会弹出【插入音频】对话框。在对话框中选择要插入的声音文件,单击【插入】按钮,在插入声音的幻灯片上将出现一个声音图标。此时选择【播放】选项卡,根据需要进行设置。

除了声音以外,还可以在演示文稿中添加视频之类的多媒体对象,这些多媒体对象在一些特殊的场合中使用频率较高,具体的操作与插入声音的操作方法相似,这里不再重复。

### 4.3.3　创建交互式演示文稿

幻灯片放映时,奇特的切换效果和动画效果使得整个演示过程变得非常绚丽和完美,但用户能在放映时随时看到希望看到的内容吗?PowerPoint 的按钮和动作设置可用于向幻灯片添加按钮,观众通过单击这些按钮可以切换到任一张幻灯片或跳到一个网页中。

用户可以将某个动作按钮添加到演示文稿中,然后定义如何在幻灯片放映中使用它,例如,链接到另一张幻灯片或者需要激活一段影片、声音等。

如果要创建一个动作按钮,可以单击【插入】选项卡【形状】下拉菜单中【动作按钮】命令,出现如图 4-3-6 所示的【动作按钮】命令。

图 4-3-6 【动作按钮】命令

从【动作按钮】菜单中选择所需的按钮绘制到幻灯片中,同时会出现如图 4-3-7 所示的【动作设置】对话框,允许用户定义按钮的交互功能。设置完毕后,还可以对动作按钮的位置和大小进行调整。

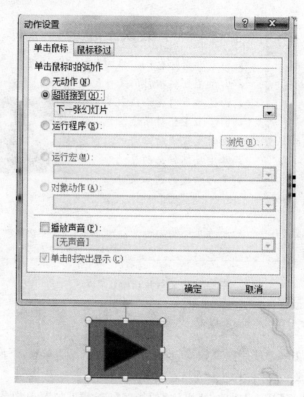

图 4-3-7 【动作设置】对话框

除了添加动作按钮来进行动作设置之外,还可以直接对文本或其他对象进行动作设置,只要对需要添加动作的文本或其他对象右击,在弹出的菜单中选择【超链接】命令,则也会弹出【动作设置】对话框,可对其他元素进行动作设置。

### 4.3.4 编辑超链接

用户可以在演示文稿中创建超链接,以便跳转到演示文稿内特定的幻灯片、另一个演示文稿、某个 Word 文档或某个 Internet 的地址。

超链接可以创建在任何文本或对象上,包括文本、图形、表格或图片。也可以使用上面讲到的交互动作来创建超链接。

#### 1. 创建超链接

在 PowerPoint 2010 中创建超链接的方法很多,在上一节中使用动作按钮就可以创建超链接,还可以使用插入超链接的方法创建超链接。插入超链接的具体操作步骤如下。

（1）打开一个演示文稿,选择幻灯片中要进行超链接的文本或图形对象。

（2）选择【插入】选项卡【链接】功能区【超链接】命令,弹出如图 4-3-8 所示的【插入超链接】对话框。

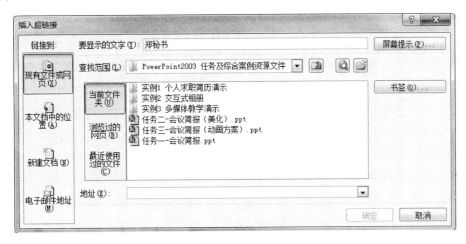

图 4-3-8　【插入超链接】对话框

（3）在"链接到"选项框中有 4 种链接到不同位置的方式,每种方式的具体作用表示如下。

① 现有文件或网页:可以链接到计算机中其他位置的文件或网页文件。

② 本文档中的位置:可以链接到本演示文稿中其他任意一张幻灯片中。

③ 新建文档:可以链接打开一个新的演示文稿。

④ 电子邮件地址:可以超链接到一个邮件地址。

**2. 修改超链接**

如果对超链接的目标不满意,可以在超链接上右击,选择【编辑超链接】命令,此时会弹出【编辑超链接】对话框,可对不满意的超链接进行修改。

**3. 删除超链接**

删除超链接的方法和修改超链接的方法相同,也是在超链接上右击,在弹出的菜单中选择【删除超链接】命令即可。

### 4.3.5　演示文稿放映

当把演示文稿制作完成后,将会在不同的场合进行演示和播放。PowerPoint 的演示文稿既可以做成透明的幻灯片放映或使用电脑投影仪放映,也可以打印成讲义在会议上分发,还可以制作成视频,进行观看。

**1. 设置放映方式**

要设置幻灯片的放映方式,首先选择【幻灯片放映】选项卡【设置】功能区中的【设置幻灯片放映】命令,打开【设置放映方式】对话框,如图 4-3-9 所示,放映类型分为 3 个单选框,分别针对不同的放映方式进行设置。

（1）演讲者放映

该单选项是默认选项,它是一种功能介于观众自行浏览和在展台浏览选项之间的放映方式,向用户提供既正式又灵活的放映。放映是在全屏幕上实现的,鼠标指针在屏幕上出现,放映过程中允许激活控制菜单,能进行画线、定位等操作。

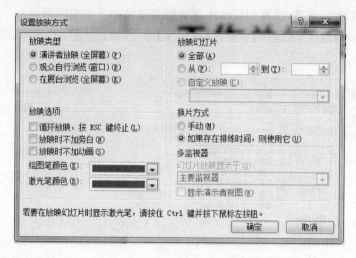

图 4-3-9 【设置放映方式】对话框

(2) 观众自行浏览

观众自行浏览是提供观众使用窗口自行观看幻灯片来进行放映的一种方式。利用此种方式提供的菜单可以进行翻页、打印等。此时按照排练时间放映或利用滚动条进行放映。

(3) 在展台浏览

这 3 种放映方式中最为简单的一种。在放映过程中,除了保留鼠标指针用于选择屏幕对象进行放映外,其他的功能将全部失效,终止放映只能使用 Esc 键。

"放映选项"选择有 3 种。

(1) 循环放映,按 Esc 键终止:放映过程中,当最后一张幻灯片放映结束后,会自动跳转到第一张幻灯片继续播放,按 Esc 键则终止放映。

(2) 放映时不加旁白:在放映幻灯片的过程中不播放任何旁白。

(3) 放映时不加动画:在放映幻灯片的过程中,先前设定的动画效果将不起作用。

"放映幻灯片"选项用于设定放映的幻灯片,选择方法有以下 3 种。

(1) 全部:所有幻灯片都参与放映。

(2) 从×××到×××:从中间的数字格中输入开始和结束幻灯片的编号,在其间的所有幻灯片都将参入放映。

(3) 自定义放映:允许用户从所有幻灯片中自行挑选需要参与放映的内容,此选项必须在已经定义了自定义放映方式的情况下才有效。

"换片方式"选项是指在幻灯片的放映过程中,片与片之间的切换方式。换片的方式有以下两种。

(1) 手动:在放映时需要使用鼠标或键盘进行幻灯片切换。

(2) 如果存在排练时间,则使用它:人为地控制每张幻灯片的播放时间及换片时间,由计算机自动记录,而且用它来控制播放。

**2. 设置放映时间**

幻灯片的放映时间包括每张幻灯片的放映时间和所有幻灯片总的放映时间。设置每张幻灯片的放映时间可以在【切换】选项卡【计时】功能区中设置自动换片时间或选择【幻灯片放映】选项卡【设置】功能区中的【排练计时】命令,系统自动切换到幻灯片放映视图,同时打开【录制】

工具栏,此时,用户按照自己总体的放映规划和需求,依次放映演示文稿中的幻灯片,在放映过程中,【录制】工具栏对每一个幻灯片的放映时间和总放映时间进行自动计时。当放映结束后,弹出录制时间的提示框,并提示是否保留幻灯片的排练时间,单击【是】按钮。这样演示文稿的放映时间设置完成,以后再放映该演示文稿时,将按照这样的设置自动放映。

**3. 幻灯片的放映**

幻灯片的放映有 3 种方式:①单击演示文稿窗口右下角视图按钮中的【幻灯片放映】按钮。这时从插入点所在幻灯片开始放映。②单击【幻灯片放映】选项卡中的【从头开始】或【从当前幻灯片开始】按钮。③按下 F5 键从第一张幻灯片开始放映,按下 Shift＋F5 键从当前选定的幻灯片开始放映。

### 4.3.6　打印演示文稿

要创建打印输出或制作 35 毫米幻灯片,首先要检查当前的页面设置。页面设置决定了用户创建的幻灯片的大小和方向。在默认的设置下,不管是以普通页面方式打印的幻灯片,还是以 8.5 英寸宽、11 英寸高的页面方式打印的投影仪幻灯片,都可以在幻灯片放映时正常显示。只有在需要以不常用的长或宽来打印 35 毫米幻灯片或自定义纸张时,才需要更改页面设置。

**1. 页面设置**

默认情况下,幻灯片布局显示为横向,要为幻灯片设置页面方向,在【设计】选项卡的【页面设置】功能区中的【幻灯片方向】下拉列表中选择【横向】或【纵向】,如图 4-3-10 所示。

在【设计】选项卡的【页面设置】功能区中,单击【页面设置】,打开【页面设置】对话框,如图 4-3-11 所示。在【幻灯片大小】下拉列表框中,选择要显示幻灯片的比例和纸张大小。

图 4-3-10　设置幻灯片方向

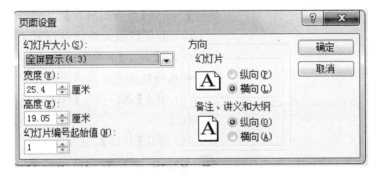

图 4-3-11　【页面设置】对话框

**2. 打印幻灯片**

如果要开始打印演示文稿,首先确定要打印的演示文稿已被打开,然后选择【文件】选项卡中的【打印】命令,在【打印】界面的【份数】框中输入要打印的份数,在【打印机】下拉列表框中选择要使用的打印机。在【设置】下拉列表框中选择【自定义范围】,如图 4-3-12 所示。

(1) 若要打印所有幻灯片,选择【打印全部幻灯片】。

(2) 若要打印所选的一张或多张幻灯片,选择【打印所选幻灯片】。

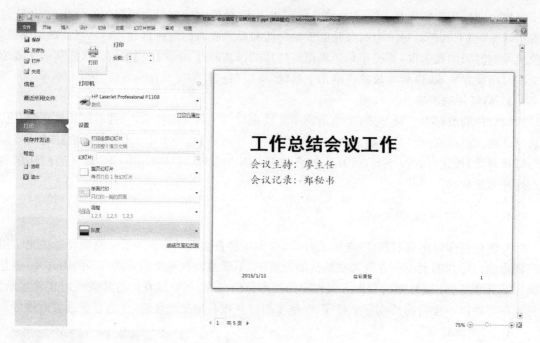

图 4-3-12　打印设置

（3）若仅打印当前显示的幻灯片，则选择【打印当前幻灯片】。

（4）若要按编号打印特定幻灯片，则选择【自定义范围】，然后输入幻灯片的列表和范围，中间用半角逗号或短线隔开，如"1,3,5,7-15"。

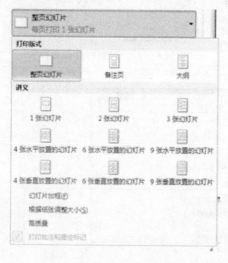

图 4-3-13　【整页幻灯片】对话框

**3. 打印讲义**

打印讲义时，选择【整页幻灯片】，如图 4-3-13 所示。操作如下。

（1）若要在一整页上打印一张幻灯片，在【打印版式】下单击【整页幻灯片】。

（2）若要以讲义格式在一页上打印一张或多张幻灯片，在【讲义】下单击每页所需的幻灯片数，此页面还可选择按垂直还是水平顺序显示这些幻灯片。

（3）单击【逐份打印】列表，然后选择是否逐份打印幻灯片。

（4）单击【打印】，完成打印。

 操作步骤

本节任务目标是对上一节实例中的部分文本和其他对象设置动画方案，并设置超链接的效果，其操作步骤如下。

（1）打开上一任务中制作的"会议简报"演示文稿。

（2）选择第 1 张幻灯片，选择【开始】选项卡【幻灯片】功能区【新幻灯片】命令，插入一张新的幻灯片。

（3）在新插入的幻灯片中输入如图 4-3-14 所示的内容。

（4）对幻灯片进行放映，发现动画都需要鼠标进行单击才能进行激活播放，很不方便，并且所有的幻灯片的放映方式都一模一样，也显得比较单调，此时可以使用自定义动画，使幻灯片中每个元素的动画都不相同，并对不同的动画设置不同的播放方式。选择需要设置动画的文字和图片，单击【动画】选项卡【高级动画】功能区【添加动画】按钮，在下拉列表中设置【进入】、【强调】、【退出】等动画方案。

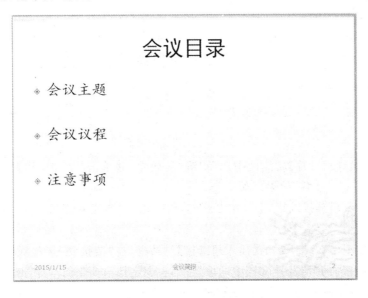

图 4-3-14　插入新幻灯片

（5）首先选择第 1 张幻灯片，然后选择【动画】选项卡【高级动画】功能区中【添加动画】命令，此时在【添加动画】下拉列表中选择适合的【进入】动画效果。再单击【高级动画】功能区中的【动画窗格】即可在右侧打开动画窗格，在动画窗格中看到一个动画已经设置好。

（6）选择第一个动画效果，在【进入】动画效果列表中可以对当前的动画效果进行设置，并在【计时】功能区中对开始、持续时间和延时进行设置。如图 4-3-15 所示。

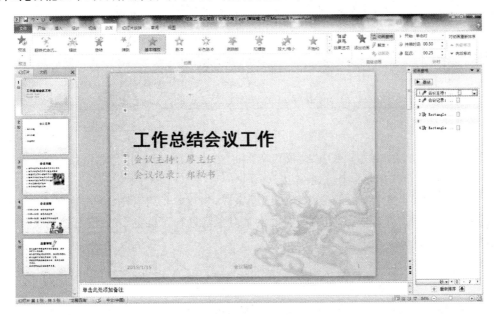

图 4-3-15　修改动画效果

（7）选择第二个动画效果，也可以对它的动画效果进行更改，并把"开始"列表中的"单击时"更改为"上一动画之后"，这样，在对演示文稿进行放映时，此动画就不需要单击鼠标进行激活了，它会在第一个动画播放完之后自动接着播放。

（8）依次类推，把第三个动画效果也进行同样的更改，然后再把整个演示文稿中所有幻灯片中的动画元素进行更改，这样，演示文稿的动画就定义完成了。

（9）再来定义幻灯片放映时切换的效果，选择【切换】选项卡【切换到幻灯片】功能区中的命令，如图 4-3-16 所示。

图 4-3-16　切换功能区

（10）在【切换到幻灯片】功能区中选择"溶解"效果，并单击【全部应用】按钮，这样每张幻灯片的切换都是一个"溶解"效果。

（11）最后设置超链接效果，选择第 2 张幻灯片，选中"会议主题"的文本，并选择【插入】选项卡【链接】功能区【超链接】命令。

（12）弹出如图 4-3-17 所示的【插入超链接】对话框，在"链接到"选项框中选择"本文档中的位置"选项，在右侧的"请选择文档中的位置"列表中选择第 3 张幻灯片，并单击【确定】按钮。

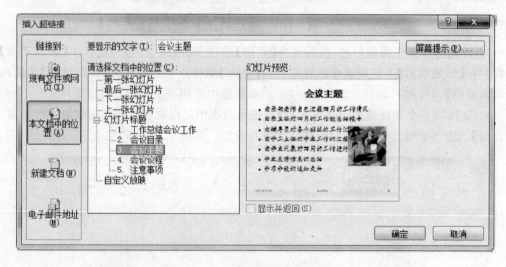

图 4-3-17　【插入超链接】对话框

（13）同样的方法，对文本框中"会议议程"和"注意事项"都制作出超链接，最后的效果如图 4-3-18 所示，三个文本都制作了超链接。

（14）至此，整个演示文稿的最终修改已经完成，当放映幻灯片时，单击这些文本，就可以直接链接到特定的幻灯片中，并且对所有的文本对象都进行了自定义的动画，演示文稿的效果将更加富有动感。

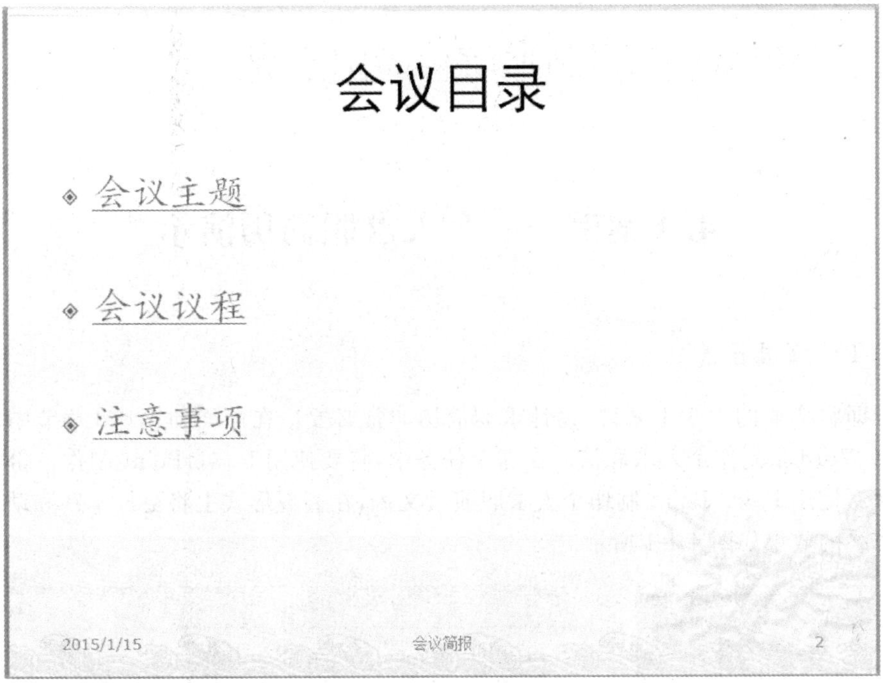

图 4-3-18　超链接完成效果

# 模块二：PowerPoint 2010综合应用案例

# 4.4 案例一　个人求职简历演示

## 4.4.1　应用背景

对于即将毕业的大学生来说，设计求职简历非常必要。在前面的 Word 章节中已学习了如何使用 Word 来制作个人求职信。在这个任务中，将要使用 PowerPoint 制作一份个人求职演示文稿。使用 PowerPoint 制作个人求职演示文稿，在表现形式上将更加丰富和动感。此实训实例最终的效果如图 4-4-1 所示。

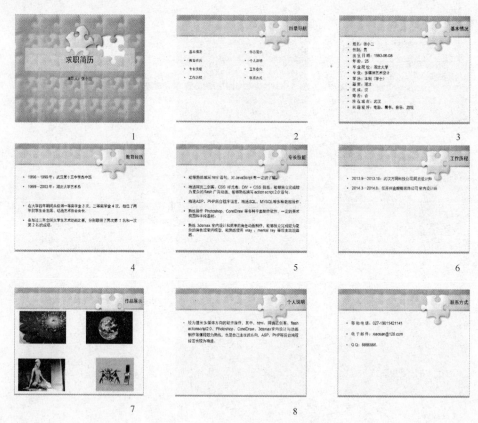

图 4-4-1　个人求职简历最终效果

## 4.4.2　操作重点

- 母版的设计
- 背景图片的使用

- 文本占位符的格式化操作

### 4.4.3　操作步骤

（1）启动 PowerPoint 2010，它将自动新建一个演示文稿文件，在此演示文稿中制作个人求职简历。

（2）设计母版，使演示文稿的外观整体统一。选择【视图】选项卡【母版视图】功能区中【幻灯片母版】命令，进入幻灯片母版编辑视图。在幻灯片浏览窗格中选择【标题幻灯片版式：由幻灯片 1 使用】选项，切换到幻灯片标题母版中，如图 4-4-2 所示。

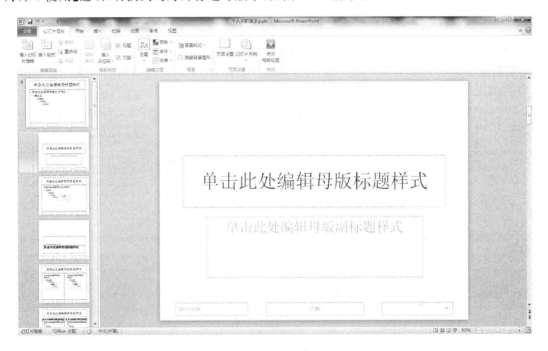

图 4-4-2　标题母版幻灯片

（3）选择【幻灯片母版】选项卡【背景】功能区中【背景样式】命令，在下拉菜单中单击【设置背景格式】，在弹出的【设置背景格式】对话框中选择【填充】选项中的【图片或文理填充】，单击【文件】按钮，在弹出的对话框中，找到存放图片的位置，选择一张图片，作为标题幻灯片的背景，如图 4-4-3 所示。

（4）选择第 1 张幻灯片，选择【幻灯片母版】选项卡【背景】功能区中【背景样式】命令，在下拉菜单中单击【设置背景格式】，在弹出的【设置背景格式】对话框中选择【填充】选项中的【图片或文理填充】，单击【文件】按钮，在弹出的对话框中，找到存放图片的位置，选择一张图片，作为幻灯片的背景，可以看到除了第 2 张幻灯片不一样，其他的幻灯片都采用了这种背景，效果如图 4-4-4 所示。

（5）设置母版中的标题样式。选择第 1 张幻灯片，单击"母版标题样式"文本框的边框，要把这个标题文本框选中，可以对这个文本框的大小进行细微的调节。然后再在【格式】工具栏中对标题文本框的字体、大小和颜色进行设置，在这里只对字体和大小进行设定，字体设置为"黑体"，大小设置为"28"，对齐方式设置为"右对齐"，然后右击该文本框，在弹出的对话框中选择【设置形状格式】，选择【填充】选项里的【纯色填充】，对这个文本框的背景颜色设置为"白色"，并设置为"50％"的透明。最后的效果如图 4-4-5 所示。

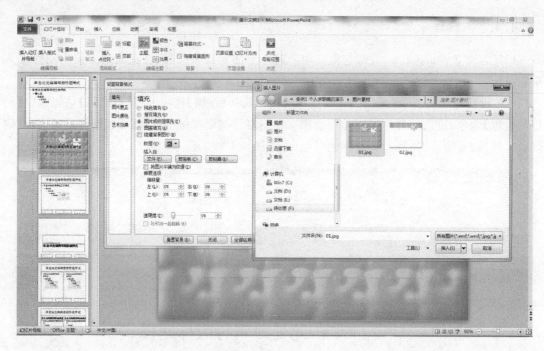

图 4-4-3　标题幻灯片的背景母版

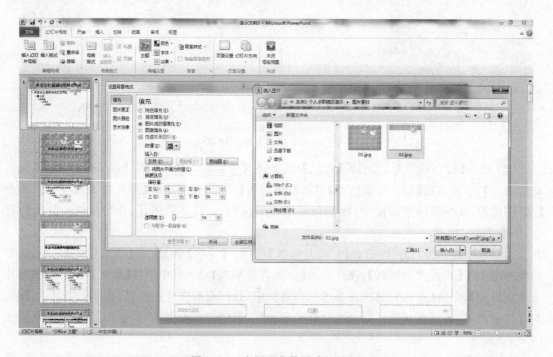

图 4-4-4　应用了背景图片的母版

（6）设置母版中的文本样式。【母版文本样式】的字体为"黑体"，大小为"20"，"第二级"文本字体也为"黑体"，大小为"18"，第三级和第四级也依次设置，都为"黑体"，每低一级字体大小就小两号。最后效果如图 4-4-6 所示。

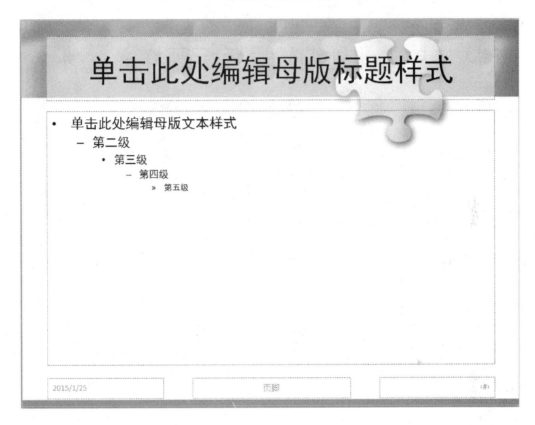

图 4-4-5　对标题占位符进行设置后的效果

图 4-4-6　设置文本占位符的文字格式

（7）以同样方法对第 2 张幻灯片中的字体进行设置，在这里只对第 2 张幻灯片中的标题文本的大小和背景颜色进行了设置，大小设置为"40"，字体默认为"黑体"，其文本框的前景颜色也是"白色"，并有"50％"的透明。其他的文本框暂时没有进行设置，最后的效果如图 4-4-7 所示。

（8）母版中的背景和字体设置完成后，选择工具栏中的【关闭母版视图】按钮，回到普通视图中，开始制作个人求职简历的内容页。在第 1 张幻灯片中的标题文本框和副标题文本框中输入相关的文本内容，如图 4-4-8 所示。

（9）再插入第 2 张幻灯片，单击【开始】选项卡【幻灯片】功能区【新建幻灯片】，在下拉菜单中选择"两栏内容"版式，在文本占位符中输入相关的内容，并对两栏文本的行距设置为"段前 30 磅"，行距"单倍行距"。如图 4-4-9 所示。

（10）接下来制作不同内容的幻灯片，先把每张幻灯片中的文本内容制作出来，之后再插入图片，一步步进行，整个效果先出来了，再去调整各个细节。最终效果如图 4-4-1 所示。

图 4-4-7　对标题母版的文本占位符进行设置

图 4-4-8　设置标题

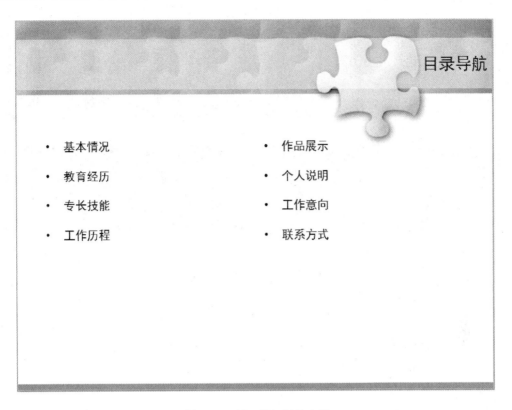

图 4-4-9　第 2 张幻灯片内容

（11）将所有的幻灯片制作完成后，可以对这个演示文稿进行放映测试，如果没有问题，就对文件进行保存。最终的个人求职简历演示就制作完成了。

# 4.5 案例二　交互式相册

## 4.5.1　应用背景

本节将以一个实例来介绍如何使用 PowerPoint 2010 制作具有交互功能的相册。在有些演示文稿中，图片的数量较多，如果一个个地去插入，操作步骤相当烦琐。但如果使用 Power-Point 2010 中的相册功能，就能够快速地制作包含多张图片的演示文稿。此演示文稿中包含一个目录页面，目录中包含每张幻灯片的文字链接，通过单击目录中的链接可以跳转到相应的幻灯片中观看所需的内容。

制作完成的相册集如图 4-5-1 所示，当用鼠标单击第 1 张幻灯片中的"联想"链接，便可以切换到第 2 张幻灯片，单击"多普达"链接可以切换到第 3 张幻灯片。总之，在目录页内不同的链接都对应着相应的幻灯片内容。在幻灯片首页的右下角有一个小图标，单击它可以退出相册。

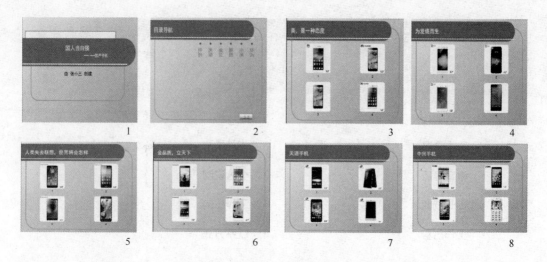

图 4-5-1　交互相册的最终效果

### 4.5.2　操作重点

- 设计自定义模板
- 设计背景颜色
- 使用"相册"功能
- 插入"超链接"

### 4.5.3　操作步骤

在 PowerPoint 2010 中,要实现制作相册的方法有很多种,不过在诸多的方法中,最直接的就是利用 PowerPoint 2010 提供的"相册"功能。但是,在开始正式制作相册之前,先要做好准备工作,例如,创建自定义模板以及准备好制作相册的素材图片等。

**1. 创建自定义模板**

PowerPoint 2010 中自带了各式各样的模板,但是这些模板并不一定全都满足实际需要,因此,有时需要自己创建适合于所需幻灯片内容的特殊模板。具体的操作如下。

(1) 打开 PowerPoint 2010,系统会自动创建一张幻灯片,在【设计】选项卡【主题】功能区,单击列表中的滚动条,浏览并选择名为"平衡"的设计模板,如图 4-5-2 所示。

(2) 设置该模板的母版内容,执行【视图】选项卡【母版视图】功能区【幻灯片母版】命令,打开该设计模板的幻灯片母版。选择第 2 张幻灯片母版,用鼠标选中"单击此处编辑母版标题样式"占位符,然后在【开始】选项卡【字体】功能区中对字体设置为"黑体",设置字号大小为"40",并单击【段落】功能区中的"居中"按钮▤,使文本居中显示。

(3) 执行【幻灯片母版】选项卡【背景】功能区【背景样式】命令,打开【背景样式】下拉菜单,在【设置背景格式】列表中选择"渐变填充"选项。如图 4-5-3 所示。

(4) 在默认的"渐变"标签中,在"预设颜色"列表中选择"雨后初晴",在"类型"选项中选择"射线"按钮,在"方向"选项中选择"从右下角"样式,单击【全部应用】按钮。这样使得幻灯片母版中的背景更改为指定的渐变颜色。渐变样式如图 4-5-4 所示。

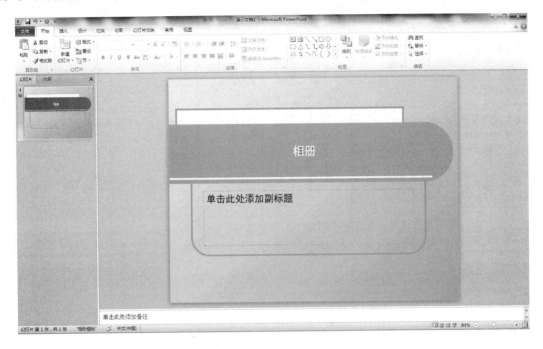

图 4-5-2　应用设计模板后的效果

图 4-5-3　渐变颜色背景

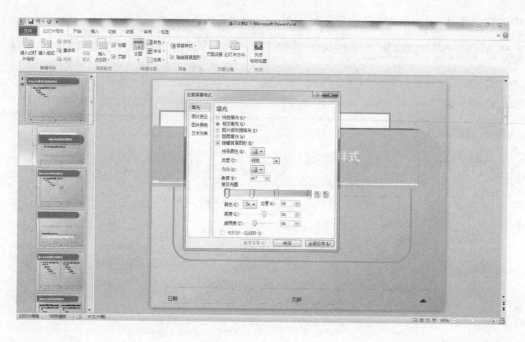

图 4-5-4　渐变样式效果

（5）设置第 1 张幻灯片母版。选择第 1 张幻灯片母版，用鼠标选中黑色边框，右击，在弹出的菜单中单击【设置形状格式】命令，打开【设置形状格式】对话框，单击其中的"大小"标签。如图 4-5-5 所示。

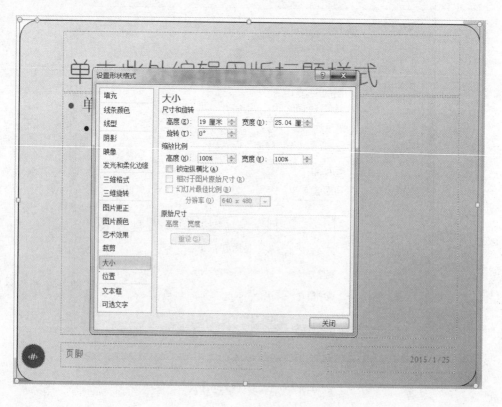

图 4-5-5　设置图形大小

（6）选择"大小"标签中的"尺寸和旋转"选项，在"高度"中设置为"19 厘米"；在"宽度"中设置为"25.04 厘米"。如图 4-5-5 所示。

（7）单击"位置"标签，在"在幻灯片上的位置"选项中，在"水平"中设置为"0.18 厘米"；在"垂直"中设置为"0.19 厘米"。如图 4-5-6 所示。

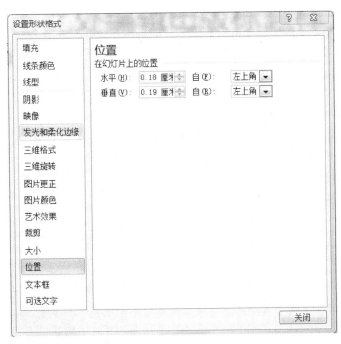

图 4-5-6　设置图形的位置

（8）对第 1 张幻灯片母版中文本占位符的大小进行设置，其中标题占位符的字体为"黑体"，字体大小为"30"；对文本样式的字体设置为"黑体"，大小为"24"，"第二级"设置为"20"；"第三级"设置为"18"；后面的级别依此类推，每低一级，字体就小两号。最终的效果如图 4-5-7 所示。

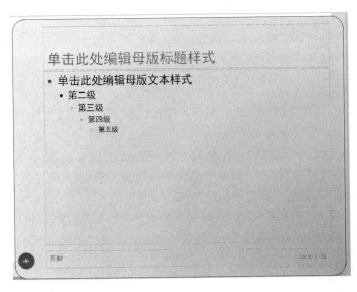

图 4-5-7　对文本占位符进行设置

（9）幻灯片母版制作完成后，选择【幻灯片母版】选项卡中的"关闭母版视图"按钮，返回到幻灯片普通视图。

（10）保存设计好的演示文稿母版，选择【文件】选项卡【另存为】命令，在弹出的【另存为】对话框中，选择一个合适的保存位置，文件名为"相册模板"，在"保存类型"下拉列表中选择"演示文稿设计模板"，单击【保存】按钮。

（11）选择菜单【文件】选项卡【退出】命令，此时的演示文稿就被保存成一个后缀名为"＊.POTX"格式的模板文件了。下面的操作需要应用这个模板。

**2. 创建相册框架**

利用 PowerPoint 2010 提供的"相册"功能，建立相册的大体框架，再应用上一小节中创建的模板，具体操作步骤如下。

（1）新建一个演示文稿。系统会自动新建一张幻灯片，选择一个"空白"版式。

（2）然后再选择【插入】选项卡【图像】功能区【相册】命令，在下拉菜单中选择【新建相册】命令，打开【相册】对话框，如图 4-5-8 所示。

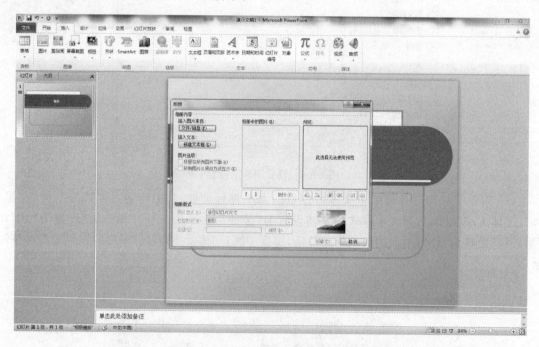

图 4-5-8　相册对话框

（3）在本案例中，所需要的图片都已保存在计算机中，所以单击【文件/磁盘】按钮，此时将打开"插入新图片"对话框。如图 4-5-9 所示。

（4）在弹出的对话框中，选择图片存放的位置，可以配合键盘的 Shift 键或 Ctrl 键一次选择多张图片，然后单击【插入】按钮。在本次案例中一共插入了 24 张图片。完成了对图片的插入工作后，回到"相册"对话框。如图 4-5-10 所示。

（5）在"图片选项"选项区域中，选中"标题在所有图片下面"选项框，然后在"相册版式"选项中的"图片版式"下拉列表框中选择"4 张图片（带标题）"，在"相框形状"下拉列表框中选择"圆角矩形"，最后在"设计模板"文本框中单击"浏览"按钮，将上一节中制作的设计模板选中。如图 4-5-11 所示。

图 4-5-9　选择图片素材

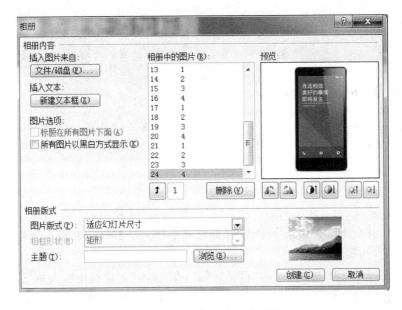

图 4-5-10　已加入的图片素材

　　（6）单击【创建】按钮，此时，相册的大致框架已制作完毕，如图 4-5-12 所示，接下来要做的是更改相册中目录页的内容。

**3. 制作相册的目录页**

　　在将要制作的目录页中，介绍了该相册的主题，即标题。然后分别列举了 6 个相关的内容链接，通过单击这些链接可以跳转到相关幻灯片页面中。具体的操作步骤如下。

　　（1）在第 1 张幻灯片中，在主标题占位符中输入文本"国人当自强——国产手机篇"，将其中"——国产手机篇"的文本换行输入,并将它的字体大小设置为"28"。如果标题文本大点偏右,可以将标题占位符的宽度设短一些,效果如图 4-5-13 所示。

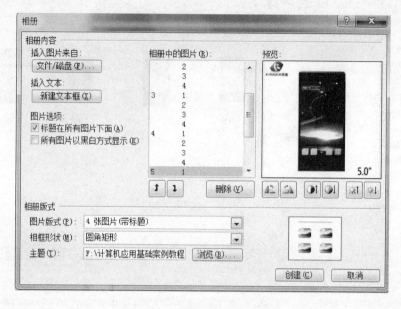

图 4-5-11　设置相册的相关参数

图 4-5-12　已生成的相册幻灯片

(2) 制作目录页,先选择左侧第 1 张幻灯片,然后选择【开始】选项卡【幻灯片】功能区【新建幻灯片】命令,并在下拉菜单选项中选择【标题和竖排文字】命令,在第 1 张幻灯片下方插入一个新的幻灯片,如图 4-5-14 所示。

(3) 在"标题"占位符中输入文本"目录导航",在"文本"占位符中输入相关的内容,并选择【开始】选项卡【段落】功能区右下角向下箭头命令 ,【行距】设置为"双倍行距"。最终效果如图 4-5-15 所示。

(4) 下面来制作各个文本的超链接,先选择文本占位符中的"华为"文本,然后再选择菜单【插入】选项卡【链接】功能区【超链接】命令,在打开的【插入超链接】对话框中选择"链接到"中的"本文档中的位置",在"请选择文档中的位置"列表框中选择"幻灯片 3",单击【确定】按钮。如图 4-5-16 所示。依照同样的方法对其他文本添加超链接。其中,"小米"对应的链接页为"幻灯片 4";"联想"对应的链接页为"幻灯片 5";"金立"对应的链接页为"幻灯片 6";"天语"对应的链接页为"幻灯片 7";"中兴"对应的链接页为"幻灯片 8"。

图 4-5-13　标题占位符的内容

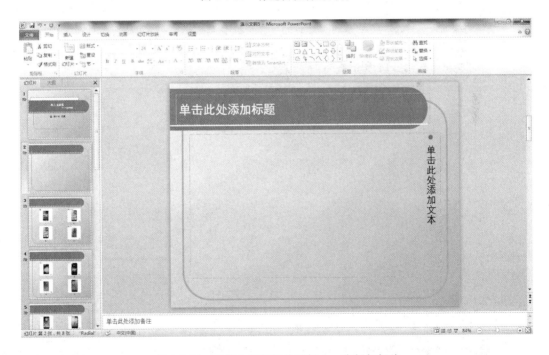

图 4-5-14　在第 1 张幻灯片下插入一张新幻灯片

（5）再插入一个"退出"的小图标，选择【插入】选项卡【图像】功能区【图片】命令，在弹出的【插入图片】对话框中选择要插入的图标文件，单击【插入】按钮，并将插入的图片拖放到合适的位置。如图 4-5-17 所示。

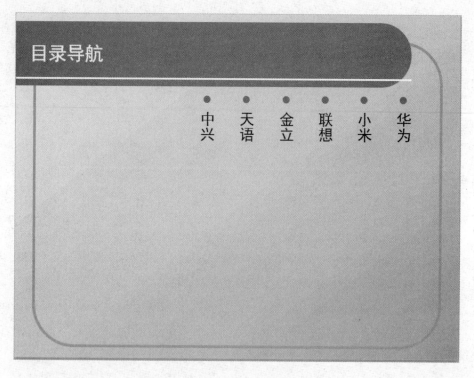

图 4-5-15　对目录导航的内容进行编辑

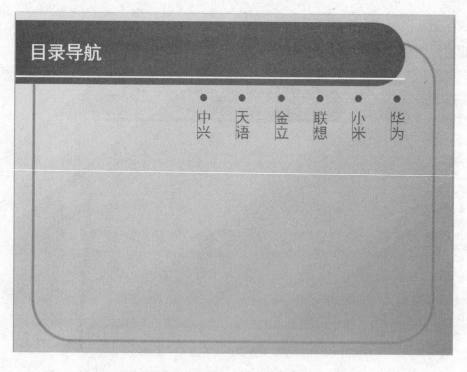

图 4-5-16　为每个文本制作超链接

　　(6)选中插入的图标,选择【插入】选项卡【链接】功能区【动作】命令,在打开的对话框中,在"单击鼠标"选项中选择"超链接到"单选框,在下面的下拉列表中选择"结束放映",如

图 4-5-18所示。单击【确定】按钮，完成设置。

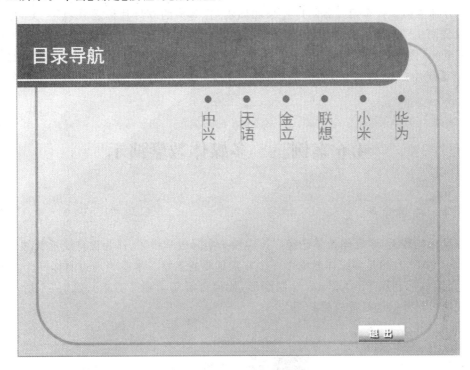

图 4-5-17　插入一张图片

图 4-5-18　为图片自定义动作

### 4. 设置相册的照片布局

由于系统中自动添加的图片位置不一定合乎实际的要求，因此需要对其进行调整，并且对第3张至第8张幻灯片的标题也要进行添加。具体操作步骤如下。

(1) 分别为第3张至第8张幻灯片添加标题,且每页的幻灯片标题分别为"美,是一种态度""为发烧而生""人类失去联想,世界将会怎样""金品质,立天下""天语手机""中兴手机"。

(2) 至此,整个交互相册制作完成,对当前的演示文稿进行保存,并可以选择【幻灯片放映】选项卡【开始放映幻灯片】功能区【从头开始】命令,进行演示文稿的放映,最终效果如图 4-5-1 所示。

# 4.6 案例三　多媒体教学演示

### 4.6.1　应用背景

在信息化的今天,多媒体教学已经广泛应用于实际教学中了,作为信息展示领域领导者的 PowerPoint 2010 自然是多媒体教学中一个非常重要的工具。本章将通过制作一个多媒体教学演示,介绍如何利用 PowerPoint 绘制图形,如何自定义动画等功能。图 4-6-1 所示是最终制作完成的教学演示幻灯片效果截图。

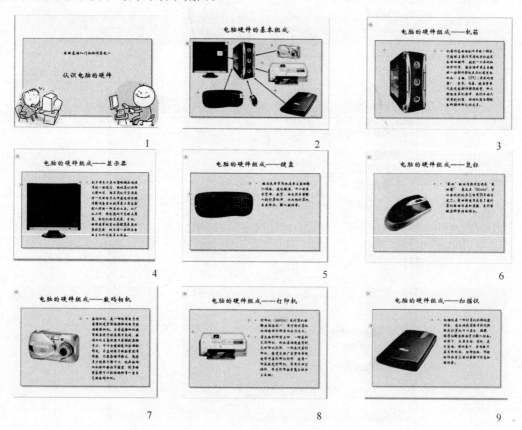

图 4-6-1　教学演示的最终效果

### 4.6.2　操作重点

- 母版的设计
- 绘制图形
- 插入"剪贴画"
- 设置插入图片的背景透明
- 制作动画效果
- 设计放映方式

### 4.6.3　操作步骤

在本案例中,较多地利用 PowerPoint 绘制自选图形、插入图片和剪贴画等功能,并较多地应用自定义动画效果。本例中虽用到的工具不多,但由于幻灯片张数和用到的图形较多,所以制作过程相对较复杂。

**1. 为教学演示设计母版**

为了使教学演示有一个统一的格式,先设计其母版。具体操作步骤如下。

(1) 启动 PowerPoint 2010 ,新建一个空白演示文稿。

(2) 选择【视图】选项卡【母版视图】功能区【幻灯片母版】命令,进入幻灯片母版视图。

(3) 选择【幻灯片母版】选项卡【编辑主题】功能区【颜色】命令,在下拉列表中选择一个合适的颜色方案应用于当前的演示文稿。

(4) 如果系统自带的颜色方案并不适合当前的演示文稿,可以自行编辑,单击【颜色】命令下拉列表中的【新建主题颜色】命令,将会弹出【新建主题颜色】对话框,如图 4-6-2 所示。

图 4-6-2　自定义颜色方案

(5) 在弹出的对话框中,对不满意的颜色可以自由设定。单击【插入】选项卡【插图】功能区【形状】命令,在下拉列表中选择矩形命令,此时鼠标变成十字形。在屏幕上绘制一个矩形框,可以看到矩形的填充颜色和边框都已自动应用了刚才设计的颜色方案。如图 4-6-3 所示。

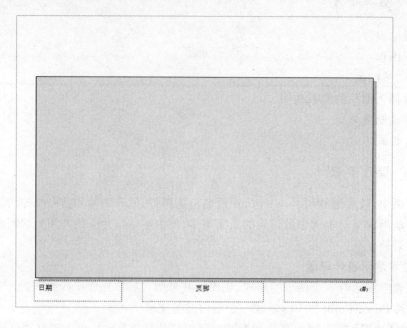

图 4-6-3　绘制自选图形

　　(6) 单击【格式】选项卡【形状样式】功能区【形状效果】命令,在弹出的下拉菜单中选择【阴影】命令,选择如图 4-6-4 所示的阴影样式,并单击【排列】功能区【下移一层】命令下拉菜单中的【置于底层】命令,将矩形框置于底层。

图 4-6-4　对绘制的图形的次序进行设置

　　(7) 设定文本占位符,先选择"标题占位符",将字体设置为"华文新魏",字体大小为"36"。再选择下方"文本占位符"的样式,将字体设置为"华文行楷",字体大小为"20",并对该占位符的大小进行调整,最终效果如图 4-6-5 所示。

　　(8) 单击【幻灯片母版】选项卡【编辑母版】功能区【插入幻灯片母版】命令,此时母版中插入了一个新的标题母版幻灯片,将标题母版中的文本占位符的位置进行拖动,最终效果如图 4-6-6 所示。

　　(9) 在标题母版中插入一张剪贴画,选择【插入】选项卡【图像】功能区【剪贴画】命令,打开【剪贴画】任务窗格。在"搜索文字"输入框中输入"电脑",然后单击"搜索"按钮进行搜索。如图 4-6-7 所示。

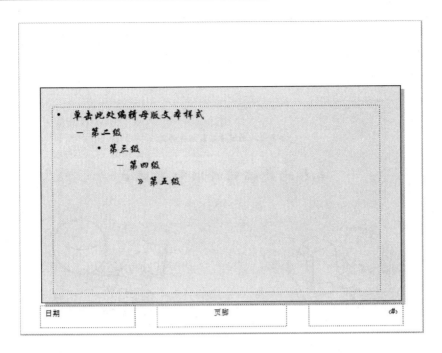

图 4-6-5　设置母版中文本占位符的样式

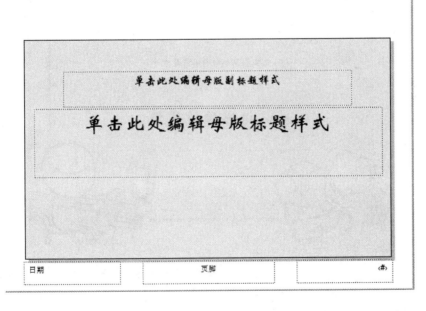

图 4-6-6　插入新标题母版

（10）单击搜索列表中一张合适的图片,此时,这张剪贴画即插入到当前的幻灯片中。然后对插入的剪贴画的大小和位置进行调整。在这里一共插入了两张剪贴画。最终效果如图 4-6-8 所示。

（11）至此,幻灯片母版编辑完毕,单击【幻灯片母版】选项卡上的【关闭母版视图】按钮,回到普通视图。

图 4-6-7　插入剪贴画

4-6-8　输入文字占位符内容

**2. 制作教学演示标题幻灯片**

本案例中第1张幻灯片,列出了本演示文稿的主题。由于在前面已经编辑好了母版,因此,在第1张幻灯片中只需要将占位符的内容输入即可,其中在"主标题"占位符中输入"认识电脑的硬件";在"副标题"占位符中输入"电脑基础入门知识讲座之一"。最终的效果如图 4-6-8 所示。

**3. 制作互动的教学演示目录**

第2张幻灯片中显示演示文稿的目录。这次不用文字来制作目录,而使用图片来制作,当用户用鼠标单击不同的图片时就跳转到相关的超链接中。具体的操作步骤如下。

　　（1）首先，选择【开始】选项卡【幻灯片】功能区【新建幻灯片】命令，在下拉列表中选择"标题和内容"的文字版式。插入一张新的幻灯片，如图 4-6-9 所示。

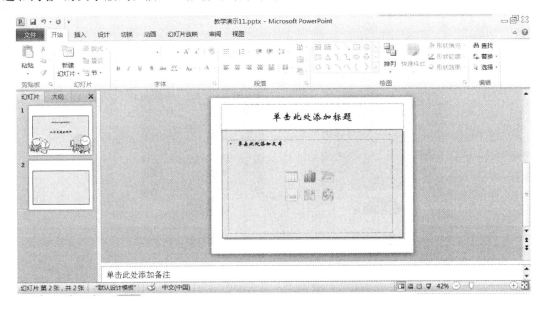

图 4-6-9　对插入的新幻灯片设置版式

　　（2）在标题占位符中输入文本"电脑硬件的基本组成"。现在开始插入不同的图片。首先，选择【插入】选项卡【图像】功能区【图片】命令，在弹出的对话框中选择已经收集的素材图片，这里选择素材"显示器"图片，单击【插入】按钮，将图片插入到幻灯片中。如图 4-6-10 所示。

图 4-6-10　插入图片

（3）此时可以看到图片的背景是白色的，与当前幻灯片的背景不相符，单击【格式】选项卡【调整】功能区【颜色】命令下拉菜单中的【设置透明色】按钮，然后单击图片中白色背景，可以看到该图片的背景颜色变成透明了。如图 4-6-11 所示。

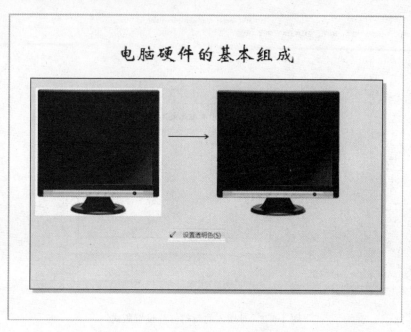

图 4-6-11　设置插入图片的透明色

（4）图片修改后，再调整图片大小。接着再插入一张图片"机箱"，机箱的图片特别大，且背景也是白色，使用相同的方法进行调整。最后依次插入素材中的"键盘""鼠标""打印机""数码相机""扫描仪"等图片，并对他们的大小和背景进行调整，最终效果如图 4-6-12 所示。

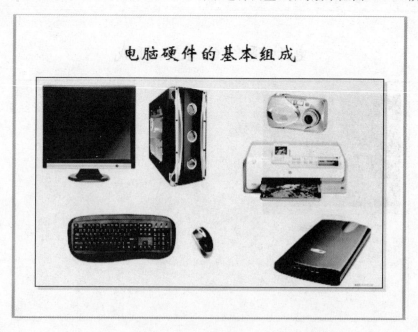

图 4-6-12　插入所有图片

（5）单击【插入】选项卡【插图】功能区【形状】命令下拉列表中◥，将各个部分进行箭头指向。如果对箭头的大小和颜色不满意，可以使用键盘上的 Ctrl 键，将所有的箭头选中，然后在箭头上右击，在弹出的对话框中选中【设置形状格式】命令，在弹出的命令中对【线条颜色】或【线型】进行设置。如图 4-6-13 所示。

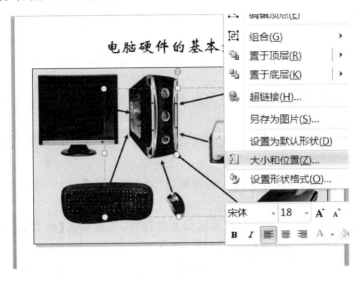

图 4-6-13　绘制箭头

#### 4. 制作动画

通过刚才的制作，目录页中的图片已制作完成，接下来为目录页中的元素添加动画效果。具体的操作步骤如下。

（1）选择【动画】选项卡【高级动画】功能区【动画窗格】命令，此时右侧切换【动画窗格】任务窗格。

（2）首先，选中屏幕中的"机箱"图片，单击【动画】选项卡【高级动画】功能区【添加动画】命令，在下拉菜单中选择【更多进入效果】，将会弹出"添加进入效果"对话框。如图 4-6-14 所示。

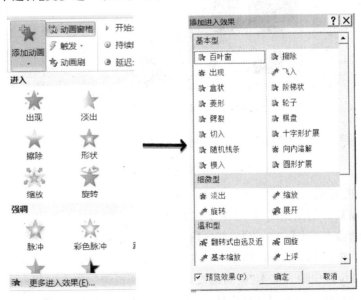

图 4-6-14　为图片添加动画效果

（3）在弹出的对话框中选择"细微型"的"淡出"效果，单击【确定】按钮。然后在任务窗格中的下拉箭头单击 ，在弹出的下拉菜单中选中【从上一项之后开始】命令。

（4）再选中图片"显示器"，设置其进入的效果为"切入"；选中【从上一项之后开始】；【效果选项】为"自右侧"。

（5）选中图片"键盘"，设置其进入的效果为"切入"；选中【从上一项之后开始】；【效果选项】为"自顶部"。

（6）选中图片"鼠标"，设置其进入的效果为"切入"；选中【从上一项之后开始】；【效果选项】为"自顶部"。

（7）选中图片"数码相机"，设置其进入的效果为"切入"；选中【从上一项之后开始】；【效果选项】为"自左侧"。

（8）选中图片"打印机"，设置其进入的效果为"切入"；选中【从上一项之后开始】；【效果选项】为"自左侧"。

（9）选中图片"扫描仪"，设置其进入的效果为"切入"；选中【从上一项之后开始】；【效果选项】为"自左侧"。

（10）按住键盘 Ctrl 键，将所有的箭头图形全部选择，然后单击【格式】选项卡【排列】功能区【组合】命令，在下拉菜单中选择【组合】命令，将所有的箭头图形进行组合，然后再设置其进入的效果为"盒状"；选择【从上一项之后开始】；【效果选项】方向为"缩小"，形状为"圆"。最终效果如图 4-6-15 所示。

图 4-6-15　组合所有箭头并制作动画

### 5. 制作其他内容页

最复杂的导航页面制作完成后，可制作其他内容页。

（1）选择【开始】选项卡【幻灯片】功能区【新建幻灯片】命令，插入一个新的幻灯片，在下拉菜单中选择"标题、内容和文本"样式，如图 4-6-16 所示。

（2）在标题占位符中输入文本"电脑的硬件组成——机箱"，单击左侧占位符中的【插入来自文件的图片】按钮，在弹出的对话框中选择素材中的"机箱"图片，并将机箱图片的背景设置为透明，在右侧的文本占位符中输入相关的内容，并将文本的行距设置为"1.5 倍行距"，最终效果如图 4-6-17 所示。

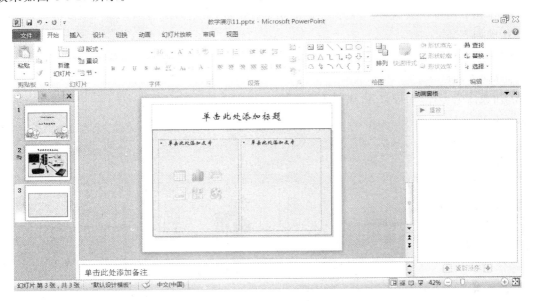

图 4-6-16　对插入的新幻灯片设计版式

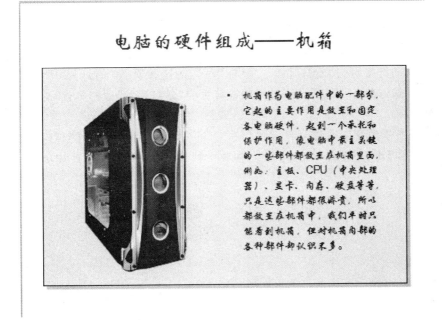

图 4-6-17　新幻灯片中的内容

（3）对当前幻灯片的主标题设置动画效果。选中"主标题"占位符，设置其进入的效果为"切入"；然后在任务窗格中的下拉箭头单击 🔽，在弹出的下拉菜单中选中【从上一项之后开始】命令。【效果】选项为"自顶部"。

（4）选中图片"机箱"，设置其进入的效果为"淡出"；选中【从上一项之后开始】。

（5）选中"文本"占位符，设置其进入的效果为"空翻"；选中【从上一项之后开始】。

（6）使用相同的方法制作其余页面,因为制作过程大致相同,在这里不再重述。

**6. 制作导航的超链接**

制作完成所有的页面后,再制作左侧的第 2 张幻灯片,对所有的图片制作超链接。具体的制作步骤如下。

（1）先将图片中的"机箱"选中,然后再选择【插入】选项卡【链接】功能区【超链接】命令,在打开的【插入超链接】对话框中选择"链接到"选项中的"本文档中的位置",在"请选择文档中的位置"列表框中选择"幻灯片 3",单击【确定】按钮。如图 4-6-18 所示。

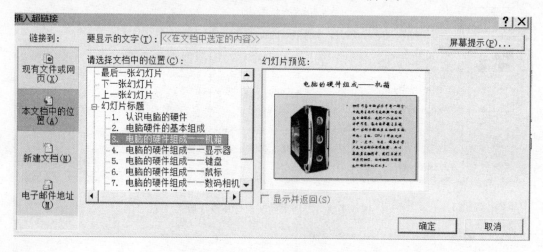

图 4-6-18　为图片制作超链接

（2）依照同样的方法对其他文本添加超链接。其中,"显示器"对应的链接页为"幻灯片 4";"键盘"对应的链接页为"幻灯片 5";"鼠标"对应的链接页为"幻灯片 6";"数码相机"对应的链接页为"幻灯片 7";"打印机"对应的链接页为"幻灯片 8";"扫描仪"对应的链接页为"幻灯片 9"。

至此,整个教学的演示文稿制作完成,如图 4-6-1 所示。可以选择【幻灯片放映】选项卡【开始放映幻灯片】功能区【从头开始】命令,对整个教学演示文稿进行放映演示。

# 习　　题

**一、选择题**

1. PowerPoint 演示文稿文件的扩展名是(　　　)。

　　A. DOCX　　　　　　　　　　B. PPTX

　　C. TXT　　　　　　　　　　　D. XLSX

2. 利用 PowerPoint 制作幻灯片时,幻灯片在哪个区域制作(　　　)。

　　A. 状态栏　　　　　　　　　　B. 幻灯片区

　　C. 大纲区　　　　　　　　　　D. 备注区

3. PowerPoint 窗口中,在选项卡中,一般不属于选项卡的是(　　　)。

　　A. 编辑　　　　　　　　　　　B. 视图

　　C. 程序　　　　　　　　　　　D. 格式

4. PowerPoint 中,哪种视图模式可以实现在其他视图中可实现的一切编辑功能(　　)。

 A. 普通视图      B. 大纲视图

 C. 幻灯片视图     D. 幻灯片浏览视图

5. 创建新的 PowerPoint 一般使用下列哪一项(　　)。

 A. 内容提示向导     B. 设计模版

 C. 空演示文稿     D. 打开已有的演示文稿

6. PowerPoint 中如果想要把文本插入到某个占位符,正确的操作是(　　)。

 A. 单击标题占位符,将插入点置于占位符内

 B. 单击菜单栏中的插入按钮

 C. 单击菜单栏中粘贴按钮

 D. 单击菜单栏中新建按钮

7. 插入视频操作应该用"插入"选项卡中的哪个命令(　　)。

 A. 新幻灯片     B. 图片

 C. 视频     D. 特殊符号

8. 制作动画效果的操作应该在选项卡中的哪一栏中进行(　　)。

 A. 编辑     B. 视图

 C. 动画     D. 工具

9. 设置幻灯片放映时的插入动作应该在"插入"选项卡中的哪一命令中进行(　　)。

 A. 动作按钮     B. 设置放映方式

 C. 自定义动画     D. 幻灯片切换

10. 定义整个演示文稿幻灯片的格式,统一演示文稿的整体外观,使用下面哪种功能(　　)。

 A. 大纲     B. 母版

 C. 视图     D. 标尺

**二、判断题**

1. 在 PowerPoint 的窗口中,无法改变各个区域的大小。 (　　)

2. PowerPoint 文档在保存时也可设置密码对它加以保护。 (　　)

3. 在 PowerPoint 幻灯片文档中,既可以包含常用的文字和图表,也可以包含一些声音和视频图像。 (　　)

4. 在 PowerPoint 设置文本的段落格式时,可以根据需要,把选定的图形作为项目符号。 (　　)

5. 在幻灯片中插入声音时,会出现一个对话框,让你选择幻灯片放映时是不是自动播放插入的声音。 (　　)

6. 在"添加动画"下拉菜单中,不能对当前的设置进行预览。 (　　)

7. PowerPoint 中,对应用设计模板设计的演示文稿无法进行修改。 (　　)

8. 将两个幻灯片演示文稿合并成为一个幻灯片可以采用复制粘贴的方法。 (　　)

9. 演示文稿在放映中可以使用绘图笔进行实时修改。 (　　)

10. 新幻灯片的输出的类型可根据需要来设定。 (　　)

**三、操作题**

1. 自己设计一个模板,并使用该模板制作一个班级介绍的演示文稿。

2. 以自己的成长历程为主题,制作一个交互式的相册演示文稿。

3. 将上一题中制作的相册演示文稿中的所有元素设置动画效果。

# 第 5 章　Internet网络基础

今天，Internet已经渗透到生活的每一个方面，通过Internet人们可以收发电子邮件，进行网上学习、网上交易、网上购物，开展网上讨论、网上聊天、观看网上直播等各种活动。通过Internet人们还可以在网上发布信息、检索信息、开展商务活动等。

# 5.1 任务一　Internet 网络基础知识与基本操作

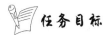

## 任务目标

通过本节内容的学习,完成如下任务:

1. 了解计算机网络及 Internet 的基础知识;
2. 对 IE8.0 作一些常用的设置;
3. 通过搜索 Internet 网络,解决"小虫爬进耳朵里怎么办?"的问题;
4. 通过 Internet 网络获取"金山毒霸"程序的安装文件。

## 任务知识点

- 计算机网络基础知识(计算机网络的概念、产生与发展、功能、分类)
- Internet 基础知识(TCP/IP 协议、IP 地址、域名系统、URL 地址和 HTTP)
- IE8.0 的使用
- Internet 网上搜索
- Internet 网络资源下载

## 知识点剖析

### 5.1.1　计算机网络基础知识

**1. 什么是计算机网络?**

计算机网络(Network)是用传输介质和网络互联设备把两台以上的计算机连接起来,再配以适当的软件和硬件,以达到在计算机之间交换信息的目的,这是简单的网络概念。进一步的理解是,网络中的计算机一般是处在不同地理位置且相互独立的;网络中计算机的连接要按照一定的结构;网络中计算机之间交流信息要遵循统一的规则和约定,也就是协议;网络传输介质可以是有线介质也可以是无线介质;网络中每台计算机上的资源可以被其他计算机用户所共享。

**2. 计算机网络的产生与发展**

(1)面向终端的网络

早期的计算机因价格昂贵、体积庞大,并不是每个单位或每个部门都用得起,为了共享大型机宝贵的资源,采用一台主机连接若干台终端的办法。在这种连接方式下,主机是共享的,终端设备本身没有处理能力,它将要处理的任务和相关数据提交到主机进行存储和处理,再将处理结果在终端显示出来。这是一种集中式的网络环境,主机在网络中占绝对的支配地位,人们将这一阶段的网络称作面向终端的网络。

(2)计算机通信网络

面向终端的网络只能在终端与主机之间通信,计算机之间无法通信,这不是真正意义上的网络。第二代计算机网络的特点是将多台有独立处理能力的计算机连接在一起或将多个面向终端的网络的主机连接在一起,各计算机主机之间可以互相通信,实现资源共享,这一阶段的网络称为通信网络。

（3）现代计算机网络

现代计算机网络已发展到了将全世界大大小小的网络互联起来,形成更大范围的网络,其典型代表就是国际互联网,也就是 Internet。

网络诞生的初衷是为了使从事科学研究的人们能够排除距离障碍,快捷迅速地交流信息。现在的互联网已经完全不同于它诞生之初的样子,但是它的初衷依然没有改变,并且在这个初衷下诞生了各种各样的网络服务,大大扩展了网络的功能。

**3. 计算机网络的功能**

计算机网络的主要功能是实现信息传输和资源共享。

（1）共享硬件和软件

网络上的硬件设备可以供被授权的网络用户共享,例如,科研部门可以共享网络中高性能的大型计算机,单位内部多个部门可以共享同一台打印机等。服务器上软件可以为客户机所共享,网络各用户可以利用文件传输协议(FTP,file transfer protocol)服务交流共享软件。

（2）分布式处理

计算机网络的分布式处理功能可以使一些大型的、复杂的任务被分解成多个子任务,再分配给网络中的各种不同档次的计算机或空闲的计算机去分别承担,这就是所谓的分布式处理。分布式处理使得计算机网络的共享功能得以充分发挥。

（3）共享信息资源

信息是当今社会最宝贵的资源,所有联网用户都可以共享网上的信息资源。Internet 就是一个巨大的信息资源库。

（4）数据传输与通信

计算机网络也被称为信息高速公路,可以传输文字、声音、图形和图像等多媒体信息。利用计算机网络的通信功能可以发送电子邮件,可以进行远程教育、举行视频会议等。

**4. 网络的分类**

网络分类有很多标准,按照不同的标准,计算机网络有不同的分类方法。

（1）按地理范围分类

按网络覆盖的地理范围可以将网络分为局域网(LAN)、城域网(MAN)和广域网(WAN)三种类型。

局域网中计算机之间的距离一般在 10 千米以内,其覆盖范围一般是一个房间、一幢建筑物或一个单位。当采用了不同传输能力的传输介质时,局域网的传输距离也不同。局域网是目前使用最多的计算机网络,机关、各企事业单位都可以使用局域网进行各自的管理。

广域网覆盖的地理范围很宽,可以在几百千米、几千千米,甚至在全球范围。广域网一般是由很多不同的局域网、城域网连接而成,也叫互联网。Internet 就是世界上最大的互联网,其国际互联网的名称也因此而得。

将多个城市的局域网互联起来,使局域网的范围扩大而形成城域网。

（2）按传输介质分类

按照网络的传输介质可以将计算机网络分为有线网络和无线网络两种。

有线网指采用同轴电缆、双绞线、光纤等有线介质连接计算机的网络。通常所说的计算机网络一般是指有线网络。

无线网络采用无线微波传输,例如地面微波站和天上的同步卫星,这些设备通过空气把网络信号传送到有相应接收设备的其他网络工作站。通常是把有线网络和无线网络结合起来。

（3）按传输技术分类

根据网络传输信息所使用的技术,可以将网络分为点到点网络和广播式网络。

在点到点的连接中,任意两个结点之间都有一条专用的线路,即只允许一个结点与另一个结点通信。

广播方式的连接属于点到多点的连接,即广播方式的网络连接允许多个结点共享一条连接信道。在广播方式连接中,一个结点广播信息,其他结点必须接收信息,接收信息的结点通过判断信息的目的地址是否与本结点相符合,来决定对信息的接收与否。

（4）按管理方式分类

按网络的管理方式可将计算机网络分为客户机/服务器网络和对等网络。客户机/服务器网络中的计算机分为两种,一种叫客户机,另一种叫服务器,客户机共享服务器提供的资源和各种服务,服务器一般比客户机性能更高,它是网络中的核心。网络管理工作集中在服务器上进行,它可以验证信息,处理请求,网络中其余的计算机则不需要进行管理,而是将请求发给服务器。

在对等网络中,每一台计算机之间的关系都是平等的,没有专门的服务器,每一台机器都是客户机,同时又都可以为网络中的其他机器提供服务,因而每一台机器都可以充当服务器,连接的计算机双方可以互相访问。

## 5.1.2　Internet 基础知识

计算机网络技术在 20 世纪 60 年代问世后,曾出现过各种各样的以不同的网络技术组建起来的局域网和广域网。将各种不同的网络互联起来可能的解决方案有两个:一是选择一种网络技术,然后以强制方式让所有非使用这种网络技术的组织拆除其原有网络而重新组建新的网络;二是允许各个部门和组织根据各自的需求和经济预算选择自己的网络,然后再寻求一种方法将所有类型的网络互联起来。第一种方法听起来要简单易行些,但实际上却是不可能做到的;第二种解决方法就是 Internet,已经被实践证明是一种很好的方法。

Internet 的中文译名目前没有统一,国际互联网、全球互联网、互联网、因特网等都指 Internet。

### 1. TCP/IP 协议

Internet 是将世界上成千上万个网络连接起来而形成的网络,称为互联网。互联网上的各网络采用的技术没有统一的标准,于是就要采用一组公共的规范解决网络之间的通信问题,TCP/IP 就是在这种背景下产生的。TCP(Transmission Control Protocol)传输控制协议,IP(Internet Protocol)协议。其中 IP 协议解决网间数据传输问题,TCP 协议解决数据通信问题。有了 TCP/IP 协议,全球 Internet 上各电脑间资源共享和信息交流就变得非常容易。

### 2. IP 地址

为了标识 Internet 上的每一个结点,就要给每个连接在 Internet 上的主机分配一个在全世界范围唯一的地址,这个地址就叫 IP 地址。

现在 IP 地址版本为 4,称为 IPv4。IPv4 被统一规定采用 32 位二进制、用圆点将其按字节分开成 4 部分、再转换为十进制数字表示,每个数字可表示的数值范围为 0~255(8 位二进制数的表示范围)。

例如,某校计算机系主机的 IP 地址:

11010011. 10001101. 10010010. 00000011

↑　　↑　　↑　　↑

211.　　141.　　146.　　11

只要在网址栏中输入 211.141.146.11,就可以定位到计算机系站点,访问到相关的学习资源。

在 IP 地址的四组数字中,包含了两部分的信息:即网络代号和主机代号。

Internet 上大大小小、不同种类的网络被划分成 A、B、C 三大类。

(1) A 类地址:A 类地址的网络标识由第 1 组 8 位二进制数表示,且第一位二进制码必须为"0"。这就是说,A 类网络第一部分的取值范围为 00000001~01111111(十进制 1~127)之间。因为 127 规定留作保留地址,因此全世界 A 类网络最多只允许有 126 个。A 类网络中的主机标识占后 3 组 8 位二进制数(共 24 位二进制),因此一个 A 类网络最多可以接入 $2^{24}-2=$ 16 777 214 台主机(减 2 是因为全 0 和全 1 的两个地址一般不分配给主机)。A 类地址通常分配给拥有大量主机的网络。

(2) B 类地址:B 类地址的网络标识由前 2 组 8 位二进制数表示(即前 16 位二进制),且前两位二进制码必须为"10"。因此不难算出,B 类网络 IP 地址第一部分取值范围为 10000000~10111111(十进制 128~191)之间,全世界的 B 类网络最多有 $64\times256=16\,384$ 个,B 类网络的主机标识占后 2 组 8 位二进制(共 16 位),因此每个网络最多能接入 $2^{16}-2=65\,534$ 台主机。

(3) C 类地址:C 类地址的网络标识由前 3 组 8 位二进制数表示,C 类地址的特点是网络标识的前 3 位二进制码取值必须为"100"。这就是说,C 类网络第 1 组取值在 11000000~11011111(十进制 192~223)之间。所有的 C 类网络最多可达 $32\times256\times256=2\,097\,152$ 个,网络中的主机标识占最后 1 组 8 位二进制数,因此每个 C 类网络允许有 256-2=254 台主机。C 类地址适用于结点比较少的网络。

Internet IP 地址由网络信息中心(InterNIC,Internet Network Information Center)统一负责全球地址的规划、管理;同时由 InterNIC、APNIC、RIPE 三大网络信息中心具体负责美国及其他地区的 IP 地址分配。通常每个国家需成立一个组织,统一向有关国际组织申请 IP 地址,然后再分配给客户。

**3. 域名系统**

互联网上的每个设备都具有唯一的 IP 地址,如某校计算机系主机的 IP 地址为:211.141. 146.11。这样一串枯燥的数字,既难记忆又不易理解。人们为了解决这个问题,就引入了域名,用以替代 IP 地址。域名就是采用一组便于记忆的符号来替代 IP 地址。有了域名,就可以轻松记住 Internet 上各主机的地址。

例如,某校域名为:www. hubce. edu. cn,与 202. 197. 144. 242 表示同一个主机。在网址栏中输入 www. hubce. edu. cn,域名系统会帮助转换成为 202. 197. 144. 242。

通过域名访问不但便于客户记住你的网站,而且可以借助域名对组织或单位进行宣传;通过域名能方便地对资源进行管理,如因为某种原因,将网站资源由一台机器移到了另一台机器上,只需改变域名与 IP 地址的对应关系,而用户却觉察不到任何的改变。

域名的一般格式如下:

$$主机名.三级域名.二级域名.顶级域名$$

顶级域名一般分为两类。

(1)一类为地理上的,如 cn——中国,ca——加拿大,jp——日本,in——印度,de——德国,fr——法国。

(2)另一类为组织上的,如.com——商业机构,.net——网络服务机构,.gov——政府机构,.edu——教育机构。

所有的顶级域名都由 InterNIC 控制。顶级域名下的二级域名由 InterNIC 又授权其他组织自己管理。拥有二级域名的单位再将二级域名分为更低级的三级域名授权给其下一级部门。域名的级最多不超过五层,最下面一级就是计算机名。

.cn 是中国专用的顶级域名,其注册归中国互联网络信息中心(CNNIC)管理,以.cn 结尾的二级域名简称为国内域名。

**4. URL 地址和 HTTP**

在 Internet 上查找信息时,采用准确定位机制,称为统一资源定位器 URL。通过 URL,可以访问 Internet 上任何一台主机或主机上的文件夹和文件。URL 是一个简单的格式化字符串,它包含被访问资源的类型、服务器的地址以及文件的位置等,又称之为"网址"。

统一资源定位器 URL 由 4 部分组成,它的格式是:

$$访问方式://主机名/路径/文件名$$

其中,访问方式指数据的传输方式,通常称为传输协议,如超文本传输协议 http 表示 WWW 的访问方式,FTP 则表示文件传输的方式;主机名指计算机的地址,可以是 IP 地址,也可以是域名地址,如 202.197.144.242 即为 IP 地址,www.hubce.edu.cn 则为域名地址;路径是指信息资源在服务器上的目录;文件名是指要访问的资源文件的名称。

## 5.1.3　IE8.0 的使用

目前浏览器的种类很多,最常用的有 IE8.0 和猎豹安全浏览器以及腾讯浏览器等。IE8.0(全名为 Internet Explorer 8.0)是 Microsoft 公司开发的网络软件,它最主要的功能是浏览网页。

**1. Internet Explorer 的启动**

启动 Internet Explorer 有以下几种方法:

(1)【开始菜单】→【所有程序】→【Internet Explorer】;

(2)双击桌面上的 Internet Explorer 图标;

(3)单击"快速启动"工具栏上的 Internet Explorer 图标。

**2. IE8.0 界面介绍**

启动 IE 后,会自动打开 IE 浏览器的窗口,并自动在该窗口中打开用户所设置的"主页"。IE8.0 界面如图 5-1-1 所示。

需要说明的是,IE8.0 和 IE7.0 一样支持标签式显示网页,即在一个窗口里可以同时打开多个网页。

标题栏
地址栏
收藏栏
网页选项卡

搜索栏
工具栏

图 5-1-1　IE8.0 窗口

### 3. 浏览 Web 网页

在地址栏里输入 URL 地址,按回车键,则开始连接,当状态栏中显示"完成"字样后,即可在当前网页选项卡里打开显示 URL 所指向的网页。一般网页上会含有超级链接,可以通过单击这些超级链接来打开新的网页。具体操作请参见本节"操作步骤"部分。

### 4. 收藏夹的使用

"收藏夹"是一份网站名称及 URL 地址记录文件夹,可以把常用到的网址加入到"收藏夹"中(操作方法见本节"操作步骤"部分),以后若要打开这些网址,就不用在地址栏里手工输入 URL 地址,可直接单击"收藏夹"中对应的网站项目,如图 5-1-2 所示。

图 5-1-2　使用"收藏夹"

**5. 调整字体大小**

网页上有些文字的字体大小是可以调整的,单击工具栏上【页面】→【文字大小】,在弹出菜单里选择一项。如图 5-1-3 所示。

图 5-1-3　调整字体大小

**6. 保存网页与图片**

打开的网页和其中的图片可以保存为文件存放在磁盘上。

(1) 保存网页:单击工具栏上【页面】→【另存为】,弹出"保存网页"对话框,在对话框中选择保存位置、保存类型及为文件取名。如图 5-1-4 所示。

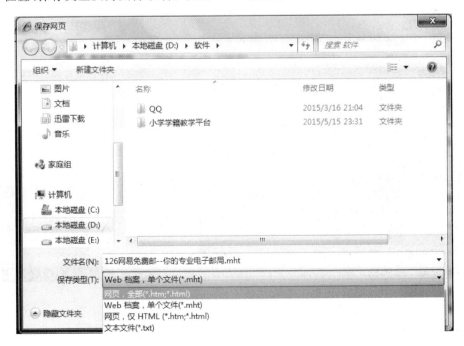

图 5-1-4　"保存网页"对话框

（2）保存图片：在页面图片上右击，执行快捷菜单中的【图片另存为】命令。

**7. 查看"历史记录"**

用户通过 IE 浏览器曾经访问过的网址会被 IE 浏览器记录下来，可以通过"历史"记录来查看。单击收藏栏行上的历史记录网页名称即可查看。如图 5-1-5 所示。

图 5-1-5　查看"历史记录"

**8. Internet 选项设置**

通过"Internet 选项"对话框，可以对浏览器进行许多设置，如设置主页、删除历史记录、更改搜索默认值、更改网页在选项卡中显示的方式、更改安全级别等。如图 5-1-6 所示。

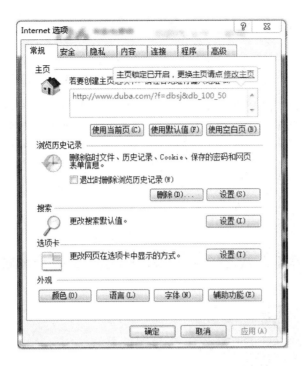

图 5-1-6　"Internet 选项"对话框

### 5.1.4　Internet 网上搜索

Internet 上信息非常丰富,网上同类信息也很多,用户如果不是很了解所需信息在什么网站或网页上,信息搜索就显得非常重要。通常利用专业的搜索引擎来进行信息搜索。常用的搜索引擎有百度(www. baidu. com)、谷歌(www. google. cn)、微软的 Live Search(http://www.live.com/)等。图 5-1-7 所示的是 IE7.0 浏览器"搜索选项"下拉菜单。此菜单显示了IE 窗口右上角搜索框所能用到的搜索引擎(有 baidu、google、Live Search 和搜狗)。

图 5-1-7　"搜索选项"下拉菜单

### 5.1.5 Internet 网络资源下载

Internet 网络上有许许多多的资源可以下载,如图片、软件、视频、音乐等。通常情况下,这些网络资源以网页的形式对外发布,用户可以通过点击(单击或右击)这些页面上相应的超级链接来进行下载。图 5-1-8 所示的是"暴风影音 5"的下载操作界面。

图 5-1-8  下载"暴风影音 5"

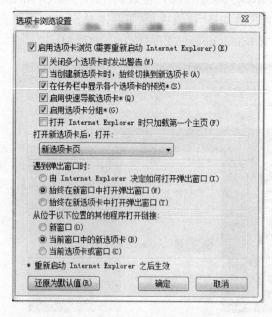

图 5-1-9  "选项卡浏览设置"界面

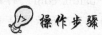操作步骤

本次操作任务由 3 个任务组成。

**1. 对 IE8.0 作一些常用设置**

(1)选项卡浏览设置

单击 IE 工具栏【工具】→【Internet 选项】,弹出如图 5-1-9 所示的"Internet 选项"对话框,单击"选项卡"下的"设置"按钮,弹出"选项卡浏览设置"窗口,根据自己的操作习惯,在该窗口里作相应的设置。

(2)为浏览器添加新的搜索提供程序

IE8.0 安装好后默认的搜索提供程序是微软公司的"Live Search",若想添加新的搜索提供程序,执行如下操作。

① 单击 IE 窗口右上角的"搜索选

项"下拉按钮。

②　在弹出菜单里选择"查找更多提供程序",如图 5-1-10 所示。

图 5-1-10　"查找更多提供程序"窗口

③　在打开的"Internet Explorer 库"窗口里选择"加载项"选项卡,选择想要的搜索程序,如果没有想要的搜索程序,可以在旁边的搜索栏里搜索想要的搜索程序。图 5-1-11、5-1-12 所示的是加载百度搜索程序。

图 5-1-11　"Internet Explorer 库,加载项选项卡"界面

图 5-1-12 "添加百度至 Internet Explorer"操作界面

（3）整理收藏夹

单击 IE 第一个选项卡标签左边的 ☆ 收藏夹 按钮，在下拉菜单中单击"添加到收藏夹"右边的黑箭头，在弹出的下拉菜单中单击"整理收藏夹"命令，如图 5-1-13 所示，再在整理收藏夹对话框里可以对收藏夹里的文件夹（文件夹用于对收藏的网站进行分类）进行相应的操作，如图 5-1-14 所示。

图 5-1-13 "整理收藏夹"窗口

图 5-1-14　"整理收藏夹"对话框

（4）将已打开的网页添加到收藏夹中

单击 IE 第一个选项卡标签左边的 ★ 收藏夹 按钮，在下拉菜单中单击"添加到收藏夹"，弹出如图 5-1-15 所示的对话框，输入网页名称并选择创建位置（即分类文件夹），单击"添加"按钮即可。

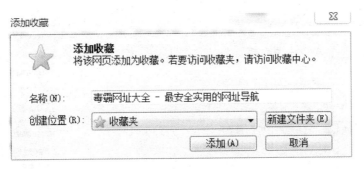

图 5-1-15　"添加收藏"对话框

（5）设置主页

单击 IE 工具栏【工具】→【Internet 选项】，弹出如图 5-1-16 所示的"Internet 选项"对话框，在"主页"下的文本框里输入主页的 URL 地址，单击"确定"按钮即可。

**2. 通过搜索 Internet 网络，解决问题"小虫爬进耳朵里怎么办？"**

（1）在 IE 浏览器右上角的搜索文本框里输入此问题的关键字：小虫爬进耳朵。

（2）单击"搜索选项"，在下拉菜单中选择"搜狗搜索"（如果经常用搜狗搜索引擎，可将它设为默认提供程序），打开如图 5-1-16 所示的页面，该页面列举出了"Internet 信息库"里符合关键字的网页链接列表(结果列表)。

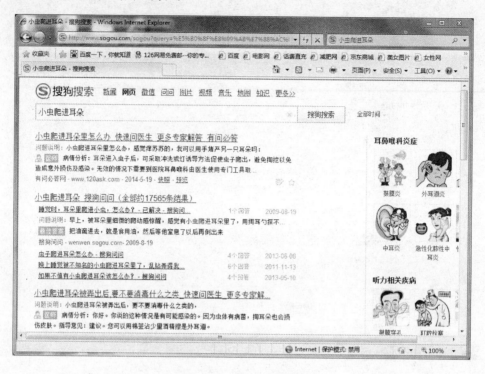

图 5-1-16　使用搜狗搜索

　　(3) 在结果列表中选择最佳链接单击进去。这里单击第一项,打开新的网页如图 5-1-17 所示,问题答案已找到。

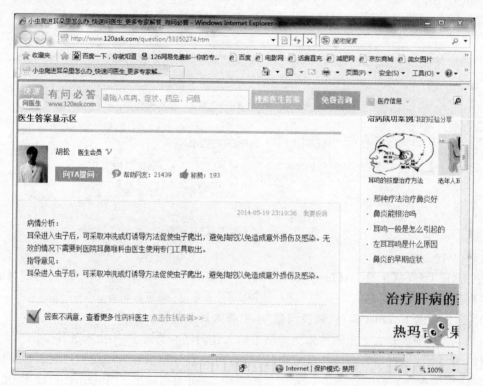

图 5-1-17　新打开的网页

**3. 通过 Internet 网络获取"暴风影音"程序的安装文件**

"暴风影音"程序属于比较常用的软件,该软件可从 Internet 下载。Internet 上有许多软件下载服务提供商,国内比较著名的有"天空软件站""华军软件园""太平洋下载频道""驱动之家"等。在这些站点里都能下载"暴风影音",也可以直接在百度上搜索"暴风影音"官方免费下载。

(1) 在浏览器地址栏里输入百度网址 http://www.baidu.com,打开百度搜索网页。

(2) 在百度网页的搜索栏中输入"暴风影音免费下载",单击"百度一下"按钮,如图 5-1-18 所示。

图 5-1-18　百度搜索网页

(3) 搜索结果如图 5-1-19 所示。单击第二个结果项,打开新页面。

图 5-1-19　百度搜索结果网页

（4）在新页面里找到用于下载的最佳的超链接，单击"高速下载"按钮，如图 5-1-20 所示，在弹出的"文件下载"对话框中选择保存按钮，如图 5-1-21 所示，将安装文件保存到电脑中，打开安装文件进行安装。

图 5-1-20　下载暴风影音页面

图 5-1-21　"文件下载"对话框

# 5.2 任务二　收发电子邮件

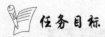 任务目标

通过本节内容的学习，完成如下任务：

1. 掌握 E-mail 基础知识；

2. 申请一个免费邮箱；

3. 利用免费邮箱所提供的 Web 页面收发电子邮件；

4. 设置 126 网易邮箱,并利用添加附件来收发文件。

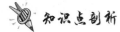 任务知识点

- E-mail 基础知识
- 申请免费邮箱
- 利用免费电子邮箱收发电子邮件
- 利用网易 126 邮箱的附件来收发文件

知识点剖析

### 5.2.1　E-mail 基础

"电子邮件"英文名为 E-mail,是 Internet 上最为广泛的应用。

**1. E-mail 的基本特点**

(1) 发送速度快。给国外发邮件,只需要几秒或几分钟。

(2) 信息多样化。电子邮件发送的信件内容除普通文字内容外,还可以是软件、数据,甚至是录音、动画、电视等多媒体信息。

(3) 收发方便、高效可靠。发件人可以在任意时间、任意地点通过发送服务器(SMTP)发送 E-mail,收件人通过当地的接收邮件服务器(POP3)收取邮件。

**2. SMTP 与 POP3 协议**

SMTP 代表 Simple Mail Transfer Protocol(简单邮件传输协议),是一组规则,用于由源地址至目的地址传送电子邮件。每一个接收电子邮件的主机上都安装了 SMTP 服务器,使用 SMTP 来发送电子邮件。

POP3 代表 Post Office Protocol。POP 服务器是接收邮件服务器。POP 为一种协议,用于处理客户邮件程序获取邮件的请求,用户从 POP 服务器接收消息。

**3. E-mail 地址**

E-mail 地址是 Internet 上电子邮件信箱的地址,如 couputer_zhang@126.com。E-mail 地址具有以下统一的标准格式:

用户名@主机域名

其中,用户名是用户在服务器上使用的信箱名,并不是用户的真实姓名,由用户在申请邮箱时自己确定。@符号用于将用户名和主机域名分开。主机域名(邮件服务器名)表示邮件服务器的 Internet 地址,实际上是这台计算机为用户提供的电子邮件信箱。

### 5.2.2　申请电子邮箱

Internet 网络上有许多免费邮件服务提供商,如新浪、搜狐、网易、雅虎等。用户可以在这些提供商的 Web 站点上申请免费邮箱。图 5-2-1 所示的是网易 126 邮箱的注册页面。

有关申请免费邮箱的具体操作可参见本节"操作步骤"部分。

### 5.2.3　利用免费电子邮箱收发电子邮件

一般免费电子邮箱都会为用户提供 Web 操作页面,如图 5-2-2 所示,在该操作页面里提供了一些基本的操作,如收信、写信、通讯录、邮件分类(通过划分文件夹为收件箱、草稿箱、已发送、垃圾邮件等)、退出邮箱等。用户可以通过这些 Web 页面,方便地收发电子邮件。

具体的邮件收发操作可参见本节"操作步骤"部分。

图 5-2-1　网易 126 邮箱的注册页面

图 5-2-2　网易免费 126 电子邮箱的 Web 操作页面

### 5.2.4　利用免费 126 电子邮箱收发电子邮件

**1. 登录 126 电子邮箱**

打开 IE 浏览器,在地址栏中输入网址 http://www.126.com/,进入 126 电子邮箱的登录界面,如图 5-2-3 所示。

图 5-2-3　免费 126 电子邮箱登录界面

在打开的登录界面上,选择"邮箱账号登录"选项卡,在第一栏里输入自己的已有邮箱账号(liting_hhqj2005@126.com),在下面第二栏里输入邮箱的密码,单击登录按钮,进入自己的 126 电子邮箱网页,如图 5-2-2 所示。左边任务窗格里有收信和写信两个选项卡,最上面一行是自己的电子邮箱账号和设置、退出等选项,可以根据自己的需要设置自己的电子邮箱界面。

**2. 使用电子邮箱收发邮件**

使用电子邮箱收发电子邮件在"操作步骤"中有详细说明。

 **操作步骤**

**1. 申请一个免费电子邮箱**

这里以网易 126 免费邮箱为例,其申请操作步骤如下。

(1) 启动 IE 浏览器,在地址栏中输入网址 http://www.126.com/,进入 126 电子邮箱的登录界面,如图 5-2-3 所示。单击注册按钮,打开 126 电子邮箱注册页面,如图 5-2-1 所示。

(2) 在注册界面中选择"注册字母邮箱"选项卡,如图 5-2-4 所示。在邮箱地址栏的右边的复选框里选择"@126.com",红色星星符号是必填项目,然后在邮箱地址栏中输入指定的邮箱名,这个可以自己命名,由字母数字或下划线组成 6 到 18 个字符,密码栏里输入自己记得住的密码,由 6 到 16 个字符组成,然后在确认密码栏里再次输入一致的密码,最后在验证码栏中按照后面的随机验证码由键盘输入,再单击"立即注册"按钮即可,会弹出恭喜注册成功窗口,如图 5-2-5 所示。

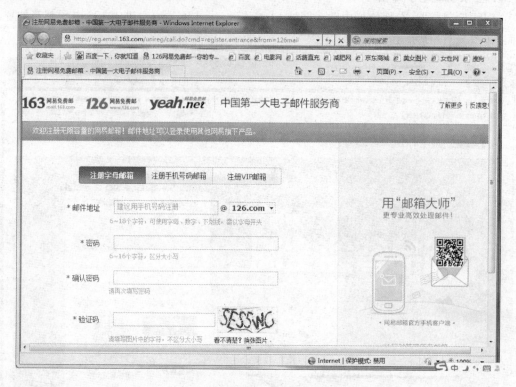

图 5-2-4  免费 126 电子邮箱注册界面

图 5-2-5  注册成功窗口

**2. 利用免费邮箱所提供的 Web 页面收发电子邮件**

（1）登录已有邮箱。在 IE 浏览器地址栏里输入 http://www.126.com，按回车键，进入网易 126 邮箱登录界面，如图 5-2-6 所示。输入注册好的邮箱名和密码，单击"登录"按钮进入邮箱 Web 页面。邮箱 Web 页面如图 5-2-7 所示。

图 5-2-6　登录 126 免费邮箱界面

图 5-2-7　网易 126 电子邮箱 Web 页面

(2)查收邮件。在页面左边的任务窗格中,有收信和写信两个任务。在收信选项卡下,有收件箱文件夹、草稿箱、已发送;在其他2个文件夹的下拉展开目录中有已删除和垃圾邮件。最上面一行是邮箱名、设置按钮和退出按钮,第二行是可以切换的选项卡,中间是菜单命令,有未读邮件、待办邮件、联系人邮件等。可以单击收件箱选项卡,如图5-2-8所示,显示有2封未读邮件,可以单击任一邮件标题超链接,即可显示出该邮件的正文部分,如图5-2-9所示。

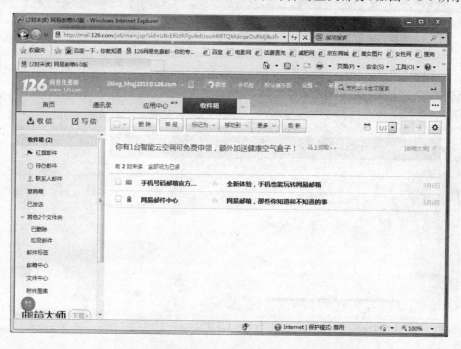

图 5-2-8　免费 126 邮箱收件箱选项卡打开显示页面

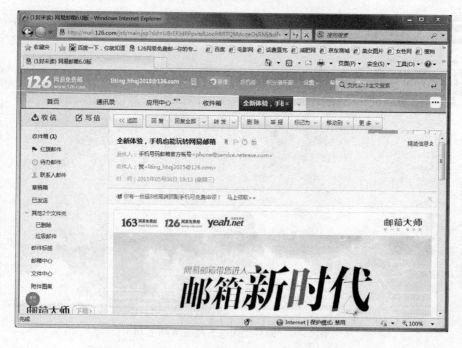

图 5-2-9　"全新体验,手机也能玩转网易邮箱"邮件正文

（3）发送邮件。单击左上区域任务窗格的"写信"按钮，打开显示"写信"页面窗口，如图 5-2-10 所示。在该窗口里的收件人一栏，填写要发送信件的邮箱名；在主题栏中，填写该信件的标题；然后，在最下面的正文编辑框里写好邮件的正文内容；编辑好后，单击邮件左上角的"发送"按钮即可进行发送，当出现如图 5-2-11 所示的提示信息时，邮件发送成功。

图 5-2-10　"写信"页面

图 5-2-11　邮件发送成功提示信息

（4）利用 126 电子邮箱的添加附件功能，可以发送图片或音乐 mp3 等格式的文件等。关闭"婚宴邀请函"邮件页面窗口，回到邮箱首页选项卡窗口，单击左上区域任务窗格的"写信"按钮，打开显示"写信"页面窗口，在主题这一栏的下面一行，单击"添加附件"按钮，如图 5-2-12 所示；弹出"选择要上载的文件"对话框，根据文件存放路径，找到所要上传的文件——"2013级新生访谈计划表.doc"，并单击"打开"按钮，如图 5-2-13 所示；这时，在"添加附件"这一栏里就显示"2013级新生访谈计划表.doc"文件已上传完成，并在"主题"这一栏自动生成邮件标题就是文件名"2013级新生访谈计划表"，如图 5-2-14 所示；然后在"收件人"一栏中填写收件人邮箱名，单击"发送"按钮即可。

图 5-2-12　126 邮箱"写信"页面添加附件图示

图 5-2-13　"选择要上载的文件"对话框

图 5-2-14　添加好附件的"写信"页面

# 习　　题

## 一、选择题

1. 在地理上局限在较小范围,属于一个部门或单位组建的网络属于(　　)。
   A. WAN                          B. LAN
   C. MAN                          D. Internet

2. URL 格式中,协议名与主机名间用(　　)符隔开。
   A. /                            B. //
   C. @                            D. ·

3. 电子邮箱地址(账户)中的用户名与信箱所在的计算机域名间用(　　)符隔开。
   A. /                            B. //
   C. @                            D. ·

4. Benjamin@hotmail.com 是一个(　　)地址。
   A. WWW                          B. BBS
   C. E-mail                       D. 文件传输服务器

5. IP 地址用(　　)个十进制数表示。
   A. 3                            B. 2
   C. 4                            D. 不能用十进制数表示

6. 每台计算机必须知道对方的(　　)才能在 Internet 上与之通信。
    A. 电话号码　　　　　　　　　　B. 主机号
    C. IP 地址　　　　　　　　　　　D. 邮编与通信地址

7. Internet 上有许多应用,其中用来传输文件的是(　　)。
    A. WWW　　　　　　　　　　　B. FTP
    C. Telnet　　　　　　　　　　　D. Gopher

8. 域名服务器上存放着 Internet 主机的(　　)。
    A. 域名　　　　　　　　　　　　B. IP 地址
    C. 电子邮件地址　　　　　　　　D. 域名和 IP 地址的对照表

9. Internet 是(　　)类型的网络。
    A. 局域网　　　　　　　　　　　B. 城域网
    C. 广域网　　　　　　　　　　　D. 企业网

10. 计算机网络的主要特点是(　　)。
    A. 运算速度快　　　　　　　　　B. 精度高
    C. 资源共享　　　　　　　　　　D. 内存容量大

11. Internet 使用 TCP/IP 协议实现了全球范围的计算机网络的互联,连接在 Internet 上的每一台主机都有一个 IP 地址,下面不能作为 IP 地址的是(　　)。
    A. 201.109.39.68　　　　　　　B. 120.34.0.18
    C. 21.18.33.48　　　　　　　　D. 127.0.257.1

12. (　　)拓扑结构的局域网中,任何一个结点发生故障都不会导致整个网络崩溃。
    A. 总线形　　　　　　　　　　　B. 星形
    C. 树形　　　　　　　　　　　　D. 环形

13. IP 地址是因特网中使用的重要标识信息,如果 IP 地址的主机号部分每一位均为 0,是指(　　)。
    A. 因特网的主服务器　　　　　　B. 因特网某一子网的服务器地址
    C. 该主机所在物理网络本身　　　D. 备用的主机地址

14. 下列不属于网络应用的是(　　)。
    A. Photoshop　　　　　　　　　B. Telnet
    C. FTP　　　　　　　　　　　　D. E-mail

15. 下列应用软件中(　　)属于网络通信软件。
    A. Word　　　　　　　　　　　B. Excel
    C. Outlook Express　　　　　　D. Frontpage

二、简答题

1. 简述计算机网络的功能。

2. 试从地理位置、传输介质、传输技术三个方面来对网络进行分类。

3. IP 地址的 A 类、B 类、C 类有什么区别?

三、综合题

试从 Internet 上搜集有关"2022 冬奥会申办"的一些资料(文字的、图片的、视频的),将其下载下来,然后做成一个 PowerPoint 宣传片,并另存为 HTML 页面格式。如果有条件,请将其上传发布至 Web 服务器上。